极限配合与测量技术

（第2版）

主　编　张兆隆　张晓芳
副主编　孙志平　李海涛
主　审　马丽霞

北京理工大学出版社
BEIJING INSTITUTE OF TECHNOLOGY PRESS

内 容 提 要

本书分为两篇，第一篇为基础篇，包括绪论、测量技术基础、尺寸公差与配合、几何公差、表面结构等方面的内容，共 5 章；第二篇为技能篇，包括孔轴尺寸测量、几何误差检测、典型机械产品质量检测、专用量具检测设计等方面的内容，共 4 章。

本书侧重于基本概念的讲解和标准的应用，同时注重理论联系实际；在各章配置有习题、实训项目，旨在强化基础的同时培养学生的操作技能。本书可作为高职院校机械类和机电类各专业的教学用书，也可作为从事机械设计与制造、标准化、计量测试等工作的工程技术人员的参考用书。

版权专有　侵权必究

图书在版编目（CIP）数据

极限配合与测量技术 / 张兆隆，张晓芳主编. —2 版. —北京：北京理工大学出版社，2019.9（2022.7 重印）

ISBN 978-7-5682-7566-8

Ⅰ. ①极… Ⅱ. ①张… ②张… Ⅲ. ①公差-配合-高等学校-教材②技术测量-高等学校-教材 Ⅳ. ①TG801

中国版本图书馆 CIP 数据核字（2019）第 196103 号

出版发行 / 北京理工大学出版社有限责任公司	
社　　址 / 北京市海淀区中关村南大街 5 号	
邮　　编 / 100081	
电　　话 /（010）68914775（总编室）	
（010）82562903（教材售后服务热线）	
（010）68944723（其他图书服务热线）	
网　　址 / http://www.bitpress.com.cn	
经　　销 / 全国各地新华书店	
印　　刷 / 三河市华骏印务包装有限公司	
开　　本 / 787 毫米×1092 毫米　1/16	
印　　张 / 16.5	责任编辑 / 张旭莉
字　　数 / 382 千字	文案编辑 / 张旭莉
版　　次 / 2019 年 9 月第 2 版　2022 年 7 月第 4 次印刷	责任校对 / 周瑞红
定　　价 / 49.00 元	责任印制 / 李志强

图书出现印装质量问题，请拨打售后服务热线，本社负责调换

前 言

本书是按照"工学结合"的总体思路，根据培养目标要求加强学生职业岗位能力培养，全面推行职业资格证书与教学内容相融合的模式，将职业资格证书要求的"应知""应会"内容融入教学体系与教学内容中。教学建议围绕岗位技能培养开展，以任务驱动、项目导向方式设计教学组织体系，以理论与实践教学合一的教学模式完成教学过程。本书本着"实际、实用、实效"的原则，突出基本概念、基本原理、基本方法和基本训练，力求做到结构合理、内容充实、文字精练、深入浅出。依据产品质量检验员岗位职业能力的培养要求，融入职业能力标准，选取课程教学内容。

课程目标：

专业能力包括计量仪器的操作能力、机械零件质量检测能力、产品质量合格判断能力以及质量报告的编写能力等。

方法能力包括机械零件质量检测方法能力、资料收集整理的能力、制订、实施工作计划的能力。

社会能力包括语言表达、沟通协调能力、团队协作、安全操作规程、职业道德、责任心等。

教材特色：

（1）按照质量检验员岗位的职业能力要求，依据机械零件的检测过程，以企业真实工作任务为载体，按照学生认知规律和职业成长规律，开发学习情境，构建基于工作过程的课程教学内容，编写基于工作过程的特色教材，采用学做一体教学模式组织教学，强化专业能力、方法能力和社会能力的综合培养。

（2）按照质量检验员职业岗位工作流程来组织，教学过程按照检测任务技术分析——检测方案制定——检测仪器校准——产品质量检测——产品质量分析——提交检验报告这一工作流程来组织。

（3）将人文素质融入课堂教学中，强化职业素质培养，将职业道德、安全规范、环保意识、企业文化等人文素质融入课堂教学中，使学生在掌握专业知识和专业技能的同时，职业素质得到同步协调发展。

本书采用了国家最新的公差标准，突出基本概念、基本方法的讲解，注重实训环节、强化实践技能，培养学生职业岗位能力。

本书由河北机电职业技术学院张兆隆、张晓芳担任主编，孙志平、李海涛任副主编。第3、4章由张兆隆编写，第2章由杨立云编写，第5、6、7章由张晓芳编写，第8章由孙志平、潘淑英编写，第1、9章由李海涛编写。全书由张兆隆、张晓芳统稿，马丽霞主审。

由于编者水平有限，书中错误和缺点在所难免，恳请读者提出宝贵意见，以便修改。

编 者

目 录

基 础 篇

第1章 绪论 ... 3
1.1 互换性概述 ... 3
  1.1.1 互换性的含义 ... 3
  1.1.2 互换性的种类 ... 3
  1.1.3 互换性的作用 ... 3
1.2 公差的概念及标准化 ... 4
  1.2.1 几何参数误差 ... 4
  1.2.2 公差 ... 4
  1.2.3 公差的标准化 ... 4
  1.2.4 优先数系 ... 5
  1.2.5 检测与计量 ... 5
1.3 课程的性质、任务和基本要求 ... 5
习题一 ... 6

第2章 测量技术基础 ... 7
2.1 测量技术基本知识 ... 7
  2.1.1 测量基本概念 ... 7
  2.1.2 长度基准与量值传递 ... 8
2.2 计量器具与测量方法 ... 9
  2.2.1 计量器具的分类 ... 9
  2.2.2 计量器具的主要性能指标 ... 10
  2.2.3 测量方法的分类 ... 12
2.3 测量误差与数据处理 ... 13
  2.3.1 测量误差的概念、来源及分类 ... 13
  2.3.2 测量精度概念及分类 ... 15
  2.3.3 测量列中各类误差的处理 ... 15
  2.3.4 等精度直接测量列的数据处理 ... 17
习题二 ... 19

第3章 尺寸公差与配合 ... 20
3.1 基本术语及定义 ... 20
  3.1.1 尺寸的术语及定义 ... 20

    3.1.2 偏差、公差的术语及定义 ·· 21
    3.1.3 配合的术语及其定义和配合的种类 ·································· 23
  3.2 公差与配合标准 ·· 25
    3.2.1 基准制 ·· 25
    3.2.2 标准公差系列 ·· 25
    3.2.3 基本偏差系列 ·· 28
    3.2.4 公差与配合的标注 ·· 39
    3.2.5 一般、常用和优先的公差带与配合 ··································· 39
  3.3 公差与配合的选用 ·· 42
    3.3.1 基准制的选择 ·· 42
    3.3.2 公差等级的选择 ·· 43
    3.3.3 配合的选择 ··· 45
  3.4 滚动轴承的公差与配合 ··· 47
    3.4.1 滚动轴承的公差 ·· 48
    3.4.2 滚动轴承配合的选择 ··· 50
  习题三 ·· 55

第4章 几何公差 ··· 58
  4.1 几何公差概述 ··· 58
    4.1.1 几何要素术语 ·· 59
    4.1.2 几何公差项目与符号 ··· 60
    4.1.3 几何公差标注 ·· 61
  4.2 几何公差及几何公差带 ··· 67
    4.2.1 形状公差 ··· 67
    4.2.2 位置公差 ··· 67
    4.2.3 几何公差带 ··· 70
  4.3 公差原则 ··· 84
    4.3.1 有关术语与定义 ·· 84
    4.3.2 公差原则 ··· 88
  4.4 几何公差的选择 ·· 97
    4.4.1 几何公差项目的选择 ··· 97
    4.4.2 基准的选择 ··· 98
    4.4.3 公差原则的选择 ·· 99
    4.4.4 几何公差值的选择 ·· 99
    4.4.5 未注几何公差值的确定 ·· 107
  习题四 ·· 109

第5章 表面结构 ·· 113
  5.1 概述 ·· 113
    5.1.1 粗糙度的概念 ·· 113

5.1.2 表面粗糙度对零件使用性能的影响 ……………………………………… 113
5.2 粗糙度评定 …………………………………………………………………… 114
  5.2.1 表面粗糙度基本术语 ……………………………………………………… 114
  5.2.2 表面粗糙度的评定参数 …………………………………………………… 116
5.3 表面粗糙度参数的选择 ……………………………………………………… 119
  5.3.1 评定参数的选择 …………………………………………………………… 119
  5.3.2 评定参数值的选择 ………………………………………………………… 119
5.4 表面粗糙度标注 ……………………………………………………………… 122
  5.4.1 标注表面结构的图形符号 ………………………………………………… 122
  5.4.2 表面结构完整图形符号的组成 …………………………………………… 123
  5.4.3 表面结构要求在图样和其他技术产品文件中的标注 …………………… 125
5.5 表面粗糙度的检测 …………………………………………………………… 127
习题五 ………………………………………………………………………………… 130

技 能 篇

第6章 孔轴尺寸测量 ………………………………………………………………… 133
6.1 常用的长度量具与量仪 ……………………………………………………… 133
  6.1.1 量块 ………………………………………………………………………… 133
  6.1.2 游标量具 …………………………………………………………………… 135
  6.1.3 螺旋测微量具 ……………………………………………………………… 136
  6.1.4 机械量仪 …………………………………………………………………… 137
  6.1.5 光学量仪 …………………………………………………………………… 140
  6.1.6 气动量仪 …………………………………………………………………… 143
  6.1.7 电动量仪 …………………………………………………………………… 144
6.2 实训项目——孔轴尺寸测量 ………………………………………………… 145
  6.2.1 内径百分表测量孔径 ……………………………………………………… 145
  6.2.2 比较仪测量塞规外径 ……………………………………………………… 146
  6.2.3 万能测长仪测量内径 ……………………………………………………… 147
习题六 ………………………………………………………………………………… 148

第7章 几何误差检测 ………………………………………………………………… 149
7.1 几何误差的评定、检测原则及方法 ………………………………………… 149
  7.1.1 几何误差的评定 …………………………………………………………… 149
  7.1.2 几何误差的检测原则 ……………………………………………………… 152
  7.1.3 几何误差的检测方法 ……………………………………………………… 153
7.2 实训项目——几何误差检测 ………………………………………………… 164
  7.2.1 直线度误差测量 …………………………………………………………… 164
  7.2.2 平面度误差测量 …………………………………………………………… 165

7.2.3 圆度误差测量 165
7.2.4 位置误差测量 166
7.2.5 跳动误差测量 168
习题七 169

第8章 典型机械产品质量检测 170

8.1 圆锥的公差配合与检测 170
8.1.1 概述 170
8.1.2 圆锥公差与配合 173
8.1.3 圆锥的检测 179

8.2 键、花键的公差配合与检测 181
8.2.1 概述 181
8.2.2 平键联结的公差与配合 183
8.2.3 矩形花键联结的公差与配合 185
8.2.4 键和花键的检测 190

8.3 螺纹结合的公差及检测 192
8.3.1 概述 192
8.3.2 普通螺纹的基本几何参数 193
8.3.3 普通螺纹的公差与配合 195
8.3.4 螺纹的检测 201

8.4 圆柱齿轮公差及检测 203
8.4.1 概述 203
8.4.2 单个齿轮的精度指标 207
8.4.3 齿轮副的侧隙指标和齿轮副的精度指标 211
8.4.4 渐开线圆柱齿轮精度标准 214

8.5 实训项目——典型机械产品质量检测 229
8.5.1 光切显微镜测量粗糙度轮廓 229
8.5.2 表面粗糙度测量仪测量粗糙度轮廓 229
8.5.3 正弦规测锥度误差 230
8.5.4 外螺纹中径测量 230
8.5.5 工具显微镜测量外螺纹 231
8.5.6 齿距偏差与齿距累积误差的测量 234
8.5.7 齿轮齿圈径向跳动的测量 235
8.5.8 齿轮公法线的测量 236
8.5.9 齿轮齿厚偏差的测量 237
8.5.10 齿轮基节偏差的测量 237
8.5.11 齿形误差的测量 239

习题八 240

第9章 专用量具检测设计 ……………………………………………………………… 242
9.1 光滑极限量规概述 ………………………………………………………… 242
9.2 量规设计 …………………………………………………………………… 243
9.2.1 极限尺寸判断原则（泰勒原则） ………………………………… 243
9.2.2 量规公差带设计 …………………………………………………… 243
9.2.3 量规结构 …………………………………………………………… 245
9.2.4 量规其他技术要求 ………………………………………………… 248
9.2.5 工作量规设计举例 ………………………………………………… 248
习题九 …………………………………………………………………………… 250

参考文献 ……………………………………………………………………………… 251

基础篇

第 1 章

绪 论

1.1 互换性概述

在生产力水平低下的情况下,社会的主要经济形态是自然经济。一家一户或一个小作坊,就可以完成某些产品的整个生产过程。但是,现代化工业采用专业化大生产,分散加工、集中装配,以保证产品质量、提高生产率和降低成本。要实现专业化生产,必须采用互换性原则。

在日常生活中,也经常会遇到零件互换使用的情况。例如,机器、汽车、拖拉机、自行车、缝纫机上的零件坏了,只要换上相同型号的零件就能继续正常运转,不必要考虑生产厂家,之所以这样方便,就是因为这些零(部)件具有互相替换的性能。

1.1.1 互换性的含义

在机械工业中,互换性是指相同规格的零(部)件,装配或更换时,不经挑选、调整或附加加工,就能进行装配,并且满足预定的使用性能的特性。零(部)件的互换性应包括其几何参数、机械性能和理化性能等方面的互换性。本课程主要研究几何参数的互换性。

1.1.2 互换性的种类

按互换的程度,互换性可分为完全互换性与不完全互换性。

(1) 完全互换性。若零(部)件在装配或更换时不经挑选、调整或修配,装配后满足预定的使用性能,这样的零(部)件具有完全互换性。

(2) 不完全互换性。若零(部)件在装配或更换时,允许有附加选择或附加调整,但不允许修配,装配后满足预定的使用性能,这样的零(部)件具有不完全互换性。

应该指出,并不是在任何情况下,互换性都是有效的生产方式。例如,为保证达到机器的装配精度和满足使用和生产中的要求,在装配时也可采用机械加工或钳工修配来获得所需要的装配精度,称为修配法。用移动或更换某些零件以改变其位置和尺寸的办法来达到所需的精度,称为调整法。这些生产方式,通常在单件、小批生产中,特别是在重型机器、高精度的仪器制造中应用较广泛。

1.1.3 互换性的作用

从设计上看,采用具有互换性的标准件、通用件,可使设计工作简化,设计周期短,并便于计算机辅助设计。

从制造上看，互换性是组织专业化协作生产的重要基础，可以分散加工，集中装配；有利于使用现代化的工艺装备，有利于组织流水线和自动线等先进的生产方式，有利于产品质量和生产率的提高，有利于生产成本的下降。

从装配上看，由于装配时不需附加加工和修配，所以减轻了工人的劳动强度，缩短了劳动周期，并且可以采用流水作业的装配方式，从而大幅度地提高了生产率。

从使用上看，由于零（部）件具有互换性，生产中各种设备的零（部）件及人们日常使用的拖拉机、自行车等零（部）件损坏后，在最短时间内用备件加以替换，可很快地恢复其使用功能，减少了修理时间及费用，从而提高了设备的利用率，延长了它们的使用性能。

综上所述，互换性是现代化生产基本的技术经济原则，在机器的制造与使用中具有很重要的作用。

1.2　公差的概念及标准化

1.2.1　几何参数误差

具有互换性的零（部）件，其几何参数一定要做得绝对准确吗？从加工角度上是不可能的。因为在零件的加工过程中，无论设备的精度和操作者的技术水平多高，几何参数绝对准确一致的零件是加工不出来的，加工误差是客观存在的，从满足使用要求上也是没有必要的。几何参数误差是零件加工后的实际几何参数相对其理想几何参数的偏离量。

1.2.2　公差

几何参数误差对零件的使用性能和互换性会有一定影响，实践证明，只要把零件的几何参数误差控制在一定的范围之内，零件的使用性能和互换性就能得到保证。

零件几何参数允许的变动量称为几何参数公差，简称公差。公差是限制误差的，以保证互换性的实现。零件加工后的误差值若在公差范围内，则零件合格，否则为不合格零件。所以，公差也是允许的最大误差。

1.2.3　公差的标准化

标准化是指制定标准与贯彻标准的全过程。

我国标准分为国家标准、行业标准、地方标准和企业标准。标准即技术上的法规。标准经主管部门颁布生效后，具有一定的法制性，不得擅自修改或拒不执行。

标准化水平的高低影响了一个国家现代化的程度。在现代化生产中，标准化是一项重要的技术措施。一种机械产品的制造过程往往涉及许多部门和企业，甚至还要进行国际协作，为了适应生产上各部门与企业在技术上相互协调的要求，大家必须遵守一个共同的技术标准。

公差的标准化，有利于机器的设计、制造、使用和维修，有利于保证产品的互换性和质量，有利于刀具、量具、夹具、机床等工艺装备的标准化。

1.2.4 优先数系

在制定公差标准及设计零件的结构参数时,都需要通过数值表示。

任一产品的参数值不仅与自身的技术特性参数有关,而且还直接、间接地影响与其配套的一系列产品的参数。例如,螺母直径数值,影响并决定螺钉直径数值及丝锥、螺纹塞规、钻头等一系列产品的数值。为了避免产品数值的杂乱无章、品种规格过于繁多,减少给组织生产、管理使用等带来的困难,必须把数值限制在较小范围内,并进行优选、协调、简化和统一。

实践证明,优先数系是一种科学的数值系列,不仅对数值的协调、简化起重要的作用,而且是制定有关标准的依据。

优先数系是一种十进制几何级数。所谓十进制,即几何级数的各项数值中包括 1,10,100,…,10^n 和 0.1,0.01,0.001,…,10^{-n} 组成的级数(n 为正整数)。几何级数的特点是任意相邻两项之比为一常数(公比),优先数系中的任何一个数为优先数。

国家标准 GB 321—1980 与国际标准 ISO 推荐了五个系列,分别为 R5 系列、R10 系列、R20 系列、R40 系列、R80 系列,各系列公比如下:

R5 系列:$q_5 = \sqrt[5]{10} \approx 1.6$;

R10 系列:$q_{10} = \sqrt[10]{10} \approx 1.25$;

R20 系列:$q_{20} = \sqrt[20]{10} \approx 1.12$;

R40 系列:$q_{40} = \sqrt[40]{10} \approx 1.06$;

R80 系列:$q_{80} = \sqrt[80]{10} \approx 1.03$。

1.2.5 检测与计量

在机械制造中加工与测量是相互依存的,遵循通用的公差标准,科学、合理地运用计量技术,零件的使用功能和互换性才能得到保证。

在计量工作方面,1955 年我国成立了国家计量局;1959 年统一了全国计量制度,正式确定在长度方面采用米制为计量单位;1977 年颁布了计量管理条例;1984 年颁布了法定计量单位;1985 年颁布了计量法。

科学技术的迅猛发展,为测量技术的现代化创造了条件,长度计量器具的精度已由 0.01 mm 级提高到 0.001 mm 级,甚至提高到 0.0001 mm 级。测量空间已由二维空间发展到三维空间。测量的自动化程度已由人工读数测量发展到计算机辅助测量。

此外,测量技术应用的最终目的,不仅仅是判断零件是否合格,还要根据测量的结果,分析产生废品的原因,以便设法减少废品。

1.3 课程的性质、任务和基本要求

本课程是机械类专业的一门必修课。

本课程的主要任务是:使学生具备机械加工高素质操作者所必要的机械零件的几何精度及公差与配合的基本知识、几何参数测量的基本理论和检测产品的基本技能,为学生毕业后

胜任岗位工作，增强适应职业变化能力和继续学习打下一定的基础。

通过本课程的教学，学生应达到下列基本要求：

(1) 掌握标准化和互换性的基本概念及有关的基本术语和定义；
(2) 掌握本课程中几何量公差标准的主要内容；
(3) 学会根据机器和零件的功能要求，选用几何量公差与配合；
(4) 掌握测量技术的基本概念、基本规定；
(5) 掌握常用测量器具的种类、应用范围及使用方法；
(6) 了解与本课程有关的技术政策法规；
(7) 具有与本课程有关的识图、标注、执行国家标准、使用技术资料的能力；
(8) 正确选用现场计量器具检测产品的基本技能及分析零件质量的初步能力。

习题一

1-1　什么是互换性？请举例说明。

1-2　简述互换性在机械制造业中的重要意义有哪些？

1-3　零件为什么要规定公差？

1-4　什么是标准化？

第 2 章

测量技术基础

2.1 测量技术基本知识

2.1.1 测量基本概念

为了满足机械产品的功能要求,在正确合理地完成了可靠性、使用寿命、运动精度等方面的设计以后,还须进行加工和装配过程的制造工艺设计,即确定加工方法、加工设备、工艺参数、生产流程及检测手段。其中,特别重要的环节就是质量保证措施中的精度检测。

"检测"就是确定产品是否满足设计要求的过程,即判断产品合格性的过程。检测是检验与测量的总称。

"检验"只能得到被检验对象合格与否的结论,而不能得到其具体的量值。因其检验效率高、检验成本低,故在大批量生产中得到广泛应用。

"测量"是以确定被测量的量值为目的的全部操作过程。测量过程实际上就是一个比较过程,也就是将被测量与标准的单位量进行比较,确定其比值的过程。若被测量为 L,计量单位为 u,确定的比值为 q,则被测量可表示为

$$L = q \cdot u$$

例如,用游标卡尺对一轴径的测量就是将被测量对象(轴的直径)用特定测量方法(游标卡尺)与长度单位(毫米)相比较。若其比值为 30.52,准确度为 ±0.03 mm,则测量结果可表达为(30.52±0.03) mm。

显然,对任一被测对象进行测量,首先要建立计量单位,其次要有与被测对象相适应的测量方法,并达到所要求的测量精度。因此一个完整的测量过程包括被测对象、计量单位、测量方法和测量精度 4 个要素。

(1)被测对象:几何量测量中被测对象为零件的几何量(长度、角度、表面粗糙度、形状和位置误差、螺纹及齿轮的各几何参数等)。

(2)计量单位:几何量中的长度、角度单位。我国规定采用以国际单位制(SI)为基础的"法定计量单位制"。它是由一组选定的基本单位和由定义公式与比例因数确定的导出单位所组成的。长度基本单位是米(m)、其他常用的长度单位有毫米(mm)、微米(μm)和纳米(nm)。角度单位为弧度(rad)、微弧度(μrad)及度(°)、分(′)、秒(″)。

(3)测量方法:进行测量时所采用的测量原理、测量器具(计量器具)和测量条件(环境和操作者)的总和。测量方法是根据一定的测量原理,在实施测量过程中对测量原理的运用及其实际操作。在实施测量过程中,应该根据被测对象的特点(如材料硬度、外形

尺寸、生产批量、制造精度、测量目的等）和被测参数的定义来拟定测量方案、选择测量器具和规定测量条件，合理地获得可靠的测量结果。

（4）测量精度（测量误差）：测得值与被测量真值相一致的程度。不考虑测量精度而得到的测量结果是没有任何意义的。真值是指某量能被完善地确定并能排除所有测量上的缺陷时，通过测量所得到的量值。由于测量会受到许多因素的影响，其过程总是不完善的，即任何测量都不可能没有误差。对于每一个测量值都应给出相应的测量误差范围，说明其可信度。

2.1.2 长度基准与量值传递

1. 长度基准

米的定义：1983年第十七届国际计量大会根据国际计量委员会的报告，"一米是光在真空中在 1/299 792 458 秒时间间隔内的行程长度"。

使用波长作为长度基准，虽然可以达到足够的精确度，但显然这个长度基准不便在生产中直接用于对零件进行测量。因此，需要将长度基准的量值按照定义的规定，复现在实物计量标准器上（需要有一个统一的量值传递系统，将米的定义长度一级一级地传递到工作计量器具上），再用其测量工件尺寸，从而保证量值的统一。

测量基准指复现和保存计量单位并具有规定计量单位特性的计量器具。在几何量计量领域内，测量基准可分为长度基准和角度基准两类。常见的实物计量标准器有量块（块规）和线纹尺。

2. 长度量值传递系统

量值传递是"将国家计量基准所复现的计量值，通过检定（或其他方法）传递给下一等级的计量标准（器），并依次逐级传递到工作计量器具上，以保证被测对象的量值准确一致的方式"。我国长度量值传递系统如图2-1所示，从最高基准谱线向下传递，有两个平等的系统，即端面量具（量块）和刻线量具（线纹尺）系统，其中尤以量块传递系统应用最广。

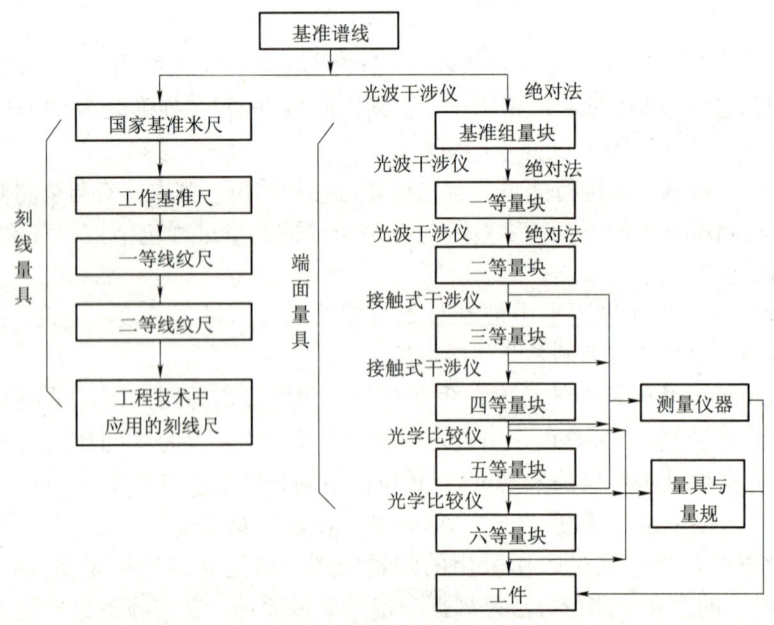

图2-1 长度量值传递系统

量值系统的建立和执行,保证了国家计量行政机关自上而下地对量值进行合理的统一控制。企业要确保产品质量,增强市场竞争力,必须主动采取措施,保证量值的可靠。因此,在 GB/T 9000 "质量管理和质量保证" 系列标准中,对企业的测量设备(器具)提出了 "溯源性" 的要求,即测量结果必须具有能与国家计量基准或国际计量基准相联系的特性。所用计量器具要获得这一特性,就必须经过具有较高准确度的计量标准的检定,而该计量标准又需受到上一级计量标准的检定,逐级往上溯源,直至国家计量基准或国际计量基准,实现企业的量值在国际范围内的合理的统一。

3. 角度基准及角度量值传递系统

角度基准与长度基准有本质的区别。角度的自然基准是客观存在的,不需要建立,因为一个整圆所对应的圆心角是定值(2πrad 或 $360°$)。因此,将整圆任意等分得到的角度的实际大小,可以通过各角度相互比较,利用圆周角的封闭性求出,实现对角度基准的复现。

为了检定和测量需要,仍然要建立角度度量的基准。但为工作方便,多用多面棱体(棱形块)作为角度量的基准,多面棱体有 4 面、6 面、8 面、12 面、24 面、36 面以及 72 面等,如图 2-2、图 2-3 所示。

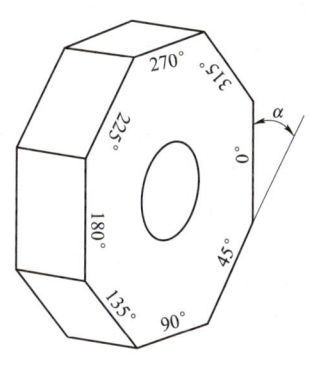

图 2-2 多面棱体

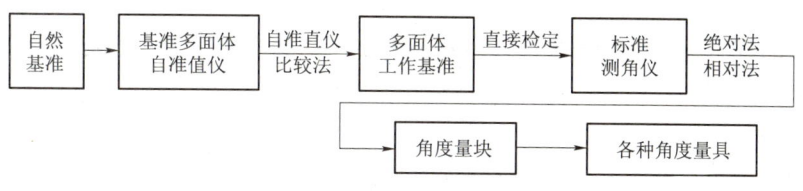

图 2-3 角度量值传递系统

2.2 计量器具与测量方法

2.2.1 计量器具的分类

计量器具是测量仪器和测量工具的总称,按测量原理、结构特点、用途等可分为以下 3 类。

1. 量具

以固定形式复现量值的计量器具称为量具,一般结构比较简单,没有传动放大系统。其按用途的不同可分为 2 类。

(1)单值量具。其是指只能体现一个单一量值的量具。可校对和调整其他测量器具或作为标准量与被测量直接进行比较,如量块、角度量块等。

(2)多值量具。其是指可体现一组同类量值的量具,又称为通用量具。按结构特点可分为:固定刻线量具,如钢尺、卷尺等;游标量具,如游标卡尺、万能角度尺等;螺旋测微量具，如千分尺等。

2. 量仪

量仪是指能将被测量值转换成可直接观测的指示值或等效信息的测量器具，一般具有传动放大系统。按原始信号转换原理不同，量仪分以下几种。

（1）机械式量仪。其是指用机械方法来实现被测量的变换和放大的量仪，如百分表、杠杆比较仪等。

（2）光学式量仪。其是用光学原理来实现被测量的变换和放大的量仪，如光学计、测长仪、投影仪、干涉仪等。

（3）气动式量仪。其是以压缩空气为介质，通过其流量或压力的变化来实现原始信号转换的量仪，如水柱式气动量仪、浮标式气动量仪等。

（4）电动式量仪。其是将原始信号转换成电量形式信息的量仪，如电动轮廓仪、圆度仪等。

3. 量规

量规是没有刻度的专用计量器具，用来检验工件实际尺寸和几何误差的综合结果。量规只能判断工件是否合格，而不能获得被测几何量的具体数值，如光滑极限量规、螺纹量规等。

2.2.2 计量器具的主要性能指标

计量器具的技术性能指标是表征计量器具的性能和功用的指标，也是选择和使用计量器具的主要依据。

1. 刻度间距 c

刻度间距是指测量器具标尺或刻度盘上两相邻刻线中心间的距离。为便于读数，一般做成刻度间距为 1～2.5 mm 的等距离刻线。

2. 分度值 i

分度值是测量器具的标尺或刻度盘上相邻两刻线所代表的量值。如一外径千分尺的微分筒上相邻两刻线所代表的量值为 0.01 mm，则该测量器具的分度值为 0.01 mm。分度值是一种测量器具所能直接读出的最小单位量值，它反映了读数精度的高低，从一个侧面说明了该测量器具的测量精度高低。

3. 示值范围

示值范围是由测量器具所显示或指示的最低值到最高值的范围。如图 2-4 所示，机械式比较仪的示值范围为-0.1～+0.1 mm（或±0.1 mm）。

4. 测量范围

测量范围是指在允许不确定度内，测量器具所能测量的被测量值的下限值至上限值的范围。例如，外径千分尺的测量范围有 0～25 mm、25～50 mm 等，如图 2-4 所示机械式比较仪的测量范围为 0～180 mm。

5. 灵敏度 s

灵敏度是指计量器具反映被测几何量微小变化的能力。如果被测参数的变化量为 ΔL，

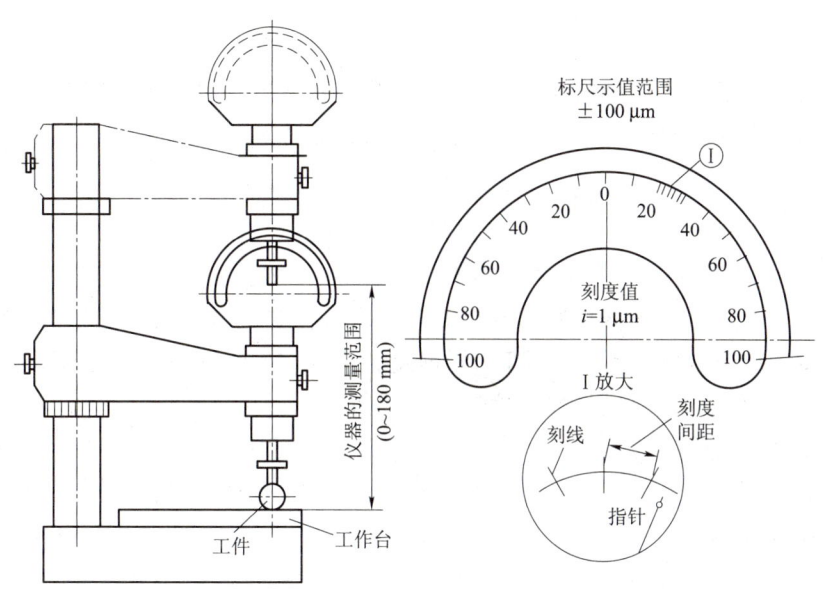

图 2-4 计量器具的示值范围与测量范围

引起测量器具示值变化量为 Δx，则灵敏度 $s = \Delta L/\Delta x$。当分子分母为同一类量时，灵敏度又称放大比 K。当量仪刻度均匀时，$s = K = c/i$，即当 c 一定时，K 越大，i 越小，可以获得更精确的读数。

6. 示值误差

示值误差是测量仪器的示值与被测量的真值之差。示值误差是测量仪器本身各种误差的综合反映。一般来说，示值误差越小，计量器具精度越高。

7. 修正值

修正值是为校正计量器具示值误差，加到测量结果上的代数值，与计量器具示值误差的绝对值相等而符号相反。

8. 回程误差

回程误差是在相同条件下，被测量值不变，测量器具行程方向不同时，两示值之差的绝对值。它是由测量器具中测量系统的间隙、变形和摩擦等原因引起的。

9. 测量重复性

测量重复性是在相同的测量条件下，对同一被测参数多次重复测量，其结果的最大差异。反映的是测量仪器的工作稳定性。

10. 测量力

测量力是在接触式测量过程中，测量器具测头与被测量面间的接触压力。测量力太大会引起弹性变形，测量力太小会影响接触的稳定性。

11. 灵敏阈（灵敏限）

灵敏阈是引起测量器具示值可觉察变化的被测量值的最小变化量。反映量仪对被测量值微小变动的不敏感程度。

12. 不确定度

其是指由于测量误差的存在而对被测几何量量值不能确定的程度。不确定度是一个综合指标，包括示值误差、回程误差等。不确定度越大，则测量精度越低。

2.2.3 测量方法的分类

1. 按所测得的值中是否为欲测量分类

（1）直接测量。从测量器具的读数装置上直接得到被测量的数值或相对于标准值的偏差称直接测量。如用游标卡尺、外径千分尺测量轴径，用比较仪和量块测轴径等。

（2）间接测量。通过测量与被测量有一定函数关系的量，根据已知的函数关系式求得被测量的测量称为间接测量。

一般来说，直接测量比间接测量（受计算公式和计算精度影响）的精度高，无法进行直接测量的场合采用间接测量。

2. 按测量结果的读数值不同来分类

（1）绝对测量。测量器具的示值直接反映被测量量值的测量为绝对测量。如用游标卡尺、外径千分尺测量轴径不仅是直接测量，也是绝对测量。

（2）相对测量。将被测量与一个标准量值进行比较得到两者差值的测量为相对测量。则被测量量值为已知标准量与该差值的代数和。如比较仪测轴径、用百分表测孔径等。

一般来说，相对测量的精度比绝对测量的精度高。

3. 按被测件表面与测量器具测头是否有机械接触来分类

（1）接触测量。测量器具的测头与零件被测表面接触后有机械作用力的测量。如用外径千分尺、游标卡尺测量零件等。为了保证接触的可靠性，测量力是必要的，但它可能使测量器具及被测件发生变形而产生测量误差，还可能造成对零件被测表面质量的损坏。

（2）非接触测量。测量器具的感应元件与被测零件表面不直接接触，因而不存在机械作用力的测量。属于非接触测量的仪器主要是利用光、气、电、磁等作为感应元件与被测件表面联系。如用光切显微镜测量表面粗糙度即属于非接触测量。

4. 按测量在工艺过程中所起作用分类

（1）主动测量。其是指在加工过程中进行的测量。其测量结果直接用来控制零件的加工过程，决定是否继续加工或判断工艺过程是否正常、是否需要进行调整，故能及时防止废品的发生，所以又称为积极测量。

（2）被动测量。其是指加工完成后进行的测量。其结果仅用于发现并剔除废品，所以被动测量又称消极测量。

5. 按零件上同时被测参数的多少分类

（1）单项测量。其是单独地、彼此没有联系地测量零件的单项参数。如分别测量齿轮的齿厚、齿形、齿距等。这种方法一般用于量规的检定、工序间的测量，或为了工艺分析、调整机床等目的。

（2）综合测量。其是指检测零件几个相关参数的综合效应或综合参数，从而综合判断零件的合格性。例如齿轮运动误差的综合测量、用螺纹量规检验螺纹的作用中径等。综合测量一般用于终结检验，其测量效率高，能有效保证互换性，在大批量生产中应用广泛。

6. 按被测工件在测量时所处状态分类

（1）静态测量。测量时被测工件表面与测量器具测头处于相对静止状态。例如，用外径千分尺测量轴径、用齿距仪测量齿轮齿距等。

（2）动态测量。测量时被测工件表面与测量器具测头处于相对运动状态，或测量过程是模拟零件在工作或加工时的运动状态，它能反映生产过程中被测参数的变化过程，测量效率高。例如用激光比长仪测量精密线纹尺，用电动轮廓仪测量表面粗糙度等。

7. 按测量中测量因素是否变化分类

（1）等精度测量。在测量过程中，决定测量精度的全部因素或条件不变。例如，由同一个人，用同一台仪器，在同样的环境中，以同样方法，同样仔细地测量同一个量。在一般情况下，为了简化测量结果的处理，大都采用等精度测量。实际上，绝对的等精度测量是做不到的。

（2）不等精度测量。在测量过程中，决定测量精度的全部因素或条件可能完全改变或部分改变。由于不等精度测量的数据处理比较麻烦，因此一般用于重要的科研实验中的高精度测量。

2.3 测量误差与数据处理

2.3.1 测量误差的概念、来源及分类

1. 测量误差的概念

由于计量器具本身的误差以及测量方法和条件的限制，任何测量过程都不可避免地存在误差，测量所得的值不可能是被测量的真值，测得值与被测量的真值之间的差异在数值上表现为测量误差。测量误差可以表示为绝对误差和相对误差。

1）绝对误差 δ

绝对误差是指被测量的测得值（仪表的指示值）x 与其真值 x_0 之差，即

$$\delta = x - x_0$$

式中 δ——绝对误差；

x——被测几何量的测得值；

x_0——被测几何量的真值。

由于测得值 x 可能大于或小于真值 x_0，所以测量误差 δ 可能是正值也可能是负值。测量误差的绝对值越小，说明测得值越接近真值，因此测量精度就越高；反之，测量精度就越低。但这一结论只适用于被测量值相同的情况，而不能说明不同被测量的测量精度。例如，用某测量长度的量仪测量 20 mm 的长度，绝对误差为 0.002 mm；用另一台量仪测量 250 mm 的长度，绝对误差为 0.02 mm。这时，很难按绝对误差的大小来判断测量精度的高低。因为后者的绝对误差虽然比前者大，但它相对于被测量的值却很小。为此，需用相对误差来评定。

2) 相对误差 ε

相对误差是指绝对误差 δ 的绝对值 $|\delta|$ 与被测量真值 x_0 之比，即

$$\varepsilon = \frac{|x-x_0|}{x_0} \times 100\% = \frac{|\delta|}{x_0} \times 100\%$$

相对误差比绝对误差能更好地说明测量的精确程度。显然，在上面的例子中，后一种测量长度的量仪更精确，即

$$\varepsilon_1 = \frac{0.002}{20} \times 100\% = 0.01\%$$

$$\varepsilon_2 = \frac{0.02}{250} \times 100\% = 0.008\%$$

在实际测量中，由于被测量真值是未知的，而指示值又很接近真值，因此可以用指示值 x 代替真值 x_0 来计算相对误差。

2. 测量误差的来源

测量误差产生的原因主要有以下几个方面。

1) 计量器具误差

计量器具误差是指计量器具本身在设计、制造和使用过程中造成的各项误差。这些误差的综合反映可用计量器具的示值精度或不确定度来表示。

2) 标准件误差

标准件误差是指作为标准的标准件本身的制造误差和检定误差。例如，用量块作为标准件调整计量器具的零位时，量块的误差会直接影响测得值。因此，为了保证一定的测量精度，必须选择一定精度的量块。

3) 测量方法误差

测量方法误差是指由于测量方法不完善所引起的误差。例如，接触测量中测量力引起的计量器具和零件表面变形误差，间接测量中计算公式的不精确，测量过程中工件安装定位不合格等。

4) 测量环境误差

测量环境误差是指测量时的环境条件不符合标准条件所引起的误差。测量的环境条件包括温度、湿度、气压、振动及灰尘等。其中，温度对测量结果的影响最大。

5) 人员误差

人员误差是指由于测量人员的主观因素所引起的误差。例如，测量人员技术不熟练、视觉偏差、估读判断错误等引起的误差。

总之，产生误差的因素很多，有些误差是不可避免的，但有些是可以避免的。因此，测量者应对一些可能产生测量误差的原因进行分析，掌握其影响规律，设法消除或减小其对测量结果的影响，以保证测量精度。

3. 测量误差的分类

根据测量误差的性质、出现的规律和特点，可分为三类，即系统误差、随机误差和

粗大误差。

1) 系统误差

在相同条件下多次测量同一量值时，误差值保持恒定；或者当条件改变时，其值按某一确定的规律变化的误差，统称为系统误差。系统误差按其出现的规律又可分为定值系统误差和变值系统误差。

(1) 定值系统误差是指在测量时，对每次测得值的影响都相同。

(2) 变值系统误差是指在测量时，对每次测得值的影响按一定规律变化。

2) 随机误差

随机误差就是在相同条件下，多次测量同一量值时，其误差的大小和符号以不可预见的方式变化的误差。对同一被测量进行连续多次重复测量而得到一系列测得值时，它们的随机误差的总体存在着一定的规律性。

3) 粗大误差

粗大误差是指超出规定条件下预计的误差。粗大误差的出现具有突然性，它是由某些偶尔发生的反常因素造成的。这种显著歪曲测得值的粗大误差应尽量避免，且在一系列测得值中按一定的判别准则予以剔除。

2.3.2 测量精度概念及分类

测量精度是指被测几何量的测得值与真值的接近程度。它和测量误差是从两个不同角度说明同一概念的术语。测量误差越大，则测量精度就越低；测量误差越小，则测量精度就越高；为了反映系统误差和随机误差对测量结果的不同影响，测量精度可分以下3种。

(1) 精密度：反映测量结果中随机误差大小的情况。随机误差小，则精密度高。

(2) 正确度：反映测量结果中系统误差大小的情况。系统误差小，则正确度高。

(3) 精确度（准确度）：反映测量结果中随机误差和系统误差综合影响的程度。若随机误差和系统误差都小，则精确度高。

2.3.3 测量列中各类误差的处理

通过对某一被测几何量进行连续多次的重复测量，得到一系列的测量数据（测得值）——测量列，可以对该测量列进行数据处理，以消除或减小测量误差的影响，提高测量精度。

1. 随机误差的处理

就某一次测量而言，随机误差的出现无规律可循，因而无法消除。但通过多次同条件的重复测量以及分析，发现随机误差通常服从正态分布规律。因此，可以利用概率和数理统计的一些方法来掌握随机误差的分布特性，估算误差范围，从而对测量结果进行处理。如图2-5所示是正态分布曲线，横坐标 δ 表示随机误差，纵坐标 y 表示概率密度。

1) 随机误差的特性

(1) 单峰性：绝对值小的误差出现的概率比绝对值大的误差出现的概率大。

(2) 对称性：绝对值相等的正、负误差出现的次数接近相等，图形近似对称分布，测得值

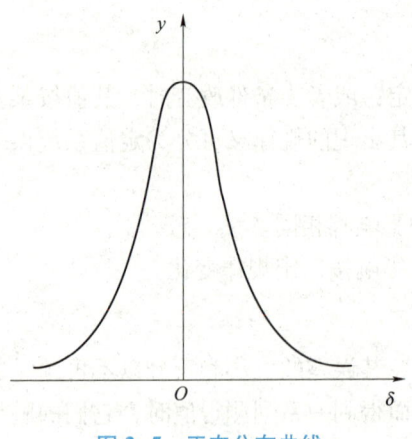

图 2-5　正态分布曲线

的平均值为中心。

（3）有界性：在一定测量条件下，误差的绝对值不会超过某一界限。

（4）抵偿性：当测量次数为无穷次时，正负误差的总和趋于零。

2）随机误差的评定指标

（1）算术平均值 $\bar{x}$ 是测量列中的 n 个测量值的代数和除以测量次数 n，即

$$\bar{x} = \frac{1}{n}\sum_{i=1}^{n} x_i$$

（2）残余误差 ν_i 是测量列中一个测得值和该测量列的算术平均值 $\bar{x}$ 之差，即

$$\nu_i = x_i - \bar{x}$$

（3）标准偏差 σ 是各误差平方和的平均数的平方根，可直观地表示随机误差的极限值，即

$$\sigma = \sqrt{\frac{1}{n-1}\sum \nu_i^2} = \sqrt{\frac{1}{n-1}\sum (x_i - \bar{x})^2}$$

（4）算术平均值 $\bar{x}$ 的标准偏差 $\sigma_{\bar{x}}$ 为

$$\sigma_{\bar{x}} = \frac{1}{\sqrt{n}}\sigma$$

对于有限次测量来说，随机误差超出 $\pm 3\sigma$ 范围的可能性可以当作零。因此可将 $\delta_{\lim} = \pm 3\sigma$ 看作随机误差的极限值。同理，$\delta_{\lim \bar{x}} = \pm 3\sigma_{\bar{x}}$。

3）随机误差的处理方法

随机误差的处理办法是利用测量列计算有关的评定指标，确定出随机误差的极限范围，进而写出测量结果。

如用单个测得值 x_i（测量列中任意一个）表示测量结果，则可写为

$$x = x_i \pm 3\sigma$$

如用算术平均值表示测量结果，则可写为

$$x = \bar{x} \pm 3\sigma_{\bar{x}}$$

2. 系统误差的处理

系统误差对测量结果的影响是不能忽视的，发现系统误差常用的两种方法如下。

（1）实验对比法。实验对比法就是通过改变测量条件来发现误差，主要用于发现定值系统误差，如在比较仪上对一被测量按"级"使用的量块进行多次测量后，可使用级别更高的量块再次测量，通过对比判断是否存在定值系统误差。

（2）残差观察法。残差观察法是指根据测量列的各个残差大小和符号规律，直接由残差数据或残差曲线图形来判断有无系统误差，主要用于发现大小和符号按一定规律变化的变值系统误差。若各残差大体上正负相同，又没有显著变化［如图 2-6（a）所示］，则不存

在变值系统误差；若各残差按近似的线性规律递增或递减［如图2-6（b）所示］，则可判断存在线性变值系统误差；若各残差的大小和符号有规律的周期性变化［如图2-6（c）所示］，则表示存在周期性变值系统误差。这种观察法要求有足够的连续测量次数，否则规律不明显，会降低判断的可靠性。

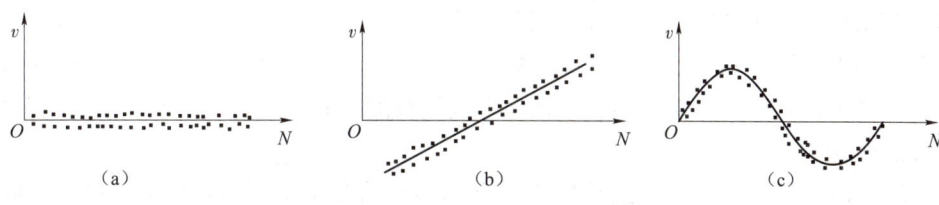

图2-6　变值系统误差的发现

消除系统误差的方法有以下几个方面。

（1）误差根除法，即从根源上消除。如仪器使用前对零位；量块按"等"使用时可消除量块的制造和磨损误差。

（2）误差修正法。预先将计量器具的系统误差检定或计算出来，作出误差表或误差曲线，然后取与系统误差数值相同而符号相反的值作为修正值，将测得值加上相应的修正值，即可得到不包含系统误差的测量结果。

（3）误差抵消法。这种方法要求在对称位置上分别测量一次，以使这两次测量中测得的数据出现的系统误差大小相等，符号相反，取这两次测量中数据的平均值作为测得值，即可消除定值系统误差。如测量螺纹零件的螺距时，分别测出左、右牙面螺距，然后进行平均，则可抵消螺纹零件测量时安装不正确引起的系统误差。

（4）半周期法。对周期性系统误差，可以每相隔半个周期进行一次测量，以相邻两次测量的数据的平均值作为一个测得值，即可有效消除周期性系统误差。

3. 粗大误差的处理

粗大误差的数值很大，明显超出规定条件下预期的误差，在测量中尽量避免。如果粗大误差已经产生，则应根据判别粗大误差的准则予以剔除，通常用拉依达准则判断。

拉依达准则，又称3σ准则。当测量列服从正态分布时，残差落在$\pm 3\sigma$外的概率很小，当出现绝对值比3σ大的残差时，即$|v_i|>3\sigma$，则认为该残余误差对应的测得值含有粗大误差，在误差处理时应予以剔除。

2.3.4　等精度直接测量列的数据处理

等精度测量是指在测量条件（包括量仪、测量人员、测量方法及环境条件等）不变的情况下，对某一被测几何量进行的连续多次测量。虽然在此条件下得到的各个测量值不同，但影响各个测量值精度的因素和条件相同，故测量精度视为相等。相反，在测量过程中全部或部分因素和条件发生改变，则称为不等精度测量。在一般情况下，为简化对测量数据的处理，大多采用等精度处理。

对于等精度测量条件下直接测量列中的测量结果，可按以下步骤进行数据处理。

（1）计算测量列的算术平均值和残差，以判断测量列中是否存在系统误差。若有，测量前加以减小或消除。

（2）计算测量列单次测量值的标准偏差，判断是否存在粗大误差。若有，则应剔除含粗大误差的测得值，并重新组成测量列，再重复上述计算，直到将所有的含粗大误差的测得值都剔除干净为止。

（3）计算测量列的算术平均值的标准偏差和测量极限误差。

（4）写出测量结果的表达式，并说明置信率。

例 2-1 以一个 30 mm 的五等量块为标准，用立式光学比较仪对一圆柱轴进行 10 次等精度测量，测得值如表 2-1 第 2 列所示，已知量块长度的修正值为 -1 μm，试对其进行数据处理后写出测量结果。

解：（1）对量块的系统误差进行修正，全部测得值分别加上量块的修正值 -0.001 mm，如表 2-1 第 3 列所示。

（2）求算术平均值 $\bar{x}$、残余误差 ν_i、标准偏差 σ。

算术平均值：$\bar{x} = \dfrac{\sum\limits_{i=1}^{N} x_i}{N} = \dfrac{\sum\limits_{i=1}^{N} x_i}{10} = 30.048$（mm）

残余误差 $\nu_i = x_i - \bar{x}$，计算结果见表 2-1 第 4 列；

标准偏差为

$$\sigma = \sqrt{\dfrac{\sum\limits_{i=1}^{N}\nu_i^2}{N-1}} = \sqrt{\dfrac{0.000\,07}{10-1}} = 0.002\,8\text{（mm）}$$

（3）判断粗大误差用拉依达准则进行判定。

测量列中每个数据的残余误差 ν_i 应在 3 倍标准偏差以内，否则作为坏值予以剔除，即 $3\sigma = 3 \times 0.002\,8 = 0.008\,4$（mm），而表 2-1 中第 4 列 ν_i 最大绝对值 $|\nu_i| = 0.005 < 0.008\,4$ mm，因此测量列中不存在粗大误差。

表 2-1 等精度直接测量的数据处理

序号	测量值 x_i/mm	去除系统误差的测量值 x_i/mm	残余误差 ν_i/mm	残余误差的平方 ν_i^2/mm²
1	30.050	30.049	+0.001	0.000 001
2	30.048	30.047	-0.001	0.000 001
3	30.049	30.048	0	0
4	30.047	30.046	-0.002	0.000 004
5	30.051	30.050	+0.002	0.000 004
6	30.052	30.051	+0.003	0.000 009
7	30.044	30.043	-0.005	0.000 025
8	30.053	30.052	+0.004	0.000 016
9	30.046	30.045	-0.003	0.000 009
10	30.050	30.049	+0.001	0.000 001
	$\bar{x} = 30.048$		$\sum\limits_{i=1}^{n}\nu_i = 0$	$\sum\limits_{i=1}^{n}\nu_i^2 = 0.000\,07$

(4) 计算测量列算术平均值的标准偏差为

$$\sigma_{\bar{X}} = \frac{\sigma}{\sqrt{N}} = \frac{0.002\,8}{\sqrt{10}} = 0.000\,88 \text{ (mm)}$$

(5) 计算测量列算术平均值的测量极限偏差为

$$\delta_{\lim \bar{x}} = \pm 3\sigma_{\bar{x}} = \pm 3 \times 0.000\,88 = \pm 0.002\,64 \text{ (mm)}$$

(6) 测量结果

$$x = \bar{x} \pm 3\sigma_{\bar{x}} = 30.048 \pm 0.002\,64 \text{ (mm)}$$

即该轴的直径为 30.048 mm，其不确定度在 ±0.002 64 mm 范围内的可能性达 99.73%。

习题二

2-1 测量的实质是什么？一个完整的测量过程包括哪几个要素？

2-2 说明分度间距与分度值、示值范围与测量范围、示值误差与修正值有何区别？

2-3 测量误差按其性质可分为哪几类？测量误差的主要来源有哪些？

2-4 试说明绝对测量方法与相对测量方法、绝对误差与相对误差的区别。

2-5 测量误差分哪几类？产生各类测量误差的主要因素有哪些？

2-6 说明系统误差、随机误差和粗大误差的特性和不同。

2-7 用立式光学计对某轴进行等精度重复测量 12 次，按测量顺序各测得值如下（单位 mm）：20.001 5，20.001 3，20.001 6，20.001 2，20.001 5，20.001 4，20.001 7，20.001 8，20.001 4，20.001 6，20.001 4，20.001 5，试确定该零件的测量结果。

第 3 章

尺寸公差与配合

3.1 基本术语及定义

3.1.1 尺寸的术语及定义

1. 线性尺寸

线性尺寸是以特定单位表示的两点之间的距离，如长度、宽度、高度、半径、直径及中心距等。在机械工程图中，通常以毫米（mm）为单位。

2. 公称尺寸

公称尺寸是由图样规范确定的理想形状要素的尺寸，如图 3-1 所示。公称尺寸是设计者根据使用要求，考虑零件的强度、刚度和结构后，经过计算、圆整给出的尺寸。公称尺寸一般都尽量选取标准值，以减少定值刀具、夹具和量具的规格和数量。孔的公称尺寸用大写字母"D"来表示，轴的公称尺寸用小写字母"d"来表示。

3. 实际尺寸

实际尺寸是经过测量得到的尺寸。在测量过程中总是存在测量误差，而且测量位置不同所得的测量值也不相同，所以真值虽然客观存在但是测量不出来。我们只能用一个近似真值的测量值代替真值，换句话说，就是实际尺寸具有不确定性。孔的实际尺寸用"D_a"来表示，轴的公称尺寸用"d_a"来表示。

4. 极限尺寸

极限尺寸就是尺寸要素允许的尺寸的两极端，如图 3-1 所示，即工件合格范围的两个边界尺寸。最大的边界尺寸叫上极限尺寸，孔和轴的上极限尺寸分别用"D_{max}"和"d_{max}"来表示；最小的边界尺寸叫下极限尺寸，孔和轴的下极限尺寸分别用"D_{min}"和"d_{min}"来表示。极限尺寸是用来限制实际尺寸的，实际尺寸在极限尺寸范围内，表明工件合格；否则，不合格。

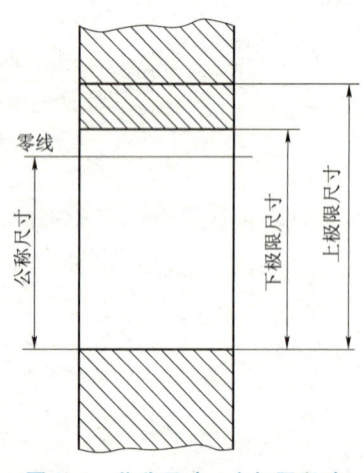

图 3-1 公称尺寸、上极限尺寸和下极限尺寸

5. 作用尺寸

工件都不可避免地存在形状误差，致使与孔或轴相

配合的轴与孔的尺寸发生了变化。为了保证配合精度，应对作用尺寸加以限制。

（1）孔的作用尺寸。孔的作用尺寸是在整个配合面上与实际孔内接的最大理想轴的尺寸，如图 3-2（a）所示。

（2）轴的作用尺寸。轴的作用尺寸是在整个配合面上与实际轴外接的最小理想孔的尺寸，如图 3-2（b）所示。

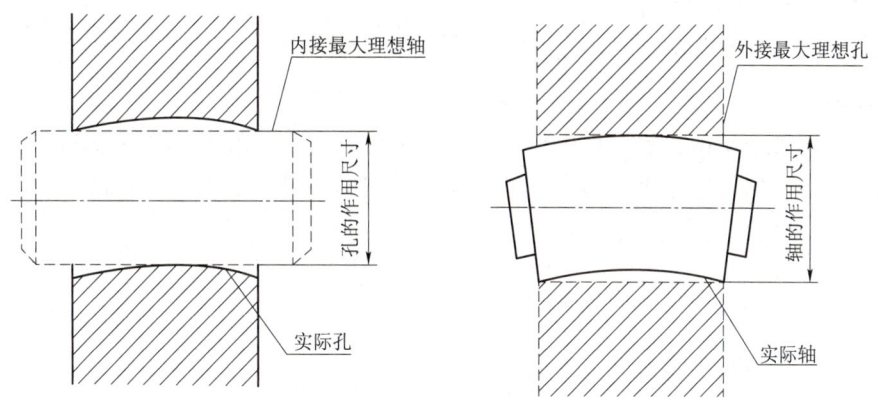

图 3-2　孔、轴的作用尺寸

（a）孔的作用尺寸；（b）轴的作用尺寸

3.1.2　偏差、公差的术语及定义

1. 尺寸偏差（简称偏差）

尺寸偏差是某一尺寸减去它的公称尺寸所得的代数差，它可分为实际偏差和极限偏差。

（1）实际偏差。实际尺寸减去它的公称尺寸所得的偏差叫做实际偏差。实际偏差用"E_a"和"e_a"表示。

（2）极限偏差。用极限尺寸减去它的公称尺寸所得的代数差叫做极限偏差。极限偏差有上极限偏差和下极限偏差两种。上极限偏差是上极限尺寸减去公称尺寸所得的代数差，下极限偏差是下极限尺寸减去公称尺寸所得的代数差。偏差值是代数值，可以为正值、负值或零，计算或标注时除零以外都必须带正、负号。孔和轴的上极限偏差分别用"ES"和"es"表示，孔和轴的下极限偏差分别用"EI"和"ei"表示。

极限偏差可用下列公式计算：

孔的上极限偏差　　$ES = D_{max} - D$ 　　　　　　　　　　　　　　　　（3-1）

孔的下极限偏差　　$EI = D_{min} - D$ 　　　　　　　　　　　　　　　　（3-2）

轴的上极限偏差　　$es = d_{max} - d$ 　　　　　　　　　　　　　　　　（3-3）

轴的下极限偏差　　$ei = d_{min} - d$ 　　　　　　　　　　　　　　　　（3-4）

（3）基本偏差。在国家极限与配合标准中，把离零线最近的那个上极限偏差或下极限偏差叫做基本偏差，它是用来确定公差带与零线相对位置的偏差。

2. 尺寸公差（简称公差）

（1）尺寸公差。尺寸公差是允许尺寸的变动量。尺寸公差等于上极限尺寸与下极限尺寸相减所得代数差的绝对值，也等于上极限偏差与下极限偏差相减所得代数差的绝对值。公差是绝对值，不能为负值，也不能为零（公差为零，零件将无法加工）。孔和轴的公差分别用"T_h"和"T_s"表示。

尺寸公差、极限尺寸和极限偏差的关系如下：

孔的公差　　$T_h = |D_{max} - D_{min}| = |ES - EI|$　　　　　　　　　　　(3-5)

轴的公差　　$T_S = |d_{max} - d_{min}| = |es - ei|$　　　　　　　　　　　　(3-6)

（2）标准公差。国家标准中规定的用来确定公差带大小的公差值就是标准公差。

3. 公差带

在公差带图解中，由代表上极限偏差和下极限偏差或上极限尺寸和下极限尺寸的两条直线所限定的一个区域。它是由公差大小和其相对零线的位置如基本偏差来确定的（如图3-3所示）。

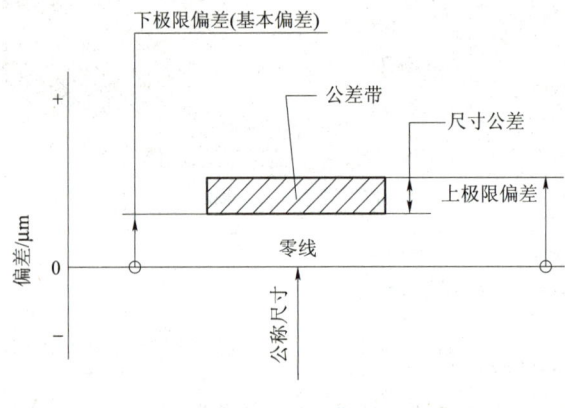

图3-3　公差带图

4. 公差带图

为了能更直观地分析说明公称尺寸、偏差和公差三者的关系，提出了公差带图。公差带图由零线和尺寸公差带组成。

1）零线

零线是公差带图中表示公称尺寸的一条直线。它是用来确定极限偏差的基准线。极限偏差位于零线上方为正值，位于零线下方为负值，位于零线上为零。在绘制公差带图时，应注意绘制零线、标注零线的公称尺寸线、标注公称尺寸值和符号，如图3-4所示。

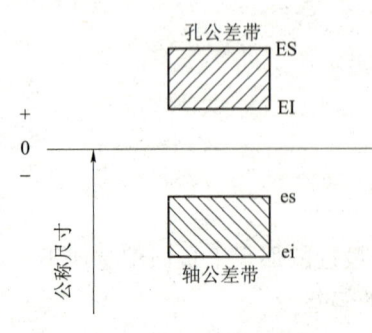

图3-4　绘制公差带图的示意

2）尺寸公差带

在公差带图中，表示上、下极限偏差的两条直线之间的区域叫做尺寸公差带。公差带有两个参数：公差带的位置和公差带的大小。公差带的位置由基本偏差决定，公差带的大小（指公差带的纵向距离）由标准公差决定。在绘制公差带图时，应该用不同的方式来区分孔、轴公差带（例如，在图 3-4 中，孔、轴公差带用不同倾斜方向的剖面线和点阵区分）；公差带的位置和大小应按比例绘制；公差带的横向宽度没有实际意义，可在图中适当选取。

公差带图中，公称尺寸和上、下极限偏差的量纲可省略不写，公称尺寸的量纲单位默认为毫米（mm），上、下极限偏差的量纲单位默认为微米（μm）。公称尺寸应书写在标注零线的公称尺寸线左方，字体方向与图 3-4 中"公称尺寸"一致。上、下极限偏差书写（零可以不写）必须带正、负号。

3.1.3　配合的术语及其定义和配合的种类

配合是指公称尺寸相同的且相互结合的孔与轴公差带之间的关系。

1. 配合的术语及其定义

（1）孔。孔是圆柱形的内表面及由单一尺寸确定的内表面。孔的内部没有材料，从装配关系上看孔是包容面。孔的直径用大写字母"D"表示。

（2）轴。轴是圆柱形的外表面及由单一尺寸确定的外表面。轴的内部有材料，从装配关系上看轴是被包容面。轴的直径用小写字母"d"表示。

这里的孔和轴是广义的，它包括圆柱形的和非圆柱形的孔和轴。例如，图 3-5 中标注的 D_1、D_2、D_3 皆为孔，d_1、d_2、d_3、d_4、d_5 皆为轴。

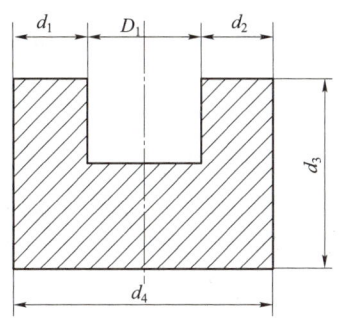 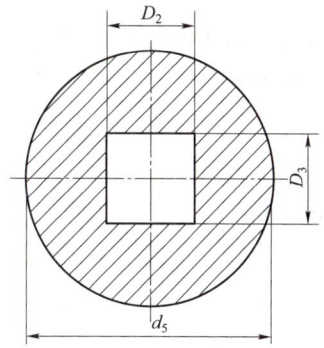

图 3-5　孔与轴示意

（3）间隙。孔的尺寸减去相结合的轴的尺寸所得的代数差为正时，称为间隙。间隙用大写字母"X"表示。

（4）过盈。孔的尺寸减去相结合的轴的尺寸所得的代数差为负时，称为过盈。过盈用大写字母"Y"表示。

2. 配合的种类

（1）间隙配合。具有间隙的配合（包括间隙为零）称为间隙配合。当配合为间隙配合时，孔的公差带在轴的公差带上方，如图 3-6 所示。

孔的上极限尺寸（或孔的上极限偏差）减去轴的下极限尺寸（或轴的下极限偏差）所得的代数差称为最大间隙，用"X_{max}"表示。可用公式表示为

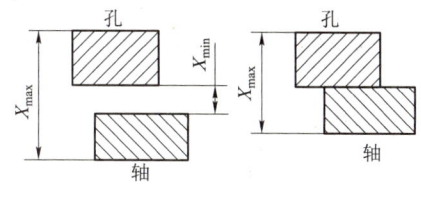

图 3-6　间隙配合

$$X_{max} = D_{max} - d_{min} = ES - ei \qquad (3-7)$$

孔的下极限尺寸（或孔的下极限偏差）减去轴的上极限尺寸（或轴的上极限偏差）所得的代数差称为最小间隙，用"X_{min}"表示。可用公式表示为

$$X_{min} = D_{min} - d_{max} = EI - es \qquad (3-8)$$

配合公差是间隙的变动量，用"T_f"表示，它等于最大间隙与最小间隙差的绝对值，也等于孔的公差与轴的公差之和。可用公式表示为

$$T_f = |X_{max} - X_{min}| = T_h + T_s \qquad (3-9)$$

（2）过盈配合。具有过盈的配合（包括过盈为零）称为过盈配合。当配合为过盈配合时，孔的公差带在轴的公差带下方，如图 3-7 所示。

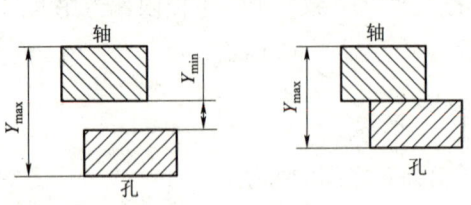

图 3-7 过盈配合

孔的上极限尺寸（或孔的上极限偏差）减去轴的下极限尺寸（或轴的下极限偏差）所得的代数差称为最小过盈，用"Y_{min}"表示。可用公式表示为

$$Y_{min} = D_{max} - d_{min} = ES - ei \qquad (3-10)$$

孔的下极限尺寸（或孔的下极限偏差）减去轴的上极限尺寸（或轴的上极限偏差）所得的代数差称为最大过盈，用"Y_{max}"表示。可用公式表示为

$$Y_{max} = D_{min} - d_{max} = EI - es \qquad (3-11)$$

配合公差是过盈的变动量，用"T_f"表示，它等于最大过盈与最小过盈差的绝对值，也等于孔的公差与轴的公差之和。可用公式表示为

$$T_f = |Y_{max} - Y_{min}| = T_h + T_s \qquad (3-12)$$

（3）过渡配合。可能具有间隙，可能具有过盈（针对大批零件而言）的配合称为过渡配合。当配合为过渡配合时，孔的公差带和轴的公差带相互交叉，如图 3-8 所示。

孔的上极限尺寸（或孔的上极限偏差）减去轴的下极限尺寸（或轴的下极限偏差）所得的代数差称为最大间隙，用"X_{max}"表示。可用公式表示为

$$X_{max} = D_{max} - d_{min} = ES - ei \qquad (3-13)$$

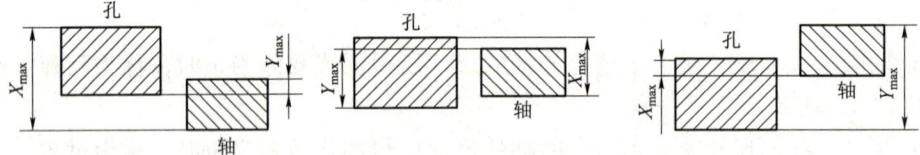

图 3-8 过渡配合

孔的下极限尺寸（或孔的下极限偏差）减去轴的上极限尺寸（或轴的上极限偏差）所得的代数差称为最大过盈，用"Y_{max}"表示。可用公式表示为

$$Y_{max} = D_{min} - d_{max} = EI - es \qquad (3-14)$$

配合公差是间隙与过盈的变动量，用"T_f"表示，它等于最大间隙与最大过盈差的绝对值，也等于孔的公差与轴的公差之和。可用公式表示为

$$T_f = |X_{max} - Y_{max}| = T_h + T_s \qquad (3-15)$$

3.2 公差与配合标准

3.2.1 基准制

极限与配合制度中规定了松紧不同的配合，用来满足各类机器零件配合性质的要求，以实现孔、轴的三种配合。国标对组成配合的原则规定了基孔制和基轴制两种配合基准制。

1. 基孔制配合

基孔制是指基本偏差为一定的孔的公差带与不同基本偏差的轴的公差带形成各种配合的一种制度，称为基孔制配合。对于此标准与配合制，孔的公差带在零线上方，孔的下极限尺寸等于公称尺寸，孔的下极限偏差 EI 为零，孔称为基准孔，其代号为"H"，如图 3-9（a）所示。

基孔制的基本特点为：基孔制中的孔为基准孔，用"H"表示；基准孔的公差带位于零线上方，其下极限偏差为零；基准孔的下极限尺寸等于公称尺寸。

2. 基轴制配合

基轴制是指基本偏差为一定的轴的公差带与不同基本偏差的孔的公差带形成各种配合的一种制度，称为基轴制配合。对于此标准与配合制，轴的公差带在零线下方，轴的上极限尺寸等于公称尺寸，轴的上极限偏差 es 为零，轴称为基准轴，其代号为"h"，如图 3-9（b）所示。

基轴制的基本特点为：基轴制中的轴为基准轴，用"h"表示；基轴制的公差带在零线下方，其上极限偏差为零；基轴制的上极限尺寸等于公称尺寸。

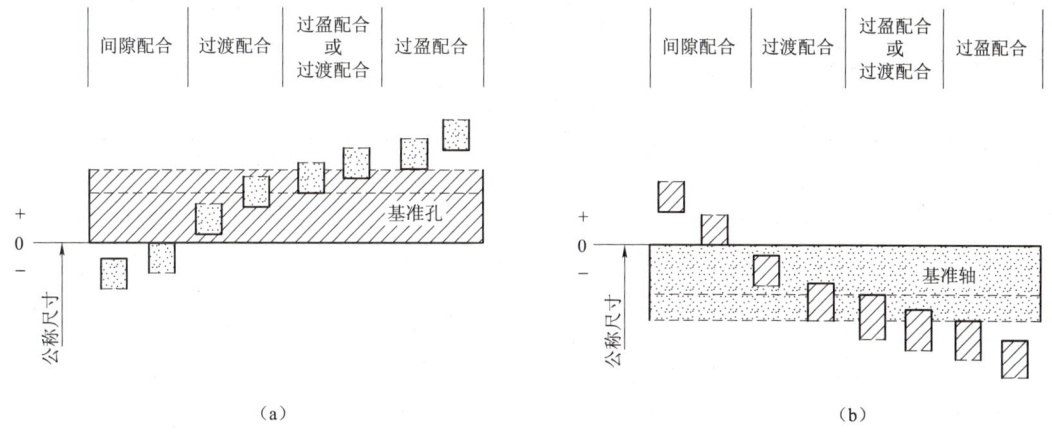

图 3-9 基孔制配合和基轴制配合
（a）基孔制；（b）基轴制

3.2.2 标准公差系列

标准公差系列是以国家标准制定的一系列由不同的公称尺寸和不同的公差等级组成的标准公差值。标准公差值是用来确定任一标准公差值的大小，也就是确定公差带的大小（宽度）。

1. 公差单位

公差单位也叫公差因子，是计算标准公差值的基本单位，是制定标准公差数值系列的基础。利用统计法在生产中可发现：在相同的加工条件下，公称尺寸不同的孔或轴加工后产生的加工误差不相同，而且误差的大小无法比较；在尺寸较小时加工误差与公称尺寸呈立方抛物线关系，在尺寸较大时接近线性关系。由于误差是由公差来控制的，所以利用这个规律可反映公差与公称尺寸之间的关系。

当公称尺寸≤500 mm 时，公差单位（以 i 表示）按式（3-16）计算，即

$$i = 0.45\sqrt[3]{D} + 0.001D \tag{3-16}$$

式中 D——公称尺寸的计算尺寸，单位为 mm。

在式（3-16）中，前面一项主要反映加工误差，第二项用来补偿测量时温度变化引起的与公称尺寸成正比的测量误差。但是随着公称尺寸逐渐增大，第二项的影响越来越显著。

对大尺寸而言，温度变化引起的误差随直径的增大呈线性关系。

当公称尺寸>500~3 150 mm 时，公差单位（以 I 表示）按式（3-17）计算，即

$$I = 0.004D + 2.1 \tag{3-17}$$

当公称尺寸>3 150 mm 时，以式（3-17）来计算标准公差也不能完全反映误差出现的规律，但目前没有发现更加合理的公式，仍然用式（3-17）来计算。

2. 公差等级

根据公差系数等级的不同，国家标准把公差等级分为 20 个等级，用 IT（ISO tolerance 的简写）加阿拉伯数字表示，即 IT01，IT0，IT1，IT2，…，IT18。公差等级逐渐降低，而相应的公差值逐渐增大。

标准公差是由公差等级系数和公差单位的乘积决定。当公称尺寸小于或等于 500 mm 的常用尺寸范围内，各公差等级的标准公差计算公式见表 3-1；当公称尺寸大于 500~3 150 mm 的各级标准公差计算公式见表 3-2。

表 3-1 公称尺寸≤500 mm 的标准公差数值计算公式

标准公差等级	计算公式	标准公差等级	计算公式	标准公差等级	计算公式
IT01	$0.3+0.008D$	IT6	$10i$	IT13	$250i$
IT0	$0.5+0.012D$	IT7	$16i$	IT14	$400i$
IT1	$0.8+0.02D$	IT8	$25i$	IT15	$640i$
IT2	(IT1)(IT5/IT1)$^{1/4}$	IT9	$40i$	IT16	$1000i$
IT3	(IT1)(IT5/IT1)$^{1/2}$	IT10	$64i$	IT17	$1600i$
IT4	(IT1)(IT5/IT1)$^{3/4}$	IT11	$100i$	IT18	$2500i$
IT5	$7i$	IT12	$160i$		

表 3-2 公称尺寸大于 500~3 150 mm 的标准公差数值计算公式

标准公差等级	计算公式	标准公差等级	计算公式	标准公差等级	计算公式
IT01	$1I$	IT6	$10I$	IT13	$250I$
IT0	$2^{1/2}I$	IT7	$16I$	IT14	$400I$
IT1	$2I$	IT8	$25I$	IT15	$640I$
IT2	(IT1)(IT1/IT5)$^{1/4}$	IT9	$40I$	IT16	$1000I$
IT3	(IT1)(IT1/IT5)$^{1/2}$	IT10	$64I$	IT17	$1600I$
IT4	(IT1)(IT1/IT5)$^{3/4}$	IT11	$100I$	IT18	$2500I$
IT5	$7I$	IT12	$160I$		

3. 公称尺寸分段

根据公称尺寸和公差因子的计算公式可知：每个公称尺寸都对应一个标准公差值，公称尺寸数目很多，相应的公差值也很多，这将使标准公差数值表相当庞大，使用起来很不方便，而且相近的公称尺寸，其标准公差值相差很小，为了简化标准公差数值表，国家标准将公称尺寸分成若干段，具体分段见表 3-3。分段后的公称尺寸 D 按其计算尺寸代入公式计算标准公差值，计算尺寸即为每个尺寸段内首尾两个尺寸的几何平均值，如 50~80 mm 尺寸段的计算尺寸 $D = \sqrt{30 \times 50} \approx 38.73$ mm。对于小于或等于 3 mm 的尺寸段用 $D = \sqrt{1 \times 3} \approx 1.73$ mm 来计算。按几何平均值计算出公差数值，再把尾数化整，就得出标准公差数值，标准公差数值表见表 3-4。实践证明：这样计算公差值差别很小，对生产影响也不大，但是对公差值的标准化很有利。

表 3-3　公称尺寸分段　　　　　　　　　　　　mm

主段落		中间段落		主段落		中间段落	
大于	至	大于	至	大于	至	大于	至
—	3	无细分段		250	315	250	280
3	6					280	315
6	10			315	400	315	355
						355	400
10	18	10	14	400	500	400	450
		14	18			450	500
18	30	18	24	500	630	500	560
		24	30			560	630
30	50	30	40	630	800	630	710
		40	50			710	800
50	80	50	65	800	1 000	800	900
		65	80			900	1 000
80	120	80	100	1 000	1 250	1 000	1 120
		100	120			1 120	1 250
120	180	120	140	1 250	1 600	1 250	1 400
		140	160			1 400	1 600
		160	180	1 600	2 000	1 600	1 800
						1 800	2 000
180	250	180	200	2 000	2 500	2 000	2 240
		200	225			2 240	2 500
		225	250	2 500	3 150	2 500	2 800
						2 800	3 150

表 3-4　公称尺寸至 3 150 mm 的标准公差数值

公称尺寸/mm		标准公差等级																
大于	至	IT1	IT2	IT3	IT4	IT5	IT6	IT7	IT8	IT9	IT10	IT11	IT12	IT13	IT14	IT15	IT16	IT17	IT18
		μm											mm						
—	3	0.8	1.2	2	3	4	6	10	14	25	40	60	0.1	0.14	0.25	0.4	0.6	1	1.4
3	6	1	1.5	2.5	4	5	8	12	18	30	48	75	0.12	0.18	0.3	0.48	0.75	1.2	1.8
6	10	1	1.5	2.5	4	6	9	15	22	36	58	90	0.15	0.22	0.36	0.58	0.9	1.5	2.2
10	18	1.2	2	3	5	8	11	18	27	43	70	110	0.18	0.27	0.43	0.7	1.1	1.8	2.7
18	30	1.5	2.5	4	6	9	13	21	33	52	84	130	0.21	0.33	0.52	0.84	1.3	2.1	3.3
30	50	1.5	2.5	4	7	11	16	25	39	62	100	160	0.25	0.39	0.62	1	1.6	2.5	3.9
50	80	2	3	5	8	13	19	30	46	74	120	190	0.3	0.46	0.74	1.2	1.9	3	4.6
80	120	2.5	4	6	10	15	22	35	54	87	140	220	0.35	0.54	0.87	1.4	2.2	3.5	5.4
120	180	3.5	5	8	12	18	25	40	63	100	160	250	0.4	0.63	1	1.6	2.5	4	6.3
180	250	4.5	7	10	14	20	29	46	72	115	185	290	0.46	0.72	1.15	1.85	2.9	4.6	7.2
250	315	6	8	12	16	23	32	52	81	130	210	320	0.52	0.81	1.3	2.1	3.2	5.2	8.1
315	400	7	9	13	18	25	36	57	89	140	230	360	0.57	0.89	1.4	2.3	3.6	5.7	8.9
400	500	8	10	15	20	27	40	63	97	155	250	400	0.63	0.97	1.55	2.5	4	6.3	9.7
500	630	9	11	16	22	32	44	70	110	175	280	440	0.7	1.1	1.75	2.8	4.4	7	11
630	800	10	13	18	25	36	50	80	125	200	320	500	0.8	1.25	2	3.2	5	8	12.5
800	1 000	11	15	21	28	40	56	90	140	230	360	560	0.9	1.4	2.3	3.6	5.6	9	14
1 000	1 250	13	18	24	33	47	66	105	165	260	420	660	1.05	1.65	2.6	4.2	6.6	10.5	16.5
1 250	1 600	15	21	29	39	55	78	125	195	310	500	780	1.25	1.95	3.1	5	7.8	12.5	19.5
1 600	2 000	18	25	35	46	65	92	150	230	370	600	920	1.5	2.3	3.7	6	9.2	15	23
2 000	2 500	22	30	41	55	78	110	175	280	440	700	1 100	1.75	2.8	4.4	7	11	17.5	28
2 500	3 150	26	36	50	68	96	135	210	330	540	860	1 350	2.1	3.3	5.4	8.6	13.5	21	33

注：(1) 公称尺寸大于 500 mm 的 IT1~IT5 的标准公差数值为试行的。
　　(2) 公称尺寸小于或等于 1 mm 时，无 IT14~IT18。

例 3-1　公称尺寸为 20 mm，求公差等级为 IT6、IT7 的公差数值。

解：公称尺寸为 20 mm，在尺寸段 18~30 mm 范围内，则

$$D = \sqrt{18 \times 30} \text{ mm} \approx 23.24 \text{ mm}$$

公差单位

$$i = 0.45\sqrt[3]{D} + 0.001D = 0.45\sqrt[3]{23.24} + 0.001 \times 23.24 = 1.31 \text{ （μm）}$$

查表 3-1 可得

$$IT6 = 10i = 10 \times 1.31 \approx 13 \text{ （μm）}$$
$$IT7 = 16i = 16 \times 1.31 \approx 21 \text{ （μm）}$$

3.2.3　基本偏差系列

1. 基本偏差及其代号

基本偏差是指两个极限偏差当中靠近零线或位于零线的那个偏差，它是用来确定公差带位置的参数。为了满足各种不同配合的需要，国家标准对孔和轴分别规定了 28 种基本偏差

（如图 3-10 所示），它们用拉丁字母表示，其中孔用大写拉丁字母表示，轴用小写拉丁字母表示。在 26 个字母中除去 5 个容易和其他参数混淆的字母"I（i）、L（l）、O（o）、Q（q）、W（w）"外，其余 21 个字母再加上 7 个双写字母"CD（cd）、EF（ef）、FG（fg）、JS（js）、ZA（za）、ZB（zb）、ZC（zc）"共计 28 个字母作为 28 种基本偏差的代号，基本偏差代号见表 3-5。在 28 个基本偏差代号中，其中 JS 和 js 的公差带是关于零线对称的，并且逐渐代替近似对称的基本偏差 J 和 j，它的基本偏差与公差等级有关，而其他基本偏差和公差等级没有关系。基本偏差代号见表 3-5。

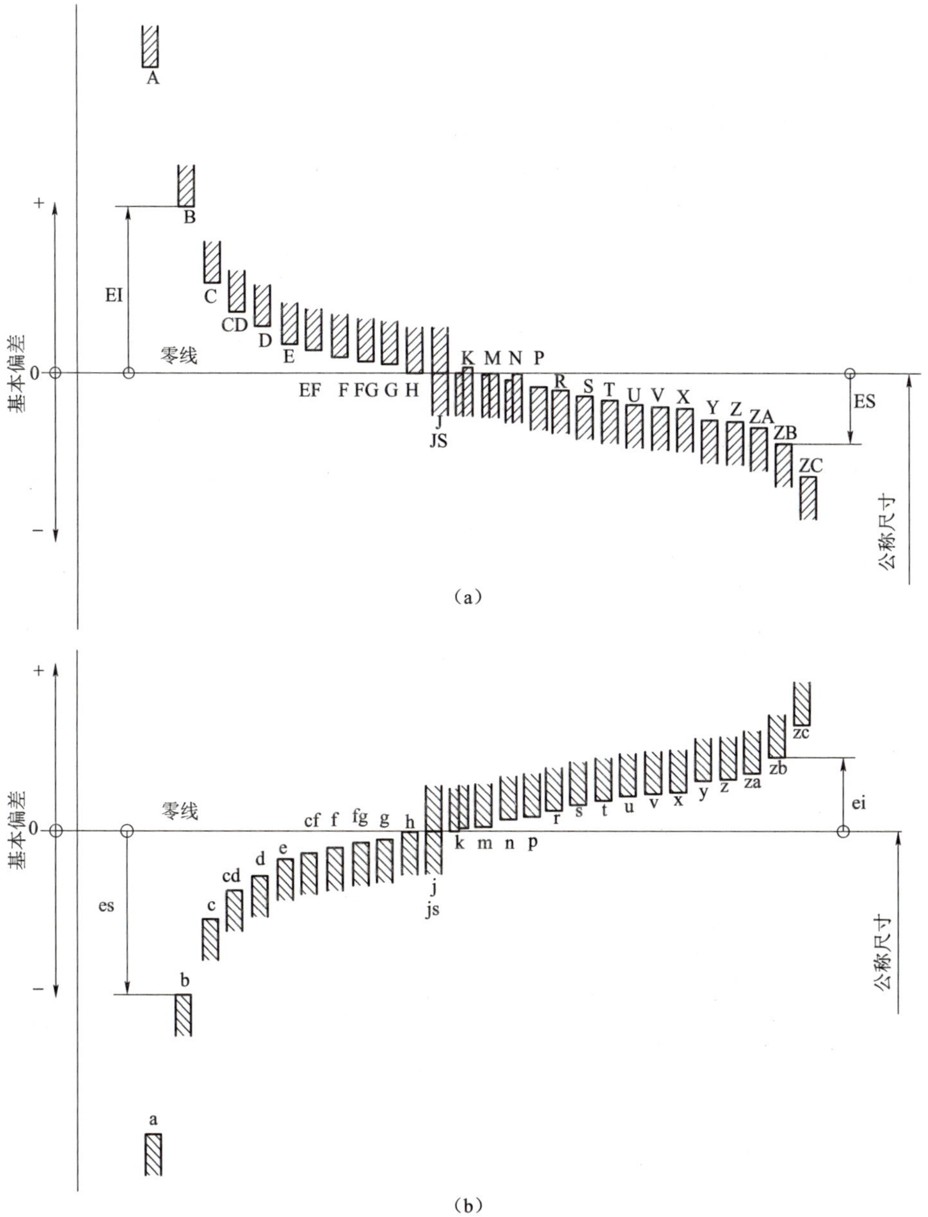

图 3-10 基本偏差系列
（a）孔；（b）轴

表 3-5 基本偏差代号

孔或轴		基本偏差	备注
孔	下偏差	A、B、C、CD、D、E、EF、FG、G、H	H 为基准孔,它的下偏差为零
	上偏差或下偏差	JS=±IT/2	
	上偏差	J、K、M、N、P、R、S、T、U、V、X、Y、Z、ZA、ZB、ZC	
轴	下偏差	a、b、c、cd、d、e、ef、fg、g、h	h 为基准轴,它的上偏差为零
	上偏差或下偏差	js=±IT/2	
	上偏差	j、k、m、n、p、r、s、t、u、v、x、y、z、za、zb、zc	

2. 轴的基本偏差

在基孔制的基础上,根据大量科学试验和生产实践,总结出了轴的基本偏差的计算公式,见表 3-6。轴的基本偏差 a~h 和 k~zc 及其"+"或"-"如图 3-11 所示。a~h 的基本偏差是上极限偏差,与基准孔配合是间隙配合,最小间隙正好等于基本偏差的绝对值;j、k、m、n 的基本偏差是下极限偏差,与基准孔配合是过渡配合;j~zc 的基本偏差是下极限偏差,与基准孔配合是过盈配合。公称尺寸小于或等于 500 mm 轴的基本偏差数值表见表 3-7,而轴的另一个偏差是根据基本偏差和标准公差的关系,按照 es=ei+IT 或 ei=es-IT 计算得出。

表 3-6 公称尺寸小于或等于 500 mm 轴的基本偏差计算公式

基本偏差代号	适用范围/mm	基本偏差为上偏差 es/μm 的计算公式	基本偏差代号	适用范围	基本偏差为下偏差 ei/μm 的计算公式
a	$D \leq 120$	$-(265+1.3D)$	j	IT5~IT8	没有公式
	$D>120$	$-3.5D$	k	$\leq$IT3	0
b	$D \leq 160$	$-(140+0.85D)$		IT4~IT7	$+0.6D^{1/3}$
	$D>160$	$-1.8D$		$\geq$IT8	0
c	$D \leq 40$	$-52D^{0.2}$	m		$+(IT7-IT6)$
	$D>40$	$-(95+0.8D)$	n		$+5D^{0.34}$
cd		$-(cd)^{1/2}$	p		$+IT7+(0~5)$
d		$-16D^{0.44}$	r		$+ps^{1/2}$
e		$-11D^{0.41}$	s	$D \leq 120$ mm	$+IT8+(1~4)$
ef		$-(ef)^{1/2}$		$D>50$ mm	$+IT7+0.4D$
f		$-5.5D^{0.41}$	t	$D>24$ mm	$+IT7+0.63D$
fg		$-(fg)^{1/2}$	u		$+IT7+D$
g		$-2.5D^{0.34}$	v	$D>14$ mm	$+IT7+1.25D$
h		0	x		$+IT7+1.6D$
基本偏差代号	适用范围	基本偏差为上偏差或下偏差	y	$D>18$ mm	$+IT7+2D$
js		$\pm IT/2$	z		$+IT7+2.5D$
			za		$+IT8+3.15D$
			zb		$+IT9+4D$
			zc		$+IT10+5D$

注:D 为公称尺寸。

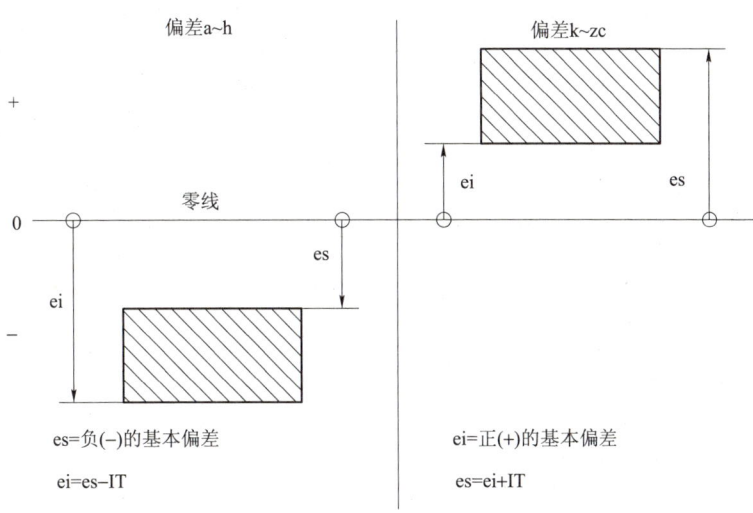

图 3-11　轴的偏差

3. 孔的基本偏差

对于公称尺寸小于或等于 500 mm 的孔的基本偏差是根据轴的基本偏差换算得出的。换算原则是：在孔、轴同级配合或孔比轴低一级的配合中，基轴制配合中孔的基本偏差代号与基孔制配合中轴的基本偏差代号相当时（例如，$\phi 40G7/h6$ 中孔的基本偏差 G 对应于 $\phi 40H6/g7$ 中轴的基本偏差 g），应该保证基轴制和基孔制的配合性质相同（极限间隙或极限过盈相同）。

根据上述原则，孔的基本偏差可以按下面两种规则计算。

（1）通用规则。通用规则是指同一个字母表示的孔、轴的基本偏差绝对值相等，符号相反。孔的基本偏差与轴的基本偏差关于零线对称，相当于轴基本偏差关于零线的倒影，所以又叫倒影规则。

对于孔的基本偏差 A~H，不论孔、轴是否采用同级配合，都有 EI=-es；而对于 K~ZC 当中，标准公差大于 IT8 的 K、M、N 以及大于 IT7 的 P~ZC 一般都采用同级配合，按照该规则，则有 ES=-ei。但是有一个例外：公称尺寸大于 3 mm，标准公差大于 IT8 的 N，它的基本偏差 ES=0。

（2）特殊规则。特殊规则是指孔的基本偏差和轴的基本偏差符号相反，绝对值相差一个 Δ 值。在较高的公差等级中常采用异级配合（配合中孔的公差等级常比轴低一级），因为相同公差等级的孔比轴难加工。对于公称尺寸小于或等于 500 mm，标准公差大于或等于 IT8 的 J、K、M、N 和标准公差小于或等于 IT7 的 P~ZC，孔的基本偏差 ES 适用特殊规则。即

$$ES = -ei + \Delta \tag{3-18}$$

式中　$\Delta = IT_n - IT_{n-1}$。

按照换算原则，要求两种配合制的配合性质相同。下面以过盈配合为例证明式 (3-18)。

证明：过盈配合中，基孔制和基轴制的最小过盈与轴和孔的基本偏差有关，所以取最小过盈为计算孔基本偏差的依据。

表 3-7 轴的基本偏差（GB/T 1800.3—2009）

基本尺寸/mm		基本偏差数值（上极限偏差 es）										
		所有标准公差等级/μm										
大于	至	a	b	c	cd	d	e	ef	f	fg	g	h	js
—	3	−270	−140	−60	−34	−20	−14	−10	−6	−4	−2	0	
3	6	−270	−140	−70	−46	−30	−20	−14	−10	−6	−4	0	
6	10	−280	−150	−80	−56	−40	−25	−18	−13	−8	−5	0	
10	14	−290	−150	−95		−50	−32		−16		−6	0	
14	18												
18	24	−300	−160	−110		−65	−40		−20		−7	0	
24	30												
30	40	−310	−170	−120		−80	−50		−25		−9	0	
40	50	−320	−180	−130									
50	65	−340	−190	−140		−100	−60		−30		−10	0	
65	80	−360	−200	−150									
80	100	−380	−220	−170		−120	−72		−36		−12	0	
100	120	−410	−240	−180									
120	140	−460	−260	−200		−145	−85		−43		−14	0	
140	160	−520	−280	−210									
160	180	−580	−310	−230									
180	200	−660	−340	−240		−170	−100		−50		−15	0	
200	225	−740	−380	−260									
225	250	−820	−420	−280									
250	280	−920	−480	−300		−190	−110		−56		−17	0	
280	315	−1 050	−540	−330									
315	355	−1 200	−600	−360		−210	−125		−62		−18	0	
355	400	−1 350	−680	−400									
400	450	−1 500	−760	−440		−230	−135		−68		−20	0	
450	500	−1 650	−840	−480									
500	560					−260	−145		−76		−22	0	
560	630												
630	710					−290	−160		−80		−24	0	
710	800												
800	900					−320	−170		−86		−26	0	
900	1 000												
1 000	1 120					−350	−195		−98		−28	0	
1 120	1 250												
1 250	1 400					−390	−220		−110		−30	0	
1 400	1 600												
1 600	1 800					−430	−240		−120		−32	0	
1 800	2 000												
2 000	2 240					−480	−260		−130		−34	0	
2 240	2 500												
2 500	2 800					−520	−290		−145		−38	0	
2 800	3 150												

偏差 = $\pm\dfrac{IT_n}{2}$，式中，IT_n 是 IT 值数。

续表

基本尺寸/mm		基本偏差数值（下极限偏差 ei）																
		IT5和IT6	IT7	IT8	IT4~IT7	≤IT3 >IT7	所有标准公差等级/μm											
大于	至	j			k		m	n	p	r	s	t	u	v	x	y	z	za	zb	zc
—	3	-2	-4	-6	0	0	+2	+4	+6	+10	+14		+18		+20		+26	+32	+40	+60
3	6	-2	-4		+1	0	+4	+8	+12	+15	+19		+23		+28		+35	+42	+50	+80
6	10	-2	-5		+1	0	+6	+10	+15	+19	+23		+28		+34		+42	+52	+67	+97
10	14	-3	-6		+1	0	+7	+12	+18	+23	+28		+33		+40		+50	+64	+90	+130
14	18													+39	+45		+60	+77	+108	+150
18	24	-4	-8		+2	0	+8	+15	+22	+28	+35		+41	+47	+54	+63	+73	+98	+136	+188
24	30											+41	+48	+55	+64	+75	+88	+118	+160	+218
30	40	-5	-10		+2	0	+9	+17	+26	+34	+43	+48	+60	+68	+80	+94	+112	+148	+200	+274
40	50											+54	+70	+81	+97	+114	+136	+180	+242	+325
50	65	-7	-12		+2	0	+11	+20	+32	+41	+53	+66	+87	+102	+122	+144	+172	+226	+300	+405
65	80									+43	+59	+75	+102	+120	+146	+174	+210	+274	+360	+480
80	100	-9	-15		+3	0	+13	+23	+37	+51	+71	+91	+124	+146	+178	+214	+258	+335	+445	+585
100	120									+54	+79	+104	+144	+172	+210	+254	+310	+400	+525	+690
120	140	-11	-18		+3	0	+15	+27	+43	+63	+92	+122	+170	+202	+248	+300	+365	+470	+620	+800
140	160									+65	+100	+134	+190	+228	+280	+340	+415	+535	+700	+900
160	180									+68	+108	+146	+210	+252	+310	+380	+465	+600	+780	+1 000
180	200	-13	-21		+4	0	+17	+31	+50	+77	+122	+166	+236	+284	+350	+425	+520	+670	+880	+1 150
200	225									+80	+130	+180	+258	+310	+385	+470	+575	+740	+960	+1 250
225	250									+84	+140	+196	+284	+340	+425	+520	+640	+820	+1 050	+1 350
250	280	-16	-26		+4	0	+20	+34	+56	+94	+158	+218	+315	+385	+475	+580	+710	+920	+1 200	+1 550
280	315									+98	+170	+240	+350	+425	+525	+650	+790	+1 000	+1 300	+1 700
315	355	-18	-28		+4	0	+21	+37	+62	+108	+190	+268	+390	+475	+590	+730	+900	+1 150	+1 500	+1 900
355	400									+114	+208	+294	+435	+530	+660	+820	+1 000	+1 300	+1 650	+2 100
400	450	-20	-32		+5	0	+23	+40	+68	+126	+232	+330	+490	+595	+740	+920	+1 100	+1 450	+1 850	+2 400
450	500									+132	+252	+360	+540	+660	+820	+1 000	+1 250	+1 600	+2 100	+2 600
500	560				0	0	+26	+44	+78	+150	+280	+400	+600							
560	630									+155	+310	+450	+660							
630	710				0	0	+30	+50	+88	+175	+340	+500	+740							
710	800									+185	+380	+560	+840							
800	900				0	0	+34	+56	+100	+210	+430	+620	+940							
900	1 000									+220	+470	+680	+1 050							
1 000	1 120				0	0	+40	+66	+120	+250	+520	+780	+1 150							
1 120	1 250									+260	+580	+840	+1 300							
1 250	1 400				0	0	+48	+78	+140	+300	+640	+960	+1 450							
1 400	1 600									+330	+720	+1 050	+1 600							
1 600	1 800				0	0	+58	+92	+170	+370	+820	+1 200	+1 850							
1 800	2 000									+400	+920	+1 350	+2 000							
2 000	2 240				0	0	+68	+110	+195	+440	+1 000	+1 500	+2 300							
2 240	2 500									+460	+1 100	+1 650	+2 500							
2 500	2 800				0	0	+76	+135	+240	+550	+1 250	+1 900	+2 900							
2 800	3 150									+580	+1 400	+2 100	+3 200							

注：基本尺寸小于或等于 1 mm 时，基本偏差 a 和 b 均不采用。公差带 js7~js11，若 IT_n 值数是奇数，则取偏差 $=\pm\dfrac{IT_n-1}{2}$。

在图 3-12 中，最小过盈等于孔的上极限偏差减去轴的下极限偏差所得的代数差，即

基孔制 $\qquad Y_{\min} = T_h - ei$

基轴制 $\qquad Y'_{\min} = ES + T_s$

根据换算原则可知：

$$Y_{\min} = Y'_{\min}$$

即 $\qquad T_h - ei = ES + T_s$

$$ES = -ei + T_h - T_s$$

一般 T_h 和 T_s 公差等级相差一级，即 $T_h = IT_n$，$T_s = IT_{n-1}$

令 $\qquad T_h - T_s = IT_n - IT_{n-1} = \Delta$

所以 $\qquad ES = -ei + \Delta$

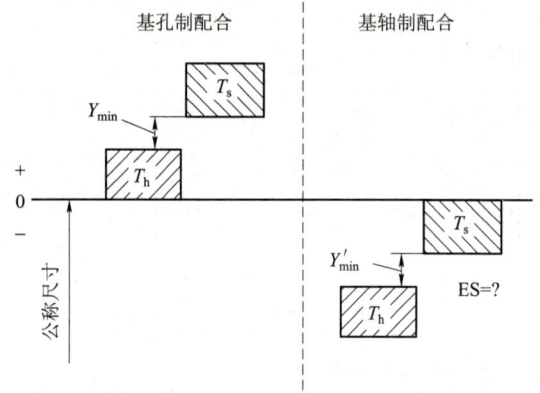

图 3-12　过盈配合特殊规则计算

过渡配合经过类似的证明，也可得出式（3-18）的结果，读者可自行证明。

孔的另一个偏差，可根据孔的基本偏差和标准公差的关系，按照 EI = ES - IT 或 ES = EI+IT 计算得出。

按照轴的基本偏差计算公式和孔的基本偏差换算原则，国家标准列出了轴和孔基本偏差数值表，见表 3-7 和表 3-8。在孔、轴基本偏差数值表中查找基本偏差时，不要忘记查找表中的修正值 "Δ"。

例 3-2　用查表法确定 $\phi25H8/p8$ 和 $\phi25P8/h8$ 的极限偏差。

解：查表 3-4 得

$$IT8 = 33 \ \mu m$$

轴的基本偏差为下极限偏差，查表 3-7 得

$$ei = +22 \ \mu m$$

轴 p8 的上极限偏差为

$$es = ei + IT8 = +22 + 33 = +55 \ (\mu m)$$

孔 H8 的下极限偏差为 0，上极限偏差为

$$ES = EI + IT8 = 0 + 33 = +33 \ (\mu m)$$

孔 P8 的基本偏差为上极限偏差，查表 3-8 得

$$ES = -22 \ \mu m$$

表 3-8　孔的基本偏差（GB/T 1800.3—2009）

公差尺寸/mm		基本偏差数值/μm																	
		下极限偏差 EI										上极限偏差 ES								
		所有标准公差等级										IT6	IT7	IT8	≤IT8	>IT8	≤IT8	>IT8	≤IT8	>IT8	≤IT7
大于	至	A	B	C	CD	D	E	EF	F	FG	G	H	JS	J			K		M		N		P~ZC
—	3	+270	+140	+60	+34	+20	+14	+10	+6	+4	+2	0		+2	+4	+6	0	0	−2	−2	−4	−4	
3	6	+270	+140	+70	+46	+30	+20	+14	+10	+6	+4	0		+5	+6	+10	−1+Δ		−4+Δ	−4	−8+Δ	0	
6	10	+280	+150	+80	+56	+40	+25	+18	+13	+8	+5	0		+5	+8	+12	−1+Δ		−6+Δ	−6	−10+Δ	0	
10	14	+290	+150	+95		+50	+32		+16		+6	0		+6	+10	+15	−1+Δ		−7+Δ	−7	−12+Δ	0	
14	18																						
18	24	+300	+160	+110		+65	+40		+20		+7	0		+8	+12	+20	−2+Δ		−8+Δ	−8	−15+Δ	0	
24	30																						
30	40	+310	+170	+120		+80	+50		+25		+9	0		+10	+14	+24	−2+Δ		−9+Δ	−9	−17+Δ	0	
40	50	+320	+180	+130																			
50	65	+340	+190	+140		+100	+60		+30		+10	0		+13	+18	+28	−2+Δ		−11+Δ	−11	−20+Δ	0	
65	80	+360	+200	+150																			
80	100	+380	+220	+170		+120	+72		+36		+12	0	偏差=±$\frac{IT_n}{2}$, 式中, IT_n 是 IT 值数	+16	+22	+34	−3+Δ		−13+Δ	−13	−23+Δ	0	在大于 IT7 的相应数值上增加一个 Δ 值
100	120	+410	+240	+180																			
120	140	+460	+260	+200		+145	+85		+43		+14	0		+18	+26	+41	−3+Δ		−15+Δ	−15	−27+Δ	0	
140	160	+520	+280	+210																			
160	180	+580	+310	+230																			
180	200	+660	+340	+240		+170	+100		+50		+15	0		+22	+30	+47	−4+Δ		−17+Δ	−17	−31+Δ	0	
200	225	+740	+380	+260																			
225	250	+820	+420	+280																			
250	280	+920	+480	+300		+190	+110		+56		+17	0		+25	+36	+55	−4+Δ		−20+Δ	−20	−34+Δ	0	
280	315	+1 050	+540	+330																			
315	355	+1 200	+600	+360		+210	+125		+62		+18	0		+29	+39	+60	−4+Δ		−21+Δ	−21	−37+Δ	0	
355	400	+1 350	+680	+400																			
400	450	+1 500	+760	+440		+230	+135		+68		+20	0		+33	+43	+66	−5+Δ		−23+Δ	−23	−40+Δ	0	
450	500	+1 650	+840	+480																			
500	560					+260	+145		+76		+22	0			0				−26		−44		
560	630																						
630	710					+290	+160		+80		+24	0			0				−30		−50		
710	800																						
800	900					+320	+170		+86		+26	0			0				−34		−56		
900	1 000																						
1 000	1 120					+350	+195		+98		+28	0			0				−40		−66		
1 120	1 250																						
1 250	1 400					+390	+220		+110		+30	0			0				−48		−78		
1 400	1 600																						
1 600	1 800					+430	+240		+120		+32	0			0				−58		−92		
1 800	2 000																						
2 000	2 240					+480	+260		+130		+34	0			0				−68		−110		
2 240	2 500																						
2 500	2 800					+520	+290		+145		+38	0			0				−76		−135		
2 800	3 150																						

续表

公差尺寸/mm		基本偏差数值/μm										Δ值				
		上极限偏差 ES														
		标准公差等级大于IT7										标准公差等级				
大于	至	P	R	S	T	U	V	X	Y	Z	ZA	ZB	ZC	IT3	IT4	IT5	IT6	IT7	IT8
—	3	-6	-10	-14		-18		-20		-26	-32	-40	-60	0	0	0	0	0	0
3	6	-12	-15	-19		-23		-28		-35	-42	-50	-80	1	1.5	1	3	4	6
6	10	-15	-19	-23		-28		-34		-42	-52	-67	-97	1	1.5	2	3	6	7
10	14	-18	-23	-28		-33		-40		-50	-64	-90	-130	1	2	3	3	7	9
14	18						-39	-45		-60	-77	-108	-150						
18	24	-22	-28	-35		-41	-47	-54	-63	-73	-98	-136	-188	1.5	2	3	4	8	12
24	30				-41	-48	-55	-64	-75	-88	-118	-160	-218						
30	40	-26	-34	-43	-48	-60	-68	-80	-94	-112	-148	-200	-274	1.5	3	4	5	9	14
40	50				-54	-70	-81	-97	-114	-136	-180	-242	-325						
50	65	-32	-41	-53	-66	-87	-102	-122	-144	-172	-226	-300	-405	2	3	5	6	11	16
65	80		-43	-59	-75	-102	-120	-146	-174	-210	-274	-360	-480						
80	100	-37	-51	-71	-91	-124	-146	-178	-214	-258	-335	-445	-585	2	4	5	7	13	19
100	120		-54	-79	-104	-144	-172	-210	-254	-310	-400	-525	-690						
120	140	-43	-63	-92	-122	-170	-202	-248	-300	-365	-470	-620	-800	3	4	6	7	15	23
140	160		-65	-100	-134	-190	-228	-280	-340	-415	-535	-700	-900						
160	180		-68	-108	-146	-210	-252	-310	-380	-465	-600	-780	-1 000						
180	200	-50	-77	-122	-166	-236	-284	-350	-425	-520	-670	-880	-1 150	3	4	6	9	17	26
200	225		-80	-130	-180	-258	-310	-385	-470	-575	-740	-960	-1 250						
225	250		-84	-140	-196	-284	-340	-425	-520	-640	-820	-1 050	-1 350						
250	280	-56	-94	-158	-218	-315	-385	-475	-580	-710	-920	-1 200	-1 550	4	4	7	9	20	29
280	315		-98	-170	-240	-350	-425	-525	-650	-790	-1 000	-1 300	-1 700						
315	355	-62	-108	-190	-268	-390	-475	-590	-730	-900	-1 150	-1 500	-1 900	4	5	7	11	21	32
355	400		-114	-208	-294	-435	-530	-660	-820	-1 000	-1 300	-1 650	-2 100						
400	450	-68	-126	-232	-330	-490	-595	-740	-920	-1 100	-1 450	-1 850	-2 400	5	5	7	13	23	34
450	500		-132	-252	-360	-540	-660	-820	-1 000	-1 250	-1 600	-2 100	-2 600						
500	560	-78	-150	-280	-400	-600													
560	630		-155	-310	-450	-660													
630	710	-88	-175	-340	-500	-740													
710	800		-185	-380	-560	-840													
800	900	-100	-210	-430	-620	-940													
900	1 000		-220	-470	-680	-1 050													
1 000	1 120	-120	-250	-520	-780	-1 150													
1 120	1 250		-260	-580	-810	-1 300													
1 250	1 400	-140	-300	-640	-960	-1 450													
1 400	1 600		-330	-720	-1 050	-1 600													
1 600	1 800	-170	-370	-820	-1 200	-1 850													
1 800	2 000		-400	-920	-1 350	-2 000													
2 000	2 240	-195	-440	-1 000	-1 500	-2 300													
2 240	2 500		-460	-1 100	-1 650	-2 500													
2 500	2 800	-240	-550	-1 250	-1 900	-2 900													
2 800	3 150		-580	-1 400	-2 100	-3 200													

注：(1) 公称尺寸小于或等于1 mm时，基本偏差A和B及大于IT8的N均不采用。公差带JS7至JS11，若IT_n值数是奇数，则取偏差$=\pm\dfrac{IT_{n-1}}{2}$。

(2) 对小于或等于IT8的K、M、N和小于或等于IT7的P~ZC，所需Δ值从表内右侧选取。例如：18~30 mm段的K7，Δ=8 μm，所以ES=-2+8=+6 μm；18~30 mm段的S6，Δ=4 μm，所以ES=-35+4=-31 μm。特殊情况：250~315 mm段的M6，ES=-9 μm（代替-11 μm）。

孔 P8 的下极限偏差

$$EI = ES - IT8 = -22 - 33 = -55 \ (\mu m)$$

轴 h8 的上极限偏差为 0，下极限偏差为

$$ei = es - IT8 = 0 - 33 = -33 \ (\mu m)$$

由上可得

$$\phi 25H8 = \phi 25^{+0.033}_{\ 0} \qquad \phi 25p8 = \phi 25^{+0.055}_{+0.022}$$

$$\phi 25P8 = \phi 25^{-0.022}_{-0.055} \qquad \phi 25h8 = \phi 25^{\ 0}_{-0.33}$$

孔、轴配合的公差带图如图 3-13 所示。

例 3-3 确定 $\phi 25H7/p6$ 和 $\phi 25P7/h6$ 的极限偏差，其中轴的极限偏差用查表法确定，孔的极限偏差用公式计算确定。

解：查表 3-4 得

$$IT6 = 13 \ \mu m \qquad IT7 = 21 \ \mu m$$

轴 p6 的基本偏差为下极限偏差，查表 3-7 得

$$ei = +22 \ \mu m$$

轴 p6 的上极限偏差为

$$es = ei + IT6 = +22 + 13 = +35 \ (\mu m)$$

基准孔 H7 的下极限偏差 $EI = 0$，H7 的上极限偏差为

$$ES = EI + IT7 = 0 + 21 = +21 \ (\mu m)$$

孔 P7 的基本偏差为上极限偏差 ES，应该按照特殊规则进行计算，即

$$ES = -ei + \Delta$$

$$\Delta = IT7 - IT6 = 21 - 13 = 8 \ (\mu m)$$

所以

$$ES = -ei + \Delta = -22 + 8 = -14 \ (\mu m)$$

孔 P7 的下极限偏差为

$$EI = ES - IT7 = -14 - 21 = -35 \ (\mu m)$$

轴 h6 的上极限偏差 $es = 0$，下极限偏差为

$$ei = es - IT6 = 0 - 13 = -13 \ (\mu m)$$

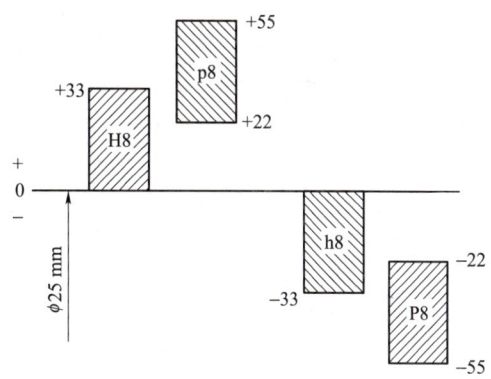

图 3-13 例 3-2 图

由上可得：

$$\phi 25H7 = \phi 25^{+0.021}_{\ 0} \qquad \phi 25p6 = \phi 25^{+0.035}_{+0.022}$$

$$\phi 25P7 = \phi 25^{-0.014}_{-0.035} \qquad \phi 25h7 = \phi 25^{\ 0}_{-0.013}$$

孔、轴配合的公差带图如图 3-14 所示。

在公称尺寸大于 500 mm 时，孔、轴一般都采用同级配合，只要孔、轴基本偏差代号相当，它们的基本偏差数值相等，符号相反。公称尺寸大于 500~3 150 mm 轴和孔的基本偏差计算公式见表 3-9，轴、孔的基本偏差数值表见表 3-10。

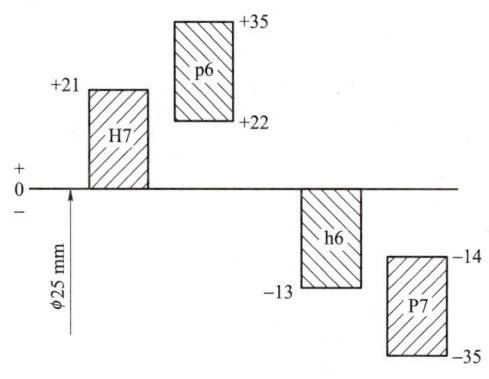

图 3-14 例 3-3 图

表 3-9　公称尺寸大于 500~3 150 mm 轴和孔的基本偏差计算公式　　　　　μm

轴		基本偏差		孔	轴		基本偏差		孔
d	es	−	$16D^{0.44}$	+ EI	D	m	ei	+	$0.024D+12.6$	− ES	M
d	es	−	$11D^{0.41}$	+ EI	E	n	ei	+	$0.04D+21$	− ES	N
f	es	−	$5.5D^{0.41}$	+ EI	F	p	ei	+	$0.072D+37.8$	− ES	P
(g)	es	−	$2.5D^{0.34}$	+ EI	(G)	r	ei	+	$(ps)^{1/2}$ 或 $(PS)^{1/2}$	− ES	R
h	es	−	0	+ EI	H	s	ei	+	$IT7+0.4D$	− ES	S
js	ei	−	$0.5IT_n$	+ ES	JS	t	ei	+	$IT7+0.63D$	− ES	T
k	ei	+	0	− ES	K	u	ei	+	$IT7+D$	− ES	U

注：D 为公称尺寸的计算尺寸。

表 3-10　公称尺寸大于 500~3 150 mm 轴和孔的基本偏差数值

	代号	基本偏差代号	d	e	f	(g)	h	js	k	m	n	p	r	s	t	u
轴		公差等级	6~18													
	偏差	表中偏差	es						ei							
		另一偏差	ei = es − IT						es = ei + IT							
		偏差正负号	−	−	−	−			+	+	+	+	+	+	+	+
直径分段 /mm		>500~560	260	145	76	22	0	偏差为±IT/2	0	26	44	78	150	280	400	600
		>560~630											155	310	450	660
		>630~710	290	160	80	24	0		0	30	50	88	175	340	500	740
		>710~800											185	380	560	840
		>800~900	320	170	86	26	0		0	34	56	100	210	430	620	940
		>900~1 000											220	470	680	1 050
	偏差数值 /μm	>1 000~1 120	350	195	98	28	0		0	40	60	120	250	520	780	1 150
		>1 120~1 250											260	580	840	1 300
		>1 250~1 400	390	220	110	30	0		0	48	78	140	300	640	960	1 450
		>1 400~1 600											330	720	1 050	1 600
		>1 600~1 800	430	240	120	32	0		0	58	92	170	370	820	1 200	1 850
		>1 800~2 000											400	920	1 350	2 000
		>2 000~2 240	480	260	130	34	0		0	68	110	195	440	1 000	1 500	2 300
		>2 240~2 500											460	1 100	1 650	2 500
		>2 500~2 800	520	290	145	38	0		0	76	135	240	550	1 250	1 900	2 900
		>2 800~3 150											580	1 400	2 100	3 200
孔	偏差	偏差正负号	+						−							
		另一偏差	ES = EI + IT						EI = ES − IT							
		表中偏差	EI						ES							
	代号	公差等级	6~18													
		基本偏差代号	D	E	F	(G)	H	JS	K	M	N	P	R	S	T	U

3.2.4 公差与配合的标注

1) 孔、轴公差带代号及标注

如前所述，一个确定的公差带应由公差带的位置和公差带的大小两部分组成，公差带的位置由基本偏差来确定；公差带的大小由标准公差来确定。因此，公差带代号由基本偏差代号和标准公差等级代号组成。例如：

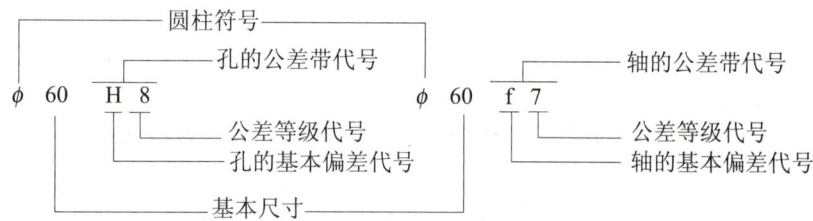

国家标准规定，标注公差的尺寸用公称尺寸后跟所要求的公差带或（和）对应的偏差值表示，三种表示形式如图 3-15 所示。

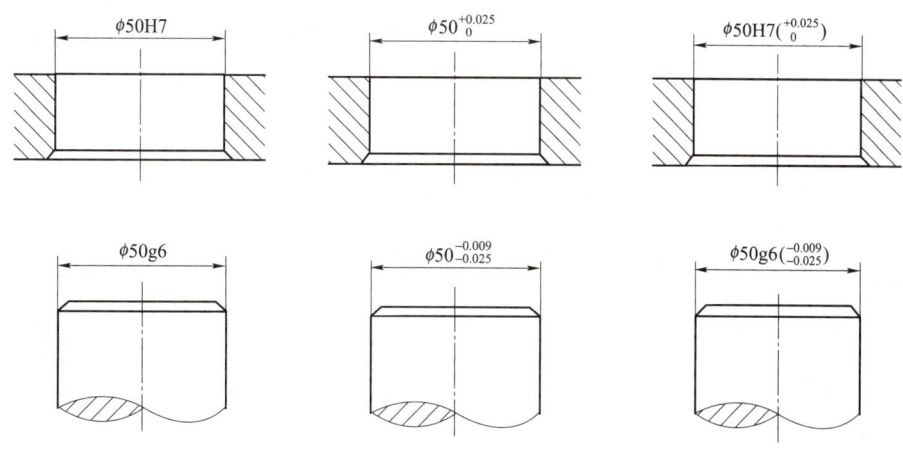

图 3-15 尺寸公差带标注的三种形式

2) 孔、轴配合代号及标注

把孔和轴的公差带组合，就构成孔、轴配合代号。它用分数形式表示，分子为孔公差带，分母为轴公差带。例如，基孔制配合代号 $\phi 50 \frac{H7}{g6}$ 或 $\phi 50 H7/g6$；基轴制配合代号 $\phi 50 \frac{G7}{h6}$ 或 $\phi 50 G7/h6$。配合代号在装配图上有三种标注形式，如图 3-16 所示。

3.2.5 一般、常用和优先的公差带与配合

国家标准提供了 20 种公差等级和 28 种基本偏差代号，其中基本偏差 j 限用于 4 个公差等级，基本偏差 J 限用于 3 个公差等级，由此可组成孔的公差带有 543 种、轴的公差带有 544 种。孔和轴又可以组成大量的配合，为减少定值刀具、量具和设备等的数目，对公差带和配合应该加以限制。

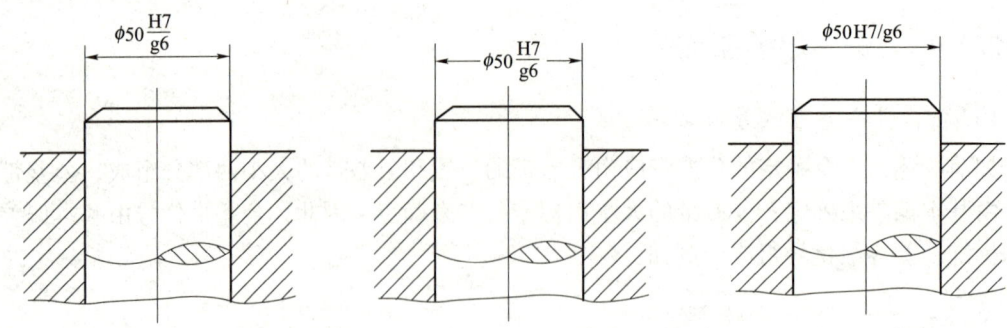

图 3-16 配合代号在装配图上的三种标注形式

在公称尺寸小于或等于 500 mm 的常用尺寸段，国家标准推荐了孔、轴的一般、常用和优先选用的公差带，见表 3-11 和表 3-12。对于轴的一般、常用和优先公差带，国家标准规定了 119 种，其中表 3-11 中方框内的 59 种为常用公差带，在方框内 13 种黑体标示的为优先选用的公差带；对于孔的一般、常用和优先公差带，国家标准规定了 105 种，其中表 3-12 中方框内的 44 种为常用公差带，在方框内 13 种黑体标示的为优先选用的公差带。

表 3-11 公称尺寸小于或等于 500 mm 轴的一般、常用和优先公差带

									h1	js1												
									h2	js2												
									h3	js3												
								g4	h4	js4	k4	m4	n4	p4	r4	s4						
						f5	g5	h5	j5	js5	k5	m5	n5	p5	r5	s5	t5	u5	v5	x5	y5	z5
					e6	f6	**g6**	**h6**		j6	js6	**k6**	m6	**n6**	**p6**	r6	**s6**	t6	**u6**	v6	x6	y6	z6
				d7	e7	**f7**	g7	**h7**		j7	js7	k7	m7	n7	p7	r7	s7	t7	u7	v7	x7	y7	z7
		c8	d8	e8	f8			g8	h8		js8	k8	m8	n8	p8	r8	s8	t8	u8	v8	x8	y8	z8
a9	b9	c9	**d9**	e9	f9				**h9**	js9												
a10	b10	c10	d10	e10					h10	js10												
a11	b11	**c11**	d11						**h11**	js11												
a12	b12	c12							h12	js12												
a13	b13	c13							h13	js13												

表 3-12 公称尺寸小于或等于 500 mm 孔的一般、常用和优先公差带

									H1	JS1												
									H2	JS2												
									H3	JS3												
									H4	JS4	K4	M4										
							G5	H5		JS5	K5	M5	N5	P5	R5	S5						
					F6	G6	H6		J6	JS6	K6	M6	N6	P6	R6	S6	T6	U6	V6	X6	Y6	Z6
			D7	E7	F7	**G7**	**H7**		J7	JS7	**K7**	M7	**N7**	**P7**	R7	**S7**	T7	**U7**	V7	X7	Y7	Z7
		C8	D8	E8	**F8**	G8	H8		J8	JS8	K8	M8	N8	P8	R8	S8	T8	U8	V8	X8	Y8	Z8
A9	B9	C9	**D9**	E9	F9		H9			JS9			N9	P9								
A10	B10	C10	D10	E10			H10			JS10												
A11	B11	**C11**	D11				**H11**			JS11												
A12	B12	C12					H12			JS12												
							H13			JS13												

国家标准在推荐了孔、轴公差带的基础上,还推荐了孔、轴公差带的配合,见表 3-13 和表 3-14。对于基孔制规定了 59 个常用配合,在常用配合中又规定了 13 个优先配合(表 3-13 中用黑体标示);对于基轴制规定了 47 个常用配合,在常用配合中又规定了 13 个优先配合(表 3-14 中用黑体标示)。表 3-13 中,与基准孔配合,当轴的公差小于或等于 IT7 时,是与低一级的基准孔配合,其余是与同级的基准孔配合。表 3-14 中,与基准轴配合,当孔的公差小于或等于 IT8 时,是与高一级的基准轴配合,其余是与同级的基准轴配合。

表 3-13 基孔制常用、优先配合

基准孔	轴																				
	a	b	c	d	e	f	g	h	js	k	m	n	p	r	s	t	u	v	x	y	z
	间隙配合								过渡配合				过盈配合								
H6						$\frac{H6}{f5}$	$\frac{H6}{g5}$	$\frac{H6}{h5}$	$\frac{H6}{js5}$	$\frac{H6}{k5}$	$\frac{H6}{m5}$	$\frac{H6}{n5}$	$\frac{H6}{p5}$	$\frac{H6}{r5}$	$\frac{H6}{s5}$	$\frac{H6}{t5}$					
H7						$\frac{H7}{f6}$	$\mathbf{\frac{H7}{g6}}$	$\mathbf{\frac{H7}{h6}}$	$\frac{H7}{js6}$	$\mathbf{\frac{H7}{k6}}$	$\frac{H7}{m6}$	$\mathbf{\frac{H7}{n6}}$	$\mathbf{\frac{H7}{p6}}$	$\frac{H7}{r6}$	$\mathbf{\frac{H7}{s6}}$	$\frac{H7}{t6}$	$\mathbf{\frac{H7}{u6}}$	$\frac{H7}{v6}$	$\frac{H7}{x6}$	$\frac{H7}{y6}$	$\frac{H7}{z6}$
H8					$\frac{H8}{e7}$	$\mathbf{\frac{H8}{f7}}$	$\frac{H8}{g7}$	$\mathbf{\frac{H8}{h7}}$	$\frac{H8}{js7}$	$\frac{H8}{k7}$	$\frac{H8}{m7}$	$\frac{H8}{n7}$	$\frac{H8}{p7}$	$\frac{H8}{r7}$	$\frac{H8}{s7}$	$\frac{H8}{t7}$	$\frac{H8}{u7}$				
				$\frac{H8}{d8}$	$\frac{H8}{e8}$	$\frac{H8}{f8}$		$\frac{H8}{h8}$													
H9			$\frac{H9}{c9}$	$\mathbf{\frac{H9}{d9}}$	$\frac{H9}{e9}$	$\frac{H9}{f9}$		$\mathbf{\frac{H9}{h9}}$													
H10			$\frac{H10}{c10}$	$\frac{H10}{d10}$				$\frac{H10}{h10}$													
H11	$\frac{H11}{a11}$	$\frac{H11}{b11}$	$\mathbf{\frac{H11}{c11}}$	$\frac{H11}{d11}$				$\mathbf{\frac{H11}{h11}}$													
h12		$\frac{H12}{b12}$						$\frac{H12}{h12}$													

注:(1) 公称尺寸小于或等于 3 mm 的 H6/n5 与 H7/p6 为过渡配合,公称尺寸小于或者等于 100 mm 的 H8/r7 为过渡配合。
(2) 表中黑体标注的配合为优先配合。

表 3-14 基轴制常用、优先配合

基准轴	孔																				
	A	B	C	D	E	F	G	H	JS	K	M	N	P	R	S	T	U	V	X	Y	Z
	间隙配合								过渡配合				过盈配合								
h5						$\frac{F6}{h5}$	$\frac{G6}{h5}$	$\frac{H6}{h5}$	$\frac{JS6}{h5}$	$\frac{K6}{h5}$	$\frac{M6}{h5}$	$\frac{N6}{h5}$	$\frac{P6}{h5}$	$\frac{R6}{h5}$	$\frac{S6}{h5}$	$\frac{T6}{h5}$					
h6						$\frac{F7}{h6}$	$\mathbf{\frac{G7}{h6}}$	$\mathbf{\frac{H7}{h6}}$	$\frac{JS7}{h6}$	$\mathbf{\frac{K7}{h6}}$	$\frac{M7}{h6}$	$\mathbf{\frac{N7}{h6}}$	$\mathbf{\frac{P7}{h6}}$	$\frac{R7}{h6}$	$\mathbf{\frac{S7}{h6}}$	$\frac{T7}{h6}$	$\mathbf{\frac{U7}{h6}}$				
h7					$\frac{E8}{h7}$	$\mathbf{\frac{F8}{h7}}$		$\mathbf{\frac{H8}{h7}}$	$\frac{JS8}{h7}$	$\frac{K8}{h7}$	$\frac{M8}{h7}$	$\frac{N8}{h7}$									
h8				$\frac{D8}{h8}$	$\frac{E8}{h8}$	$\frac{F8}{h8}$		$\frac{H8}{h8}$													
h9				$\mathbf{\frac{D9}{h9}}$	$\frac{E9}{h9}$	$\frac{F9}{h9}$		$\mathbf{\frac{H9}{h9}}$													

续表

基准轴	孔																		
	A	B	C	D	E	F	G	H	JS	K	M	N	P	R	S	T	U	V	X	Y	Z
	间隙配合								过渡配合				过盈配合								
h10				D10/h10				H10/h10												
h11	A11/h11	B11/h11	**C11/h11**	D11/h11				**H11/h11**												
h12		B12/h12						H12/h12												

注：表中黑体标注的配合为优先配合。

3.3　公差与配合的选用

尺寸公差与配合的选用是机械设计和制造的一个很重要的环节，公差与配合选择得是否合适，直接影响到机器的使用性能、寿命、互换性和经济性。公差与配合的选用主要包括：配合制的选用、公差等级的选用和配合种类的选用。

3.3.1　基准制的选择

设计时，为了减少定值刀具和量具的规格和种类，应该优先选用基孔制。

但是有些情况下采用基轴制比较经济合理。

（1）在农业机械、纺织机械、建筑机械中经常使用具有一定公差等级的冷拉钢材直接做轴，不需要再进行加工，这种情况下，应该选用基轴制。

（2）同一公称尺寸的轴上装配几个零件而且配合性质不同时，应该选用基轴制。比如，内燃机中活塞销与活塞孔和连杆套筒的配合，如图 3-17（a）所示，根据使用要求，活塞销与活塞孔的配合为过渡配合，活塞销与连杆套筒的配合为间隙配合。如果选用基孔制配合，三处配合分别为 $\frac{H6}{m5}$、$\frac{H6}{h5}$ 和 $\frac{H6}{m5}$，公差带如图 3-17（b）所示；如果选用基轴制配合，三处

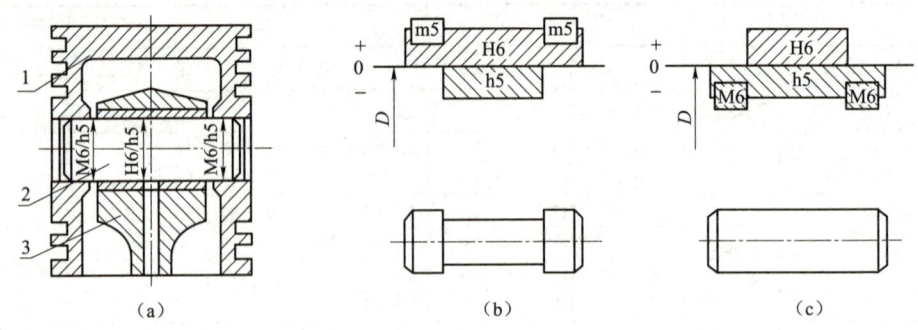

图 3-17　活塞销与活塞、连杆机构的配合及孔轴公差带

（a）活塞销与活塞、连杆的配合；（b）基孔制配合的孔、轴公差带；（c）基轴配合的孔、轴公差带

1—活塞；2—活塞销；3—连杆

配合分别为 $\dfrac{M6}{h5}$、$\dfrac{H6}{h5}$ 和 $\dfrac{M6}{h5}$，公差带如图 3-17（c）所示。选用基孔制时，必须把轴做成台阶形式才能满足各部分的配合要求，而且不利于加工和装配；如果选用基轴制，就可把轴做成光轴，这样有利于加工和装配。

（3）与标准件或标准部件配合的孔或轴，必须以标准件为基准件来选择配合制。比如，滚动轴承内圈和轴颈的配合必须采用基孔制，外圈和壳体的配合必须采用基轴制。

（4）必要时采用任何孔轴公差带组成的非基准制配合，在一些经常拆卸和精度要求不高的特殊场合允许采用任意孔、轴公差带组成配合，既非基准制配合。比如滚动轴承端盖凸缘与箱体孔的配合，轴上用来轴向定位的隔套与轴的配合，采用的都是非基准制，如图 3-18 所示。

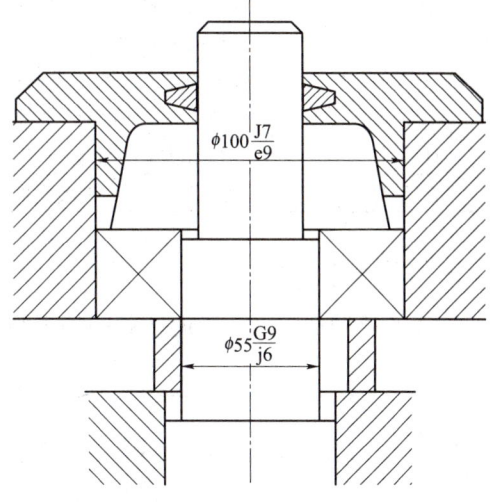

图 3-18 非基准制配合

3.3.2 公差等级的选择

公差等级的选择有一个基本原则，就是在能够满足使用要求的前提下，应尽量选择低的公差等级。

公差等级的选择除遵循上述原则外，还应考虑以下问题。

1. 工艺等价性

在确定有配合的孔、轴的公差等级的时候，还应该考虑到孔、轴的工艺等价性，公称尺寸≤500 mm 且标准公差≤IT8 的孔比同级的轴加工困难，国家标准推荐孔与比它高一级轴配合，而公称尺寸≤500 mm 且标准公差>IT8 的孔以及公称尺寸>500 mm 的孔，测精度容易保证，国家标准推荐孔、轴采用同级配合，见表 3-15。

表 3-15 按工艺等价性选择轴的公差等级

配合类别	孔的公差等级	轴应选的公差等级	实例
间隙配合 过渡配合	≤IT8	轴比孔高一级	$\dfrac{H7}{f6}$
	>IT8	轴与孔同级	$\dfrac{H9}{f9}$
过盈配合	≤IT7	轴比孔高一级	$\dfrac{H7}{p6}$
	>IT7	轴与孔同级	$\dfrac{H8}{s8}$

2. 了解各公差等级的应用范围

具体的公差等级的选择，可参考国家标准推荐的公差等级的应用范围，见表 3-16。

表 3-16 各公差等级应用范围

公差等级	应用范围
IT01~IT1	高精度量块和其他精密尺寸标准块的公差
IT2~IT5	用于特别精密零件的配合
IT5~IT12	用于配合尺寸公差。IT5 的轴和 IT6 的孔用于高精度和重要的配合处
IT6	用于要求精密配合的情况
IT7~IT8	用于一般精度要求的配合
IT9~IT10	用于一般要求的配合或精度要求较高的键宽与键槽宽的配合
IT11~IT12	用于不重要的配合
IT12~IT18	用于未注尺寸公差的尺寸精度

3. 熟悉各加工方法的加工精度

具体的各种加工方法所能达到的加工精度见表 3-17。

表 3-17 各种加工方法的加工精度

加工方法	01	0	1	2	3	4	5	6	7	8	9	10	11	12	13	14	15	16	17	18
研磨	—	—	—	—	—	—	—													
珩磨						—	—	—	—											
圆磨							—	—	—	—										
平磨							—	—	—	—										
金刚石车							—	—	—											
金刚石镗							—	—	—											
拉削							—	—	—	—										
铰孔								—	—	—	—	—								
车									—	—	—	—	—							
镗									—	—	—	—	—							
铣										—	—	—	—							
刨、插												—	—	—	—					
钻												—	—	—	—					
滚压、挤压												—	—							
冲压												—	—	—	—	—				
压铸													—	—	—	—				
粉末冶金成型								—	—	—										
粉末冶金烧结									—	—	—									
砂型铸造																	—	—	—	
锻造																	—	—		

4. 相关件和相配件的精度

例如，齿轮孔与轴的配合，它们的公差等级决定于相关件齿轮的精度等级，与标准件滚动轴承相配合的外壳孔和轴颈的公差等级决定于相配件滚动轴承的公差等级。

5. 加工成本

为了降低成本，对于一些精度要求不高的配合，孔、轴的公差等级可以相差 2~3 级，如图 3-18 所示，轴承端盖凸缘于箱体孔的配合为 φ100J7/e9，轴上隔套与轴的配合为 φ55G9/j6，它们的公差等级相差分别为 2 级和 3 级。

3.3.3 配合的选择

配合的选择主要是根据使用要求确定配合种类和配合代号。

1. 配合类别的选择

配合类别的选择主要是根据使用要求选择间隙配合、过盈配合和过渡配合三种配合类型之一。当相配合的孔、轴间有相对运动时，选择间隙配合；当相配合的孔、轴间无相对运动时，不经常拆卸，而需要传递一定的扭矩，选择过盈配合；当相配合的孔、轴间无相对运动，而需要经常拆卸时，选择过渡配合。

2. 配合代号的选择

配合代号的选择是指在确定了配合制度和标准公差等级后，确定与基准件配合的孔或轴的基本偏差代号。

1）配合种类选择的基本方法

配合种类的选择通常有三种，分别是计算法、试验法和类比法。

计算法是根据一定的理论和公式，经过计算得出所需的间隙或过盈，计算结果也是一个近似值，实际中还需要经过试验来确定；试验法是对产品性能影响很大的一些配合，常用试验法来确定最佳的间隙或过盈，这种方法要进行大量试验，成本比较高；类比法是参照类似的经过生产实践验证的机械，分析零件的工作条件及使用要求，以它们为样本来选择配合种类。类比法是机械设计中最常用的方法。使用类比法设计时，各种基本偏差的选择可参考表 3-18 来选择。

表 3-18 各种基本偏差选用说明

配合	基本偏差	特性及应用
间隙配合	a（A）b（B）	可得到特大的间隙，应用很少。主要用于工作温度高、热变形大的零件之间的配合
	c（C）	可得到很大的间隙，一般用于缓慢、松弛的动配合。用于工作条件差（如农用机械），受力易变形，或方便装配而需有较大的间隙时。推荐使用配合 H11/c11。其较高等级的配合 H8/c7 适用较高温度的动配合，比如内燃机排气阀和导管的配合
	d（D）	对应于 IT7~IT11，用于较松的转动配合，比如密封盖、滑轮、空转带轮与轴的配合，也用于大直径的滑动轴承配合
	e（E）	对应于 IT7~IT9，用于要求有明显的间隙，易于转动的轴承配合，比如大跨距轴承和多支点轴承等处的配合。e 轴适用于高等级的、大的、高速和重载支承，比如内燃机主要轴承、大型电动机、涡轮发动机、凸轮轴承等的配合为 H8/e7
	f（F）	对应于 IT6~IT8 的普通转动配合。广泛用于温度影响小，普通润滑油和润滑脂润滑的支承，例如小电动机，主轴箱、泵等的转轴和滑动轴承的配合
	g（G）	多与 IT5~IT7 对应，形成很小间隙的配合，用于轻载装置的转动配合，其他场合不推荐使用转动配合，也用于插销的定位配合。例如，滑阀、连杆销精密连杆轴等
	h（H）	对应于 IT4~IT7，作为普通定位配合，多用于没有相对运动的零件。在温度、变形影响小的场合也用于精密滑动配合

续表

配合	基本偏差	特性及应用
过渡配合	js (JS)	对应于IT4~IT7，用于平均间隙小的过渡配合和略有过盈的定位配合，比如联轴节、齿圈和轮毂的配合。用木槌装配
	k (K)	对应于IT4~IT7，用于平均间隙接近零的配合和稍有过盈的定位配合。用木槌装配
	m (M)	对应于IT4~IT7，用于平均间隙较小的配合和精密定位的定位配合。用木槌装配
	n (N)	对应于IT4~IT7，用于平均过盈较大和紧密组件的配合，一般得不到间隙。用木槌和压力机装配
过盈配合	p (P)	用于小的过盈配合，p轴与H6和H7形成过盈配合，与H8形成过渡配合，对非铁零件为较轻的压入配合。当要求容易拆卸，对于钢、铸铁或铜、钢组件装配时标准压入装配
	r (R)	对钢铁类零件是中等打入配合，对于非钢铁类零件是轻打入配合，可以较方便地进行拆卸。与H8配合时，直径大于100 mm为过盈配合，小于100 mm为过渡配合
	s (S)	用于钢和铁制零件的永久性和半永久性装配，能产生相当大的结合力。当用轻合金等弹性材料时，配合性质相当于钢铁类零件的p轴。为保护配合表面，需用热胀冷缩法进行装配
	t (T)	用于过盈量较大的配合，对钢铁类零件适合作永久性结合，不需要键可传递力矩。用热胀冷缩法装配
	u (U)	过盈量很大，需验算在最大过盈量时工件是否损坏。用热胀冷缩法装配
	v (V) x (X) y (Y)、z (Z)	一般不推荐使用

2）标准规定的公差带的优先、常用和一般的配合

在选用配合时应尽量选择国家标准中规定的公差带和配合。在实际设计中，应该首先采用优先配合（优先配合的选用说明见表3-19），当优先配合不能满足要求时，再从常用配合中选择，常用配合不能满足要求时，再选择一般的配合。在特殊情况下，可根据国家标准的规定，用标准公差系列和基本偏差系列组成配合，以满足特殊的要求。

表3-19 优先配合选用

优先配合		说　明
基孔制	基轴制	
$\dfrac{H11}{c11}$	$\dfrac{C11}{h11}$	间隙很大，常用于很松转速低的动配合，也用于装配方便的松配合
$\dfrac{H9}{d9}$	$\dfrac{D9}{h9}$	用于间隙很大的自由转动配合，也用于非主要精度要求时，或者温度变化大、转速高和轴颈压力很大的时候
$\dfrac{H8}{f7}$	$\dfrac{F8}{h7}$	用于间隙不大的转动配合，也用于中等转速与中等轴颈压力的精确传动和较容易的中等定位配合
$\dfrac{H7}{g6}$	$\dfrac{G7}{h6}$	用于小间隙的滑动配合，也用于不能转动，但可自由移动和能滑动并能精密定位

续表

优先配合		说　　明
基孔制	基轴制	
$\dfrac{H7}{h6}$ $\dfrac{H8}{h7}$ $\dfrac{H9}{h9}$ $\dfrac{H11}{h11}$	$\dfrac{H7}{h6}$ $\dfrac{H8}{h7}$ $\dfrac{H9}{h9}$ $\dfrac{H11}{h11}$	用于在工作时没有相对运动，但装拆很方便的间隙定位配合
$\dfrac{H7}{k6}$	$\dfrac{K7}{h6}$	用于精密定位的过渡配合
$\dfrac{H7}{n6}$	$\dfrac{N7}{h6}$	有较大过盈的更精密定位的过盈配合
$\dfrac{H7}{p6}$	$\dfrac{P7}{h6}$	用于定位精度很重要的小过盈配合，并且能以最好的定位精度达到部件的刚性和对中性要求
$\dfrac{H7}{s6}$	$\dfrac{S7}{h6}$	用于普通钢件压入配合和薄壁件的冷缩配合
$\dfrac{H7}{u6}$	$\dfrac{U7}{h6}$	用于可承受高压入力零件的压入配合和不适宜承受大压入力的冷缩配合

3.4　滚动轴承的公差与配合

滚动轴承是以滑动轴承为基础发展起来的，用来支承轴的部件，是机械制造业中应用极为广泛的一种标准部件，其工作原理是以滚动摩擦代替滑动摩擦。滚动轴承有各式各样的结构，但是最基本的结构一般是由两个套圈、一组滚动体和一个保持架所组成的通用性很强、标准化、系列化程度很高的机械基础件。按照滚动轴承所能承受的主要负荷方向，又可分为向心轴承（主要承受径向荷载）、推力轴承（承受轴向荷载）、向心推力轴承（能同时承受径向荷载和轴向荷载）。由此可见，滚动轴承可用于承受径向、轴向、或径向与轴向的联合负荷。

如图 3-19 所示为典型的滚动轴承深沟球轴承（向心轴承）和推力球轴承（推力轴承）的结构，以深沟球轴承最为常见，本节对推力轴承不做介绍。由深沟球轴承结构可知，内圈与传动轴的轴颈配合，外圈与外壳孔配合，属于典型的光滑圆柱配合。目前，滚动轴承已发展成为主要的支承形式，应用越来越广泛。

滚动轴承的工作性能和使用寿命，既取决于本身的制造精度，也与其配合件即外壳孔、传动轴的配合性质及外壳孔、传动轴轴颈的尺寸精度、几何公差和表面粗糙度等因素有关。

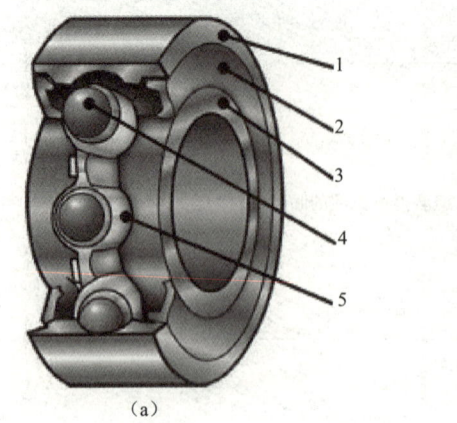
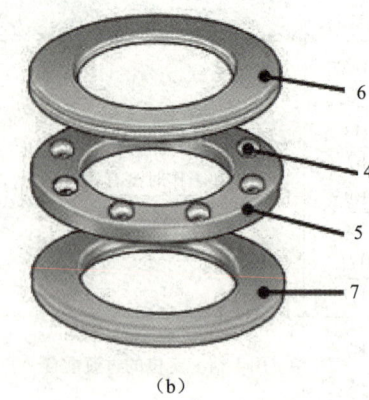

(a)　　　　　　　　　　　　(b)

图 3-19　滚动轴承

（a）深沟球轴承；（b）推力球轴承

1—外圈；2—密封；3—内圈；4—滚动体；5—保持架；6—上圈；7—下圈

3.4.1　滚动轴承的公差

1. 滚动轴承的公差等级

滚动轴承的精度是指滚动轴承主要尺寸的公差值及旋转精度。根据滚动轴承的结构尺寸、公差等级和技术性能等产品特征，国家标准 GB/T 307.3—2005《滚动轴承通用技术规则》（已颁布 GB/T 307.3—2005 新标准）将滚动轴承公差等级按精度等级由低至高分为 0、6（6x）、5、4、2。不同种类的滚动轴承公差等级稍有不同，具体如下：

向心轴承（圆锥滚子轴承除外）公差等级共分为五级，即 0 级、6 级、5 级、4 级和 2 级。

圆锥滚子轴承公差等级共分为四级，即 0 级、6x 级、5 级和 4 级。

推力轴承公差等级共分为四级，即 0 级、6 级、5 级和 4 级。

常用精度为 0 级精度，属普通精度，在机械制造业中应用最广，主要用于旋转精度要求不高的机械中。例如，卧式车床变速箱和进给箱、汽车和拖拉机的变速箱、普通电机、水泵、压缩机和涡轮机等。

除 0 级外，其余各级统称高精度轴承，主要用于高线速度或高旋转精度的场合，这类精度的轴承在各种金属切削机床中应用较多，普通机床主轴的前轴承多采用 5 级轴承，后轴承多采用 6 级轴承；用于精密机床主轴上的轴承精度应为 5 级及以上级；而对于数控机床、加工中心等高速、高精密机床的主轴支承，则需选用 4 级及以上级超精密轴承。

主轴轴承作为机床的基础配套件，其性能直接影响到机床的转速、回转精度、刚性、抗颤振性能、切削性能、噪声、温升及热变形等，进而影响到加工零件的精度、表面质量等。因此，高性能的机床必须配用高性能的轴承，见表 3-20。

表 3-20 机床主轴轴承精度等级

轴承类型	精度等级	应用情况
深沟球轴承	4	高精度磨床、丝锥磨床、螺纹磨床、磨齿机、插齿刀磨床
角接触球轴承	5	精密镗床、内圆磨床、齿轮加工机床
	6	卧式车床、铣床
单列圆柱滚子轴承	4	精密丝杠车床、高精度车床、高精度外圆磨床
	5	精密车床、精密铣床、转塔车床、普通外圆磨床、多轴车床、镗床
	6	卧式车床、自动车床、铣床、立式车床
向心短圆柱滚子轴承、调心滚子轴承	6	精密车床及铣床的后轴承
圆锥滚子轴承	4	坐标镗床（2）、磨齿机（4）
	5	精密车床、精密铣床、镗床、精密转塔车床、滚齿机
	6x	铣床、车床
推力球轴承	6	一般精度车床

2. 滚动轴承内径、外径公差带特点

轴承的配合是指内圈与轴颈及外圈与外壳孔的配合。轴承的内、外圈，按其尺寸比例一般认为是薄壁零件，精度要求很高，在制造、保管过程中极易产生变形（如变成椭圆形），但当轴承内圈与轴颈及外圈与外壳孔装配后，其内、外圈的圆度将受到轴颈及外壳孔形状的影响，这种变形比较容易得到纠正。因此，国家标准 GB/T 4199—2003（《滚动轴承　公差定义》）对轴承内径 d 与外径 D，不仅规定了直径公差，还规定了轴承套圈任一横截面内平均内径和平均外径（用 d_m 或 D_m 表示）的公差。后者相当于轴承在正确制造的轴上或外壳孔中装配后，它的内径或外径的尺寸公差。其目的是控制轴承的变形程度及轴承与轴颈和外壳孔的配合尺寸精度。为此国家标准 GB/T 307.1—2005（《滚动轴承　向心轴承　公差》）规定了 0、6、5、4、2 各公差等级的轴承的内径 d_m 和外径 D_m 的公差带均为单向制，而且统一采用公差带位于以公称直径为零线的下方，即上极限偏差为零，下极限偏差为负值的分布，如图 3-20 所示。

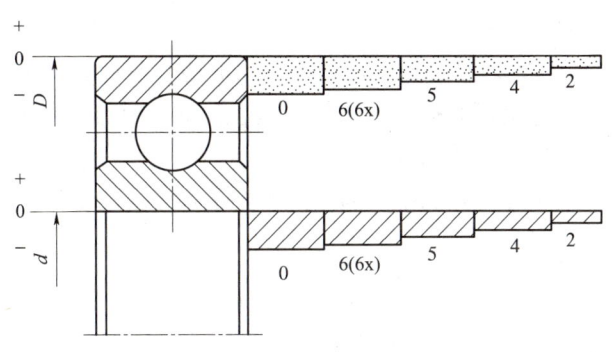

图 3-20　轴承内径、外径公差带的分布

滚动轴承是标准件，为使轴承便于互换和大量生产，轴承内圈与轴的配合采用基孔制，

即以轴承内圈的尺寸为基准。但内圈的公差带位置却和一般的基准孔相反，如图 3-20 所示，公差带都位于零线以下，即上极限偏差为零，下极限偏差为负值。

这样分布主要是考虑配合的特殊需要。因为通常情况下，轴承的内圈是随轴一起转动的，为防止内圈和轴颈之间的配合产生相对滑动而导致结合面磨损，影响轴承的工作性能，因此要求两者的配合应具有一定的过盈，但由于内圈是薄壁零件，容易弹性变形胀大，且一定时间后又要拆换，故过盈量不能太大。

如果采用过渡配合，又可能出现间隙，不能保证具有一定的过盈，因而不能满足轴承的工作需要；若采用非标准配合，则又违反了标准化和互换性原则，所以要采用有一定过盈的配合。

此时，当它与一般过渡配合的轴相配时，不但能保证获得不大的过盈，而且还不会出现间隙，从而满足了轴承内圈与轴的配合要求，同时又可按标准偏差来加工轴。可以看出，这样的基准孔公差带与 GB/T 1800.4—1999 中基孔制的各种轴公差带组成的配合，有不同程度的变紧。

滚动轴承的外径与外壳孔的配合采用基轴制，即以轴承的外径尺寸为基准。因轴承外圈安装在外壳孔中，通常不旋转，但考虑到工作时温度升高会使轴热膨胀而产生轴向延伸，因此两端轴承中应有一端采用游动支承，可使外圈与壳体孔的配合稍微松一点，使之能补偿轴的热胀伸长量；否则，轴会产生弯曲，致使内部卡死，影响正常运转。滚动轴承的外径与外壳孔两者之间的配合不要求太紧，公差带仍遵循一般基准轴的规定，仍分布在零线下方，它与基本偏差为 h 的公差带相类似，但公差值不同。滚动轴承采用这样的基准轴公差带与 GB/T 1800.4—1999 中基轴制配合的孔公差带所组成的配合，基本上保持了 GB/T 1800.4—1999 的配合性质。

3.4.2 滚动轴承配合的选择

轴承的正确运转很大程度上取决于轴承与轴、孔的配合质量。为了使滚动轴承具有较高的定心精度，通常轴承的两个套圈配合得都偏紧，但为了防止因内圈的弹性胀大和外圈的收缩导致轴承内部间隙变小甚至完全消除，并产生过盈，影响轴承正常运转；同时也为了避免套圈材料产生较大的应力，致使轴承使用寿命降低，所以选择时不仅要遵循轴承与轴颈、外壳孔正确配合的一般原则，还要根据轴承负荷的性质、大小、温度条件、轴承内部游隙、材料差异性、精度等级、轴承安装、拆卸等条件通盘考虑，通过查表确定轴颈和外壳孔的尺寸公差带、几何公差和表面粗糙度。

如果按表 3-21~表 3-25 列出的轴承适用场合同上述公差带的 5 种应用场合、条件选择轴承，那么就可以得到合适用途的轴承内圈与轴颈、轴承外圈与外壳孔的良好配合，从而提高轴承的承载能力，延长轴承的使用寿命。

选择滚动轴承与轴颈、外壳孔的配合时，应考虑的主要因素如下。

1. 套圈与负荷方向的关系

作用在轴承上的径向负荷，可以是定向负荷（如带轮的拉力或齿轮的作用力，或旋转负荷、如机件的转动离心力），或者是两者的合成负荷。它的作用方向与轴承套圈（内圈或外圈）存在着以下 3 种关系。

（1）套圈相对于负荷方向静止。此种情况是指，作用于轴承上的合成径向负荷与套圈相对静止，即负荷方向始终不变地作用在套圈滚道的局部区域上，该套圈所承受的这种负荷性质，称为局部负荷。如图 3-21（a）所示不旋转的外圈和图 3-21（b）所示不旋转的内圈，受到方向始终不变的负荷 F_r 的作用。前者称为固定的外圈负荷，后者称为固定的内圈负荷。如减速器转轴两端的滚动轴承的外圈，汽车、拖拉机车轮轮毂中滚动轴承的内圈，都是局部负荷的典型实例。此时套圈相对于负荷方向静止的受力特点是负荷作用集中，套圈滚道局部区域容易产生磨损。

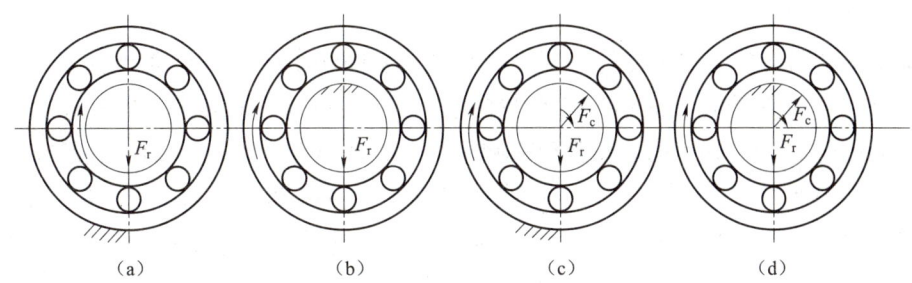

图 3-21 轴承套圈与负荷方向的关系

(a) 旋转的内圈负荷和固定的外圈负荷；(b) 旋转的外圈负荷和固定的内圈负荷；
(c) 旋转的内圈负荷和外圈承受摆动负荷（$F_r > F_c$）；(d) 旋转的外圈负荷和内圈承受摆动负荷

（2）套圈相对于负荷方向旋转。此种情况是指，作用于轴承上的合成径向负荷与套圈相对旋转，即合成负荷方向依次作用在套圈滚道的整个圆周上，该套圈所承受的这种负荷性质，称为循环负荷。如图 3-21（a）所示旋转的内圈和图 3-21（b）所示旋转的外圈，此时相当于套圈相对负荷方向旋转，受到方向旋转变化的负荷 F_r 的作用。前者称为旋转的内圈负荷，后者称为旋转的外圈负荷。如减速器转轴两端的滚动轴承的内圈，汽车、拖拉机车轮轮毂中滚动轴承的外圈，都是循环负荷的典型实例。此时套圈相对于负荷方向旋转的受力特点是负荷呈周期作用，套圈滚道产生均匀磨损。

（3）套圈相对于负荷方向摆动。此种情况是指，作用于轴承上的合成径向负荷与套圈在一定区域内相对摆动，即合成负荷向量按一定规律变化，往复作用在套圈滚道的局部圆周上，该套圈所承受的这种负荷性质，称为摆动负荷。如图 3-21（c）和图 3-21（d）所示，轴承套圈受到一个大小和方向均固定的径向负荷 F_r 和一个旋转的径向负荷 F_c，两者合成的负荷大小将由小到大，再由大到小，并周期性地变化。

由图 3-22 得知，当 $F_r > F_c$ 时，F_r 与 F_c 的合成负荷就在 AB 区域内摆动。那么，不旋转的套圈就相对于合成负荷方向 F 摆动，而旋转的套圈就相对于合成负荷方向 F 旋转；当 $F_r < F_c$ 时，F_r 与 F_c 的合成负荷则沿整个圆周变动，因此不旋转的套圈就相对于合成负荷的方向旋转，而旋转的套圈则相对于合成负荷的方向静止，此时套圈承受局部负荷。

由以上分析可知，轴承套圈相对于负荷的旋转状态不同（静止、旋转、摆动），该套圈与轴颈或外壳孔的配合的松紧程度也应不同。为了保证套圈滚道的磨损均匀，当套

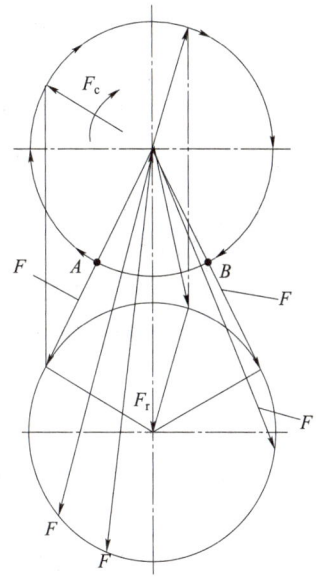

图 3-22 摆动负荷（$F_r > F_c$）

圈承受静止负荷时，该套圈与轴颈或外壳孔的配合应稍松些，以便在摩擦力矩的带动下，它们可以做非常缓慢的相对滑动，从而避免套圈滚道局部磨损；当套圈承受循环负荷时，套圈与轴颈或外壳孔的配合应稍紧一些，避免它们之间产生相对滑动，从而实现套圈滚道均匀磨损；当套圈承受摆动负荷时，其配合要求与承受循环负荷时相同或略松一些，以提高轴承的使用寿命。

2. 负荷的大小

滚动轴承套圈与轴颈和外壳孔的配合，与轴承套圈所承受的负荷大小有关。国家标准 GB/T 275—1993 根据当量径向动负荷 P_r 与轴承产品样本中规定的额定动负荷 C_r 的关系，将当量径向动负荷 P_r 分为轻负荷、正常负荷和重负荷三种类型，见表3-21。轴承在重负荷和冲击负荷的作用下，套圈容易产生变形，使配合面受力不均匀，引起配合松动。因此，负荷愈大，过盈量应选得愈大，且承受变化的负荷应比承受平稳的负荷选用较紧的配合。

表 3-21　当量径向动负荷 P_r 的类型

P_r 值的大小	负荷类型		
	球轴承	滚子轴承（圆锥轴承除外）	圆锥滚子轴承
轻负荷	$P_r \leq 0.07C_r$	$P_r \leq 0.08C_r$	$P_r \leq 0.13C_r$
正常负荷	$0.07C_r < P_r \leq 0.15C_r$	$0.08C_r < P_r \leq 0.18C_r$	$0.13C_r < P_r \leq 0.26C_r$
重负荷	$>0.15C_r$	$>0.18C_r$	$>0.26C_r$

3. 径向游隙

按 GB/T 4604—1993（《滚动轴承　径向游隙》）的规定，滚动轴承的径向游隙共分为五组，即2组、0组、3组、4组、5组，游隙的大小依次由小到大，其中0组为标准游隙，应优先选用。

轴承的径向游隙应适中，当游隙过大，就会引起较大的径向跳动和轴向窜动，使轴承产生较大的振动和噪声。游隙过小，则会使轴承滚动体与套圈间产生较大的接触应力，并增加轴承摩擦发热，致使轴承寿命降低。因此，游隙的大小应适度。

如果轴承具有基本组游隙，若供应的轴承无游隙标记，则指基本组游隙。在常温状态的一般条件下工作，则轴承与轴颈和外壳孔配合的过盈量较恰当。若轴承具有的游隙比基本组游隙大，在特别条件下工作时（如内圈和外圈温差较大，或内圈与轴颈间、外圈与外壳孔间都要求有过盈等），则配合的过盈量应较大。若轴承具有的游隙比基本组游隙小，在轻负荷下工作，要求噪声和振动小，或要求旋转精度较高时，则配合的过盈量应较小。

4. 其他因素

（1）温度的影响。轴承工作时因摩擦发热及其他热源的影响，套圈的温度会高于相配件的温度。内圈的热膨胀使之与轴颈的配合变松，而外圈的热膨胀则使之与外壳孔的配合变紧。因此，当轴承工作温度高于 100℃ 时，应对所选的配合进行适当的修正，以保证轴承的正常运转。

（2）轴颈与外壳孔的结构和材料的影响。剖分式外壳孔和整体式外壳孔与轴承外圈的配合松紧有差异，前者稍松，以避免夹扁外圈；薄壁外壳或空心轴与轴承套圈的配合应比厚壁外壳或实心轴与轴承套圈的配合紧一些，以保证有足够的连接强度。

（3）轴承组件的轴向游动。由前述内容可知，轴承组件在运转过程中，轴颈受热容易伸长，因此轴承组件的一端应保证一定的轴向移动余地，则该端的轴承套圈与相配件的配合应较松，以保证轴向可以游动。

（4）旋转精度及旋转速度的影响。当轴承的旋转精度要求较高时，应选用较高精度等级的轴承，以及较高等级的轴、孔公差；对负荷较大且旋转精度要求较高的轴承，为消除弹性变形和振动的影响，旋转套圈应避免采用间隙配合，但也不宜过紧；对负荷较小用于精密机床的高精度轴承，为了避免相配件形状误差对旋转精度的影响，无论旋转套圈还是非旋转套圈，与轴或孔的配合常常希望有较小的间隙。当轴承的旋转速度过高，且又在冲击动负荷下工作时，轴承与轴颈及外壳孔的配合最好都选用过盈配合。在其他条件相同的情况下，轴承转速越高，配合应越紧。

（5）公差等级的协调。选择轴颈和外壳孔的公差等级时应与轴承的公差等级协调。如0级轴承配合的轴颈一般选IT6，外壳孔一般选IT7；对旋转精度和运转平稳性有较高要求的场合（如电动机），轴颈一般选IT5，外壳孔一般选IT6。

（6）轴承的安装与拆卸。为了方便轴承的安装与拆卸，应考虑采用较松的配合。如要求装拆方便但又要紧密配合时，可采用分离型轴承或内圈带锥孔、带紧定套和退卸套的轴承。

综上所述，影响滚动轴承配合的因素很多，通常难以用计算法确定，所以实际生产中可采用类比法选择轴承的配合。类比法确定轴颈和外壳孔的公差带见表3-22~表3-25，按照表列条件进行选择。

表3-22 安装向心轴承的轴颈（圆柱形）公差带

内圈工作条件		应用举例	深沟球轴承、调心球轴承和角接触球轴承	圆柱滚子轴承和圆锥滚子轴承	调心滚子轴承	公差带
运动状态	负荷类型		轴承公称内径/mm			
		圆柱孔轴承				
内圈相对于负荷方向旋转或摆动	轻负荷	仪器仪表、精密机械、机床主轴、通风机传送带等	18 >18~100 >100~200 —	≤40 >40~140 >140~200	≤40 >40~140 >140~200	h5 j6① k6① m6①
	正常负荷	一般通用机械、电动机、涡轮机、泵、内燃机、变速箱、木工机械等	≤18 >18~100 >100~140 >140~200 >200~280 — —	— ≤40 >40~100 >100~140 >140~200 >200~400 —	—* ≤40 >40~65 >65~100 >100~140 >140~280 >280~500	j5、js5 k5② m5② m6 n6 p6 r6
	重负荷	铁路机车车辆和电车的轴箱、牵引电动机、轧机、破碎机等重型机械	—	>50~140 >140~200 >200	>50~100 >100~140 >140~200 >200	n6③ p6③ r6③ r7③

续表

内圈工作条件		应用举例	深沟球轴承、调心球轴承和角接触球轴承	圆柱滚子轴承和圆锥滚子轴承	调心滚子轴承	公差带
运动状态	负荷类型		轴承公称内径/mm			
内圈相对于负荷方向静止	各类负荷 / 内圈必须在轴向容易移动	静止轴上的各种轮子	所有尺寸			g6①
	各类负荷 / 内圈不需要在轴向移动	张紧滑轮、绳索轮	所有尺寸			h6①
纯轴向负荷		所有应用场合	所有尺寸			j6 或 js6
圆锥孔轴承（带锥形套）						
所有负荷		火车和电车的轴箱装	装在推卸套上的所有尺寸			h8（IT5）④
		一般机械或传动轴	装在紧定套上的所有尺寸			h9（IT7）⑤

注：① 对精度有较高要求的场合，应选用 j5、k5、…分别代替 j6、k6…。
② 单列圆锥滚子轴承和单列角接触轴承的配合对内部游隙影响不大，可用 k6、m6 分别代替 k5、m5。
③ 重负荷下轴承径向游隙应选用大于 0 组。
④ 凡有较高的精度或转速要求的场合，应选用 h7（轴颈形状公差 IT5）代替 h8（IT6）。
⑤ 尺寸 ≥500 mm，轴颈形状公差为 IT7。

表 3-23　安装向心轴承的外壳孔公差带

外圈工作条件				应用举例	外壳孔公差带①	
运动状态	负荷类型	轴向位移的限度	其他情况			
外圈相对于负荷方向静止	轻、正常和重负荷	轴向容易移动	轴处于高温场合	烘干筒、有调心滚子轴承的大电动机	G7	
			采用剖分式外壳	一般机械、铁路车辆轴箱	H7	
	冲击负荷	轴向能移动	整体式或剖分式外壳	铁路车辆轴箱轴承		
外圈相对于负荷方向摆动	轻和正常负荷			电动机、泵、曲轴主轴承	J7、JS7	
	正常和重负荷			电动机、泵、曲轴主轴承	K7	
	重冲击负荷		整体式外壳	牵引电动机	M7	
外圈相对于负荷方向旋转	轻负荷	轴向不移动		张紧滑轮	J7	K7
	正常和重负荷			装有球轴承的轮毂	K7、M7	M7、N7
	重冲击负荷		薄壁或整体式外壳	装有滚子轴承的轮毂	—	N7、P7

注：① 并列公差带随尺寸的增大，从左至右选择；对旋转精度要求较高时，可相应提高一个标准公差等级，并同时选用整体式外壳；对轻合金外壳应选择比钢或铸铁外壳较紧的配合。

表 3-24 安装推力轴承的轴颈公差带

轴圈工作条件		推力球轴承和圆柱滚子轴承	推力调心滚子轴承	轴颈公差带
		轴承内径/mm		
纯轴向负荷		所有尺寸	所有尺寸	j6 或 js6
径向和轴向联合负荷	轴圈相对于负荷方向静止	—	≤250	j6
		—	250	js6
	轴圈相对于负荷方向旋转或摆动	—	≤200	k6
		—	>200~40	m6
		—	>400	n6

表 3-25 安装推力轴承的外壳孔公差带

座圈工作条件		轴承类型	外壳孔公差带
纯轴向负荷		推力球轴承	H8
		推力圆柱滚子轴承	H7
		推力调心滚子轴承	外壳孔与座圈间的配合间隙为 0.001D（D 为轴承外径）
径向和轴向联合负荷	座圈相对于负荷方向静止或摆动	推力调心滚子轴承	H7
	座圈相对于负荷方向旋转		M7

习题三

3-1 公称尺寸、极限尺寸、实际尺寸和作用尺寸有何区别和联系？

3-2 尺寸公差、极限偏差和实际偏差有何区别和联系？

3-3 配合分为几类？各种配合中孔、轴公差带的相对位置分别有什么特点？配合公差等于相互配合的孔轴公差之和说明了什么？

3-4 什么叫标准公差？什么叫基本偏差？它们与公差带有何联系？

3-5 什么是标准公差因子？为什么要规定公差因子？

3-6 试分析尺寸分段的必要性和可能性？

3-7 什么是基准制？为什么要规定基准制？

3-8 计算孔的基本偏差为什么有通用规则和特殊规则之分？它们分别是如何规定的？

3-9 什么是线性尺寸的未注公差？它分为几个等级？线性尺寸的未注公差如何表示？为什么优先采用基孔制？在什么情况下采用基轴制？

3-10 公差等级的选用应考虑哪些问题？

3-11 间隙配合、过盈配合与过渡配合各适用于什么场合？每类配合在选定松紧程度时应考虑哪些因素？

3-12 配合的选择应考虑哪些问题？

3-13 什么是配制配合？其应用场合和应用目的是什么？如何选用配制配合？

3-14 是非判断题（你认为对的在括号内填上"√"，错的填上"×"）

(1) 过渡配合的孔、轴结合，由于有些可能得到间隙，有些可能得到过盈，因此过渡配合可能是间隙配合，也可能是过盈配合。（   ）

(2) 孔与轴的加工精度越高，其配合精度越高。（   ）

(3) 一般说来，零件的实际尺寸越接近公称尺寸越好。（   ）

(4) 某配合的最大间隙 $X_{max} = +20\ \mu m$，配合公差 $T_f = 30\ \mu m$，那么该配合一定是过渡配合。（   ）

(5) 配合的松紧程度取决于标准公差的大小。（   ）

3-15 根据表 3-26 中已知数据，填写表中各空格，并按适当比例绘制出各孔、轴的公差带图。

表 3-26 习题 3-15 表   mm

序号	尺寸标注	基本尺寸	极限尺寸		极限偏差		公差
			最大	最小	上偏差	下偏差	
1	孔 $\phi 40^{+0.039}_{0}$						
2	轴		$\phi 60.041$			+0.011	
3	孔	$\phi 15$			+0.017		0.011
4	轴	$\phi 90$		$\phi 89.978$			0.022

3-16 根据表 3-27 中已知数据，填写表中各空格，并按适当比例绘制出各对配合的尺寸公差带图和配合公差带图。

表 3-27 习题 3-16 图   mm

基本尺寸	孔			轴			X_{max} 或 Y_{min}	X_{min} 或 Y_{max}	T_f	配合种类
	ES	EI	T_h	es	ei	T_s				
$\phi 50$		0			0.039		+0.103		0.078	
$\phi 25$			0.021	0				-0.048		
$\phi 80$			0.046	0			+0.035			

3-17 利用有关表格查表确定下列公差带的极限偏差。

(1) $\phi 50d8$　　(2) $\phi 90r8$　　(3) $\phi 40n6$

(4) $\phi 40R7$　　(5) $\phi 50D9$　　(6) $\phi 30M7$

3-18 某配合的公称尺寸是 $\phi 30$ mm，要求装配后的间隙在 +0.018～+0.088 mm。试按照基孔制确定它们的配合代号。

3-19 $\phi 18M8/h7$ 和 $\phi 18H8/js7$ 中孔、轴的公差 IT7 = 0.018 mm，IT8 = 0.027 mm，$\phi 18M8$ 孔的基本偏差为 +0.002。试分别计算这两个配合的极限间隙或极限过盈，并分别绘制出它们的孔、轴公差带示意图。

3-20 滚动轴承承受荷载的类型与选择配合有什么关系？

3-21 选用滚动轴承公差等级要考虑哪些因素？是否公差等级越高越好？

3-22 某普通机床主轴后支承上安装深沟球轴承，其内径为 40 mm，外径为 90 mm，该轴承承受一个 4 000 N 的定向径向负荷,轴承的额定动负荷为 31 400 N,内圈随轴一起转动,外圈固定。试确定:

(1) 与轴承配合的轴颈、外壳孔的公差带代号;

(2) 轴颈和外壳孔的几何公差和表面粗糙度参数值;

(3) 把所选的公差带代号和各项公差标注在公差图样上。

第 4 章

几 何 公 差

4.1 几何公差概述

在加工过程中,由于机床、夹具、刀具和工件所构成的工艺系统本身存在几何误差,同时因受力变形、热变形、振动、刀具磨损等影响,使被加工的零件不仅有尺寸误差,构成零件几何特征的点、线、面的实际形状或相互位置与理想几何体规定的形状和相互位置也不可避免地存在差异,这种形状上的差异就是形状误差,而相互位置的差异就是位置误差。

例如,在车削圆柱表面时,刀具的运动轨迹与工件的旋转轴线不平行或者工件的刚性较差时,使加工出的零件表面产生锥度 [图 4-1(a)];加工细长轴时,由于工件刚性较差和跟刀架使用不当时,使工件出现腰鼓形、中凹形 [图 4-1(b)、图 4-1(c)] 等,这些均为形状误差。在铣床上加工四方工件时,相邻两个表面不垂直 [图 4-2(a)];在钻床上钻孔时,孔与零件的定位面不垂直 [图 4-2(b)] 等,这些为位置误差。

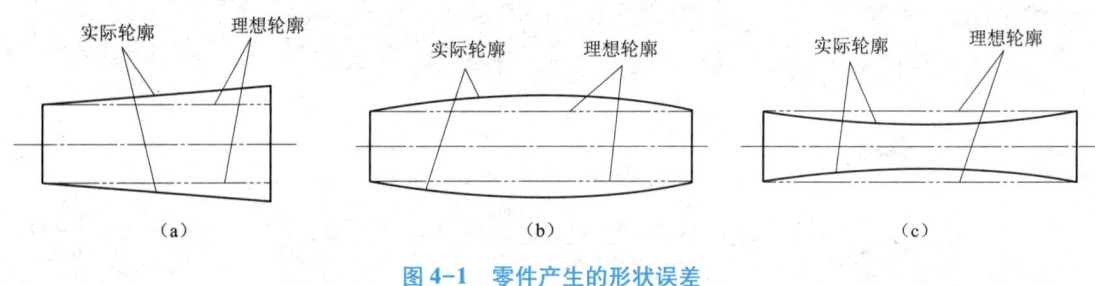

图 4-1 零件产生的形状误差
(a) 锥形;(b) 腰鼓形;(c) 凹形

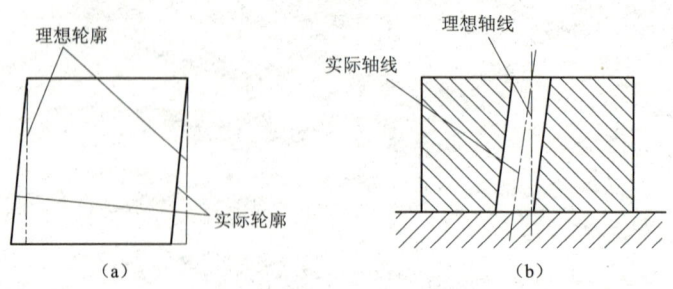

图 4-2 零件产生的位置误差
(a) 相邻两边不垂直;(b) 轴线与基准面不垂直

几何误差对零件的使用功能有很大影响,例如光滑工件的间隙配合中,形状误差使间隙分布不均匀，并加速局部磨损，导致零件的工作寿命降低；在过盈配合中则造成各处过盈量不一致而影响连接强度。对于在精密、高速、重载或在高温、高压条件下工作的仪器或机器，几何误差的影响更为突出。

因此，为满足零件的功能要求，保证互换性，必须对零件的几何误差给予限制，即规定必要的形状和位置公差。几何公差即形状和位置公差，简称形位公差。

现行的几何公差国家标准主要有：

GB/T 1182—2008《产品几何技术规范（GPS）几何公差 形状、方向、位置和跳动公差标注》；

GB/T 1184—2008《形状和位置公差 未注公差值》；

GB/T 4249—2009《产品几何技术规范（GPS）公差原则》；

GB/T 16671—2009《产品几何技术规范（GPS）几何公差 最大实体要求、最小实体要求和可逆要求》。

4.1.1 几何要素术语

各种零件的形状都是由一些基本几何形状构成的，而这些几何形状又都是由最基本的点、线、面所组成。这些构成零件几何特征的点、线、面称为要素，是对零件规定几何公差的具体对象，这些要素可以是实际存在的，也可以是由实际要素取得的轴线或中心平面，如图4-3所示。

零件的要素按照不同的角度通常可按以下几大类来分。

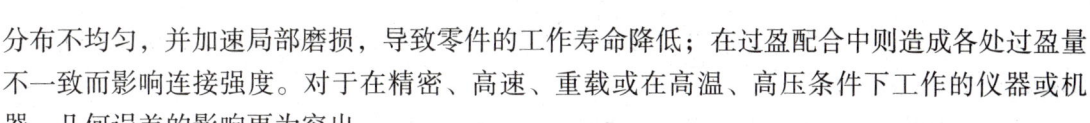

图 4-3 零件的几何要素

1—球心；2—球面；3—圆锥面；
4—圆柱面；5—平面；6—轴线

1. 按结构特征分

按结构特征可分为如下两类。

（1）组成要素：构成零件外形的能直接被感觉到的要素，称为组成要素。如图4-3所示中的平面、圆锥表面和球面等。

（2）导出要素：从一个或多个组成要素上获取的中心点、中心线或中心面。它是与要素有对称关系的客观存在的要素，但不能被直接感觉，而必须通过分析才能确定其存在的要素，如轴线、中心平面和球心等。

2. 按存在状态分

按存在状态可分为如下两类。

（1）理想要素：具有几何学意义、不存在任何误差的要素称为理想要素。

（2）实际要素：零件上实际存在的要素（通常用测得的要素代替）称为实际要素。由于零件存在加工误差，实际要素不可能和理想要素完全一致，且由于测量误差的影响，实际要素的真实状况是无法显现的。

3. 按检测关系分

按检测关系可分为如下两类。

(1) 被测要素：在图样上给出了形状或（和）位置公差要求的要素，称为被测要素。被测要素是检测的对象。

(2) 基准要素：用来确定被测要素的方向或（和）位置的要素，称为基准要素。

4. 按功能关系分

按功能关系可分为如下两类。

(1) 单一要素：仅对其本身给出形状公差要求的要素，称为单一要素。

(2) 关联要素：对其他要素有功能关系的要素，也就是规定位置公差的要素，称为关联要素。所谓功能关系，就是指要素之间某种确定的方向和位置关系，如垂直、平行和同轴等。

4.1.2 几何公差项目与符号

按照国家标准，几何公差项目分为四大类，其几何特征符号及附加符号见表 4-1 和表 4-2。

表 4-1 几何特征符号（摘自 GB/T 1182—2008）

公差	几何特征	符号	有或无基准要求
形状公差	直线度	─	无
	平面度	▱	无
	圆度	○	无
	圆柱度	⌭	无
	线轮廓度	⌒	无
	面轮廓度	⌓	无
方向公差	平行度	∥	有
	垂直度	⊥	有
	倾斜度	∠	有
	线轮廓度	⌒	有
	面轮廓度	⌓	有
位置公差	位置度	⌖	有或无
	同心度（用于中心点）	◎	有
	同轴度（用于轴线）	◎	有
	对称度	═	有
	线轮廓度	⌒	有
	面轮廓度	⌓	有
跳动公差	圆跳动	↗	有
	全跳动	⌮	有

表 4-2 附加符号（摘自 GB/T 1182—2008）

说明	符号	说明	符号
被测要素		最小实体要求	Ⓛ
基准要素		可逆要求	Ⓡ
基准目标	φ2／A1	公共公差带	CZ
理论正确尺寸	50	小径	LD
全周（轮廓）		大径	MD
自由状态条件 （非刚性零件）	Ⓕ	中径、节径	PD
延伸公差带	Ⓟ	线素	LE
包容要求	Ⓔ	不凸起	NC
最大实体要求	Ⓜ	任意横截面	ACS

4.1.3 几何公差标注

按国家标准的规定，在图样上标注几何公差时，应采用代号标注。无法采用代号标注时，允许在技术条件中用文字加以说明。

几何公差代号用框格表示，框格内应注明几何公差数值及有关符号。公差框格为矩形框格，该框格由两格或多格组成，形状公差只需要两格，位置公差用三格或多格。图样中只能水平或垂直绘制，框格中的内容水平绘制时从左到右填写，垂直绘制从下到上填写。框格内容包括：几何公差项目符号、公差值和基准，如图 4-4 所示。

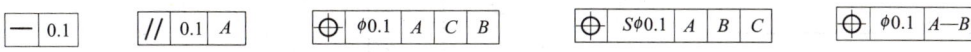

图 4-4 几何公差框格

其中，几何公差项目符号设计者根据工件的性能要求从表 4-1 中选取。公差值是以 mm 为单位表示的线性值，如果公差带是圆形或圆柱形的则在公差值前面加注 ϕ；如果是球形的，则在公差值前面加注 $S\phi$。基准是用一个字母表示单个基准或用几个字母表示基准体系或公共基准。

1. 被测要素的标注方法

被测要素是检测对象，国标规定：图样上用带箭头的指引线将被测要素与公差框格一端相连。指引线从公差框格任一端垂直引出,指向被测要素时允许弯折,但不得多于两次。指引线箭头指向公差带的宽度或直径方向。

1) 被测要素为组成要素时

当被测要素是轮廓线或轮廓面时,指引线箭头指向该要素或其延长线上,箭头必须明显地与尺寸线错开,如图 4-5(a)、图 4-5(b)所示。箭头也可指向引出线的水平线,引出线引自被测面,如图 4-5(c)所示。

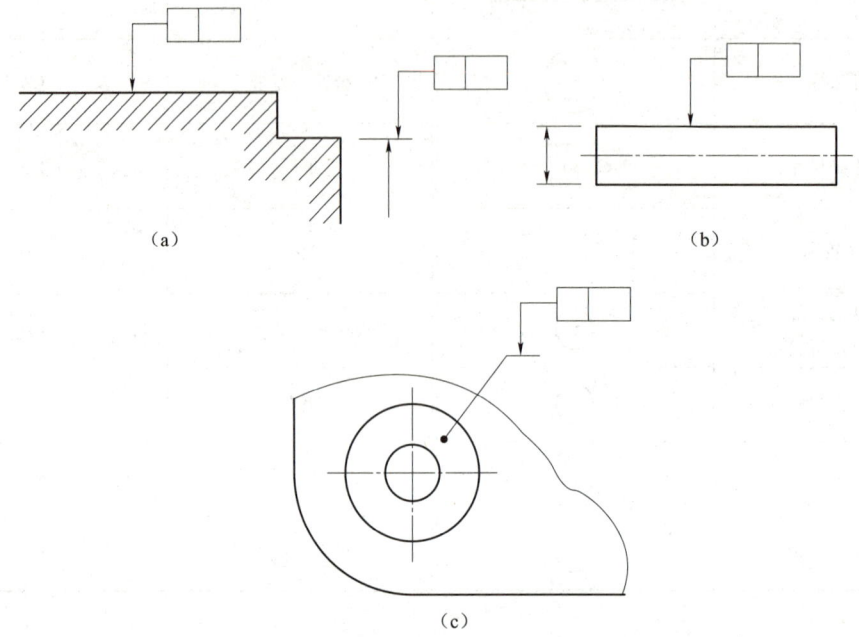

图 4-5　被测要素为组成要素

2) 被测要素为导出要素时

当被测要素是中心线、中心面或中心点时,指引线箭头指向该要素的尺寸线并与尺寸线的延长线重合,如图 4-6 所示。

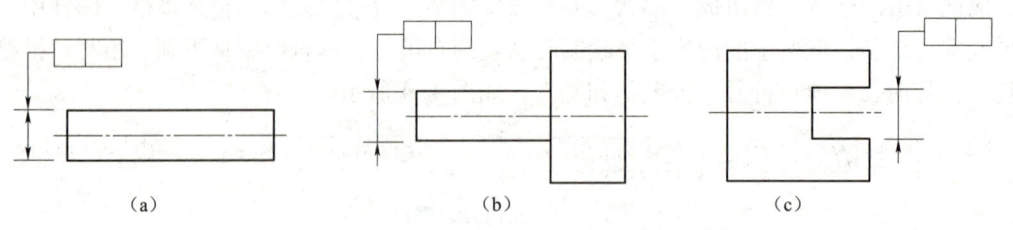

图 4-6　被测要素为导出要素

3) 被测要素为圆锥体的轴线时

被测要素为圆锥体的轴线时,指引线箭头应与圆锥体的大端或小端直径尺寸线对齐,如图 4-7(a)所示。若直径尺寸线不能明显地区别圆锥体或圆柱体,箭头也可以与圆锥体上任一部位的空白尺寸线对齐,如图 4-7(b)所示。如果锥体是使用角度尺寸标注,则指引线的箭头应对着角度尺寸线,如图 4-7(c)所示。

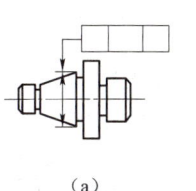 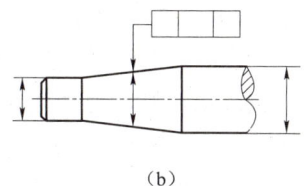 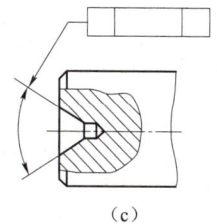

(a)   (b)   (c)

图 4-7 被测要素为圆锥体的轴线

2. 基准要素的标注方法

基准用一个大写字母表示，字母标注在基准方格内，与一个涂黑的或空白的三角形相连，如图 4-8 所示，表示基准的字母还应标注在公差框格内。涂黑的和空白的基准三角形含义相同。为了不引起误解，字母 E、I、J、M、O、P、L、R、F 不用做基准，它们在几何公差标注中另有用途。

图 4-8 基准要素的标注示例 1

（1）带基准字母的基准三角形放置规定。

① 当基准要素是轮廓线或轮廓面时，基准三角形放置在要素的轮廓线或其延长线上（与尺寸线明显错开），如图 4-9（a）所示的 A、B 基准；基准三角形也可放在该轮廓面引出线的水平线上，如图 4-9（b）所示。

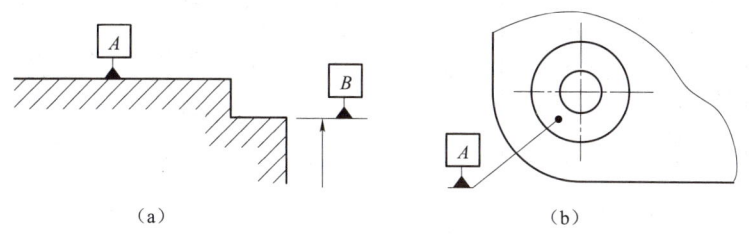

(a)   (b)

图 4-9 基准要素的标注示例 2

② 当基准要素是轴线、中心平面或中心点时，基准三角形应放置在该尺寸线的延长线上，如图 4-10（a）所示的 A 基准。如果没有足够的位置标注基准要素尺寸的两个尺寸箭头，则其中一个箭头可用基准三角形代替，如图 4-10（b）、图 4-10（c）所示。

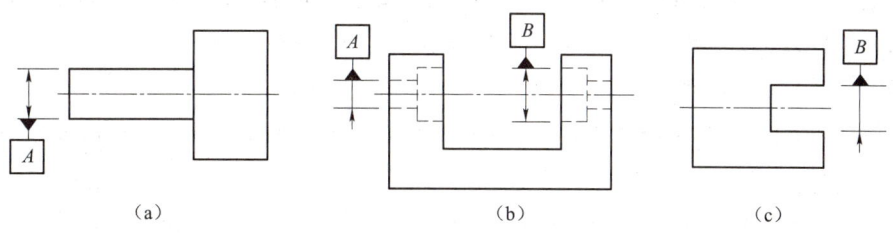

(a)   (b)   (c)

图 4-10 基准要素的标注示例 3

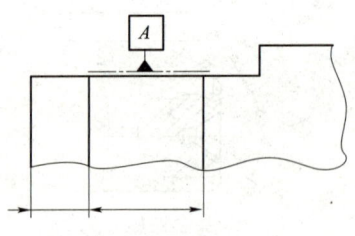

图 4-11 基准要素的标注示例 4

(2) 如果只以要素的某一局部做基准，则应用粗点划线示出该部分并加注尺寸，如图 4-11 所示。

(3) 基准符号在公差框格中的标注。

① 单一基准要素用大写字母表示，如图 4-12（a）所示。

② 由两个要素组成的公共基准，用中间加连字符的两个大写字母表示，如图 4-12（b）所示。

 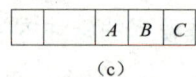

图 4-12 基准要素的标注示例 5

(a) 单一基准要素的标注；(b) 两个基准要素的标注；(c) 两个或两个以上基准要素的标注

③ 由两个或两个以上要素组成的基准体系，如多基准组合，表示基准的大写字母应按基准的优先次序从左至右分别置于各框格内，如图 4-12（c）所示。

3. 几何公差的简化标注

(1) 当结构相同的几个要素有相同的几何公差要求时，可只对其中的一个要素标注出，并在框格上方标明。如 4 个要素，则注明"4×"或"4 槽"等，如图 4-13 所示。

(2) 当同一要素有多个公差要求时，只要被测部位和标注表达方法相同，可将框格重叠，如图 4-14 所示。

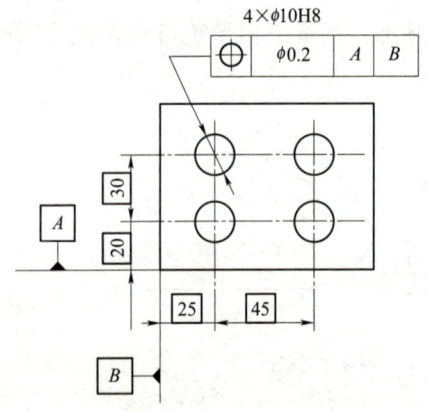

图 4-13 几何公差的简化标注示例 1

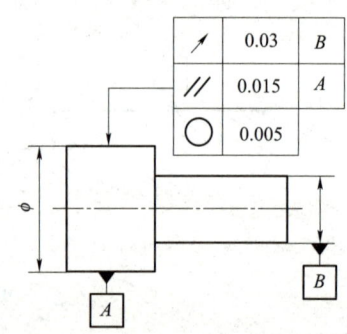

图 4-14 几何公差的简化标注示例 2

(3) 当多个要素有同一公差要求时，可用一个公差框，自框格一端引出多根指引线指向被测要素，如图 4-15（a）所示；若要求各被测要素具有单一公差带，应在公差框格内公差值的后面加注公共公差带的符号 CZ，如图 4-15（b）所示。

4. 有附加要求时的标注

(1) 为了说明几何公差框格中所标注的几何公差的其他附加要求，可以在框格的下方或上方附加文字说明。凡属于被测要素数量的文字说明，应写在公差框格的上方，如图 4-16（a）、图 4-16（b）所示；凡属于解释性的文字说明，应写在公差框格的下方，如图 4-16（c）、图 4-16（d）所示。

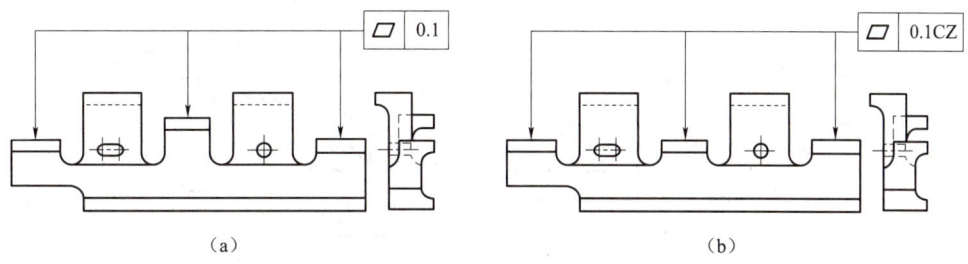

图 4-15　几何公差的简化标注示例 3

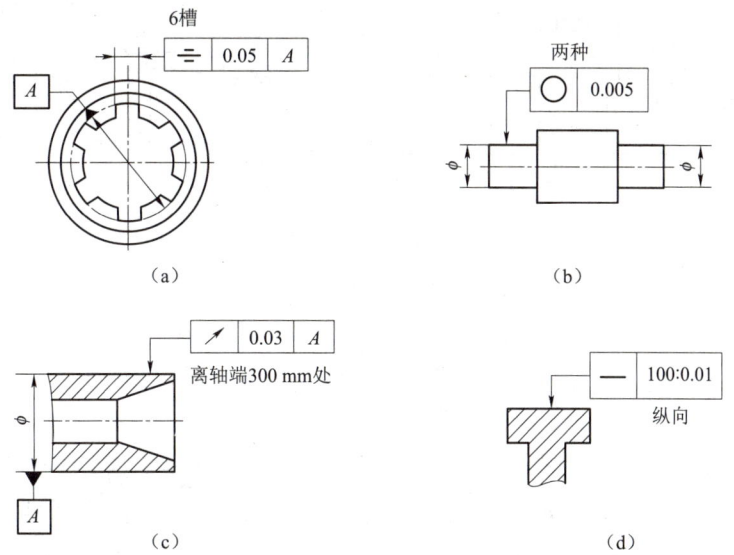

图 4-16　附加说明标注

（2）如果轮廓度特征适用于横截面的整周轮廓或由该轮廓所示的整周表面时，应采用"全周"符号表示，如图 4-17 所示。"全周"符号并不包括整个工件的所有表面，只包括由轮廓和公差标注所表示的各个表面。图 4-17（a）只表示轮廓截面的全周，图 4-17（b）不包括 a、b 两端面。

（3）以螺纹轴线为被测要素或基准要素时，默认为螺纹中径圆柱的轴线，否则应另有说明，例如用"MD"表示大径，用"LD"表示小径，标注方法如图 4-18 所示，图 4-18（a）表示螺纹大径相对于 A、B 基准的位置度，图 4-18（b）表示以螺纹小径的轴线为基准。以齿轮、花键轴线为被测要素或基准要素时，需说明所指的要素，如用"PD"表示节径，用"MD"表示大径，用"LD"表示小径。

5. 限定性规定

（1）需要对整个要素上任意限定范围标注同样几何特征的公差时，可在公差值后面加注限定范围的线性尺寸值，并在两者间用斜线隔开，如图 4-19（a）所示。如果标注的是两项或两项以上同样几何特征的公差，可直接在整个要素公差框格的下方放置另一个公差框格，如图 4-19（b）所示。

（2）如果给出的公差仅适用于要素的某一指定局部，应采用粗点画线示出该局部的范围并加注尺寸，如图 4-20 所示。

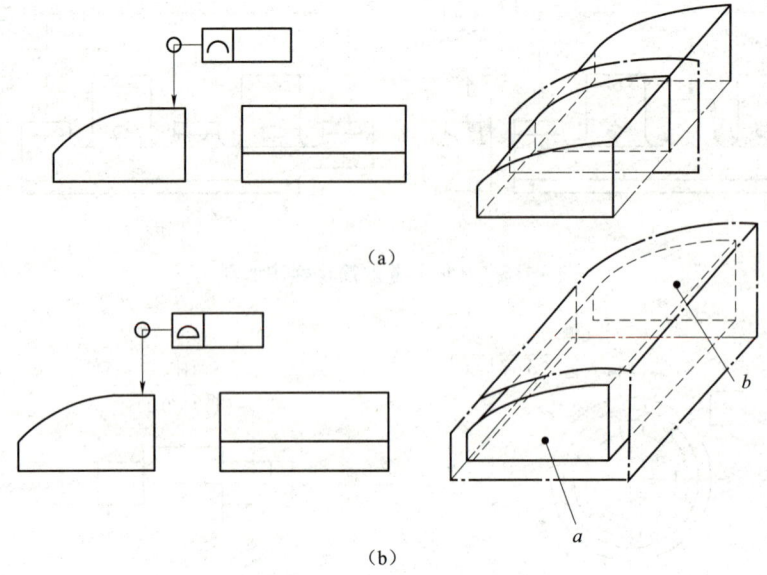

图 4-17 轮廓度全周标注

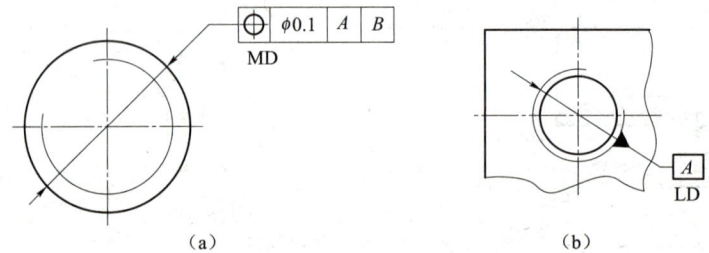

图 4-18 螺纹的标注

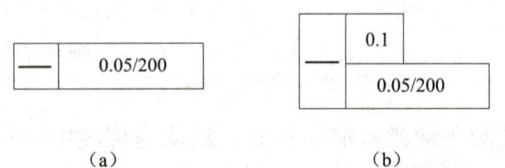

图 4-19 限定性规定的标注 1

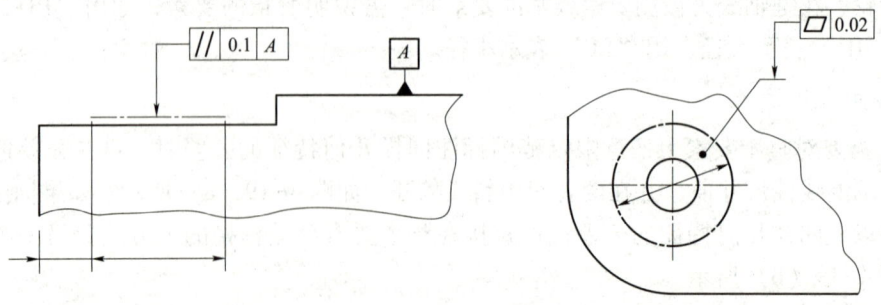

图 4-20 限定性规定的标注 2

6. 延伸公差带

在一般情况下，图样上给出的几何公差如无特殊说明，几何公差带控制的对象都是实际被测要素，公差带的长度仅为被测要素的全长。有时为了满足装配的需要，将公差带或其他定向、定位公差带移至实际被测要素的延长部分，这种公差带称为延伸公差带。延伸公差带用规范的附加符号 Ⓟ 表示，如图 4-21 所示。

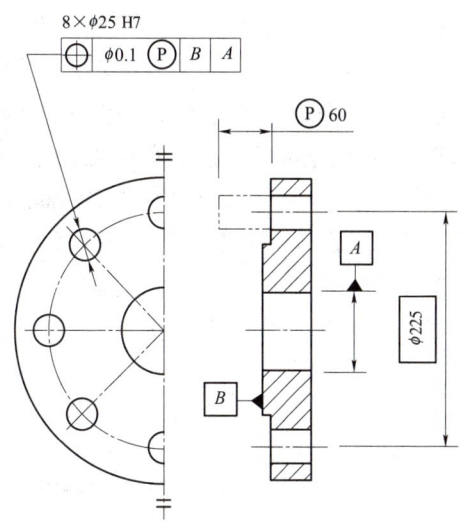

图 4-21　延伸公差带的标注

4.2　几何公差及几何公差带

4.2.1　形状公差

1. 形状公差概念

形状公差是单一实际要素的形状相对其理想要素的最大变动量。GB/T 1182—2008 规定的形状公差项目有直线度、平面度、圆度、圆柱度、线轮廓度及面轮廓度。

2. 形状公差的控制功能

直线度公差用于限定给定平面或空间内直线的形状误差；平面度公差用于限制平面的形状误差；圆度公差用于限制回转体表面正截面内轮廓的形状误差；圆柱度公差则用于限制圆柱面整体的形状误差。

线轮廓度公差用于限制平面内曲线（或曲面的截面轮廓线）的形状（无基准）或位置误差（有基准）；面轮廓度公差用于限制一般（非圆）曲面的形状或位置误差。

4.2.2　位置公差

位置公差是指关联要素的方向或位置对基准所允许的变动全量，用来限制位置误差。位置误差是指被测实际要素对理想要素位置的变动量。根据关联要素对基准的功能要求的不同，位置公差可分为定向公差、定位公差和跳动公差。

1. 基准及分类

1) 基准的建立及分类

基准是具有正确形状的理想要素，是确定被测要素方向或位置的依据，在规定位置公差时，一般都要注出基准。实际应用时，基准由实际基准要素来确定。

基准分以下 4 类。

（1）单一基准。由实际轴线建立基准轴线时，基准轴线为穿过基准实际轴线，且符合最小条件的理想轴线，如图 4-22（a）所示；由实际表面建立基准平面时，基准平面为处于材料之外并与基准实际表面接触、符合最小条件的理想平面，如图 4-22（b）所示。

（2）组合基准（公共基准）。由两条或两条以上实际轴线建立而作为一个独立基准使用的公共基准轴线时，公共基准轴线为这些实际轴线所共有的理想轴线，如图 4-22（c）所示。

（3）基准体系（三基面体系）。当单一基准或组合基准不能对关联要素提供完整的走向或定位时，就有必要采用基准体系。基准体系即三基面体系，它由三个互相垂直的基准平面构成，由实际表面所建立的三基面体系如图 4-22（d）所示。

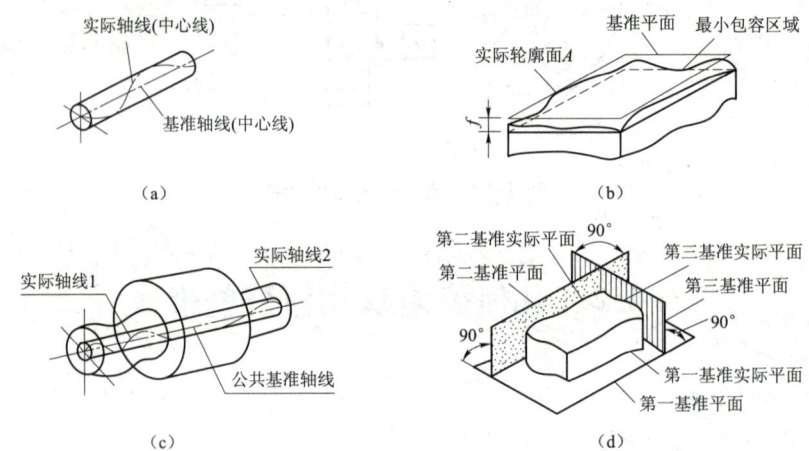

图 4-22 基准和基准体系

应用三基面体系时，设计者在图样上标注基准应特别注意基准的顺序，在加工或检验时，不得随意更换这些基准顺序。确定关联被测要素位置时，可以同时使用三个基准平面，也可使用其中的两个或一个。由此可知，单一基准平面是三基准体系中的一个基准平面。

（4）任选基准。任选基准是指有相对位置要求的两要素中，基准可以任意选定。它主要用于两要素的形状、尺寸和技术要求完全相同的零件，或在设计要求中，各要素之间的基准有可以互换的条件，从而使零件无论上下、反正或颠倒装配仍能满足互换性要求。

2) 基准的体现

建立基准的基本原则是基准应符合最小条件，但在实际应用中，允许在测量时用近似方法体现。基准的常用体现方法有模拟法和直接法。

（1）模拟法。通常采用具有足够几何精度的表面来体现基准平面和基准轴线。用平板表面体现基准平面，如图 4-23（a）所示；用心轴表面体现内圆柱面的轴线，如图 4-23（b）所示；用 V 形块表面体现外圆柱面的轴线，如图 4-23（c）所示。

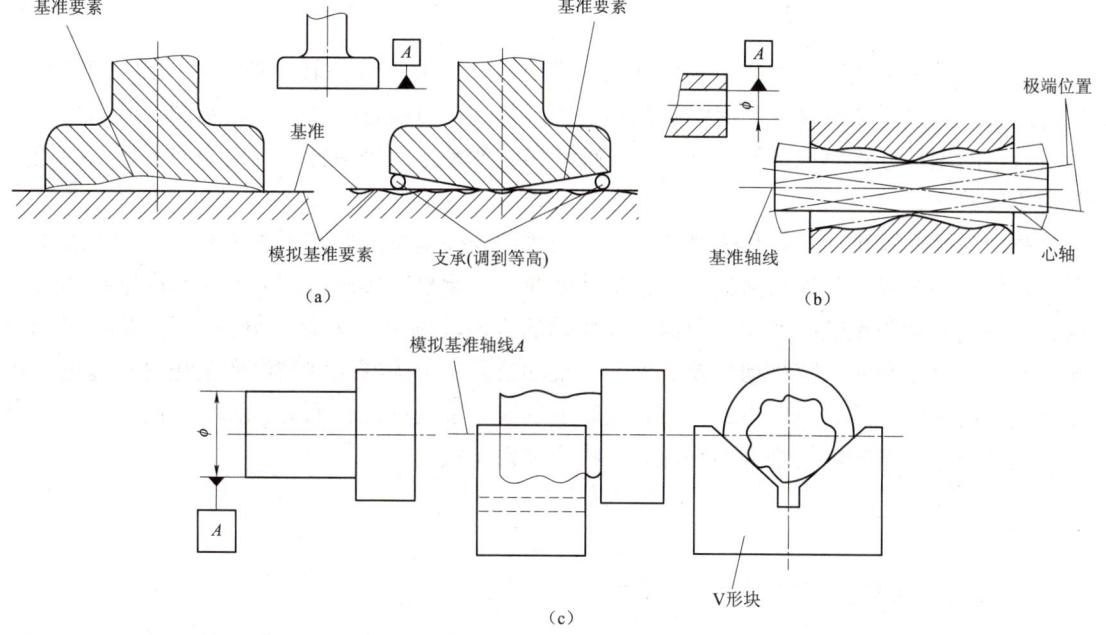

图 4-23 模拟法体现基准

（a）用平板表面体现基准平面；（b）用心轴表面体现基准轴线；（c）用 V 形块表面体现基准轴线

（2）直接法。当基准实际要素具有足够形状精度时，可直接作为基准。若在平板上测量零件，可将平板作为直接基准，如图 4-24 所示。

2. 定向公差

定向公差是指被测要素相对于基准要素在给定方向上允许的变动量，它用来控制线或面的定向误差。理想要素的方向由

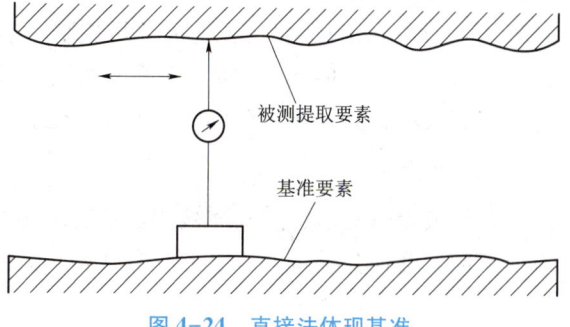

图 4-24 直接法体现基准

基准及理论正确角度确定，公差带相对于基准有确定的方向。按照被测要素与基准要素的方向不同分为平行度、垂直度和倾斜度三类，它们都有面对面、面对线、线对面、线对线，还有线对基准体系的关系。

平行度公差用于控制被测要素相对于基准要素的方向偏离 0°的变动；垂直度用于控制被测要素相对于基准要素的方向偏离 90°的变动；倾斜度用于控制被测要素相对于基准要素的方向偏离某一给定角度时（0°~90°）的变动。

3. 定位公差

定位公差是指被测要素相对于基准要素在给定位置上允许的变动量，它用来控制点、线或面的定位误差。理想要素的位置由基准及理论正确尺寸（角度）确定，公差带相对于基准有确定位置。定位公差包括位置度、同轴（同心）度和对称度。

位置度公差用于控制点、线、面的实际位置对其公称位置的变动量；同轴（同心）度公差用于控制被测轴线（圆心）相对于基准的变动量；对称度公差用于控制被测中心平面或中心线相对于基准中心平面或中心线的变动量。

4. 跳动公差

跳动公差为关联实际被测要素绕基准轴线回转一周或连续回转时所允许的最大变动量，它可用来综合控制被测要素的形状误差和位置误差。与前面各项公差项目不同，跳动公差是针对特定的测量方式而规定的公差项目。跳动误差就是指示表指针在给定方向上指示的最大与最小读数之差。

跳动公差有圆跳动公差和全跳动公差。圆跳动公差是指关联实际被测要素相对于理想圆所允许的变动全量，其理想圆的圆心在基准轴线上。测量时实际被测要素绕基准轴线回转一周，指示表测量头无轴向移动。根据允许变动的方向，圆跳动公差可分为径向圆跳动公差、端面圆跳动公差和斜向圆跳动公差三种。全跳动公差是指关联实际被测要素相对于理想回转面所允许的变动全量。当理想回转面是以基准轴线为轴线的圆柱面时，称为径向全跳动；当理想回转面是与基准轴线垂直的平面时，称为端面全跳动。

4.2.3 几何公差带

1. 几何公差带的要素

几何公差带是限制实际被测要素变动的区域，其大小是由几何公差值确定的。只要被测实际要素被包含在公差带内，则被测要素合格。几何公差带体现了被测要素的设计要求，也是加工和检验的根据。尺寸公差带是由代表上、下极限偏差的两条直线所限定的区域，这个"带"的长度可任意绘出。几何公差带控制的不是两点之间的距离，而是点（平面、空间）、线（素线、轴线、曲线）、面（平面、曲面）、圆（平面、空间、整体圆柱）等区域，所以它不仅有大小，而且还具有形状、方向、位置共4个要素。

1）形状

几何公差带的形状随实际被测要素的结构特征、所处的空间以及要求控制方向的差异而有所不同，几何公差带的常见形状有9种，如图4-25所示。

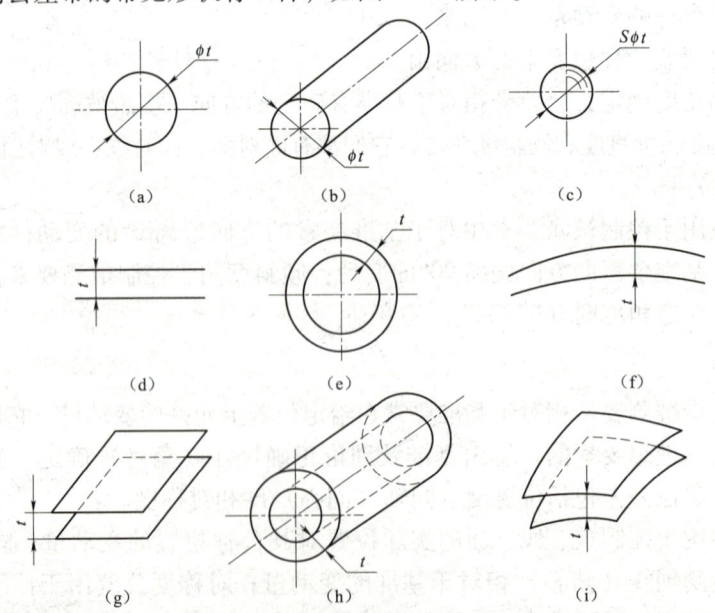

图4-25 几何公差带的常见形状

2) 大小

几何公差带的大小有两种情况,即公差带区域的宽度(距离)t 或直径 $\phi t/S\phi t$,它表示了几何精度要求的高低。

3) 方向

几何公差带的方向在理论上应与图样上几何公差框格指引线箭头所指的方向垂直。

4) 位置

几何公差带的位置分为浮动和固定两种。形状公差带只具有大小和形状,而其方向和位置是浮动的;定向公差带只具有大小、形状和方向,而其位置是浮动的;定位和跳动公差带则除了具有大小、形状、方向外,其位置是固定的。

2. 几何公差带的定义、标注及解释

在国家标准 GB/T 1182—2008 中,给出了各几何公差带的定义、标注及解释,见表 4-3。

表 4-3 公差带的定义、标注和解释　　　　　　　　　单位:mm

符号	公差带的定义	标注及解释
—	直线度公差 公差带为在给定平面内和给定方向上,间距等于公差值 t 的两平行直线所限定的区域 a—任一距离 公差带为间距等于公差值 t 的两平行平面所限定的区域 由于公差值前加注了符号 ϕ,公差带为直径等于公差值 ϕt 的圆柱面所限定的区域	在任一平行于图示投影面的平面内,上平面的提取(实际)线应限定在间距等于 0.1 的两平行直线之间 提取(实际)的棱边应限定在间距等于 0.1 的两平行平面之间 外圆柱面的提取(实际)中心线应限定在直径等于 $\phi 0.08$ 的圆柱面内
⌯	平面度公差 公差带为间距等于公差值 t 的两平行平面所限定的区域	提取(实际)表面应限定在间距等于 0.08 的两平行平面之间

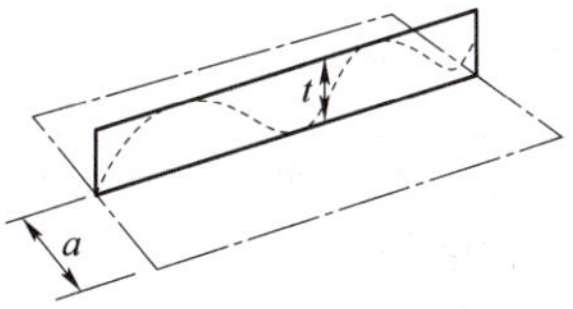

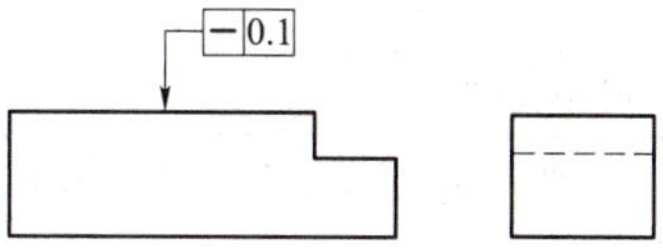

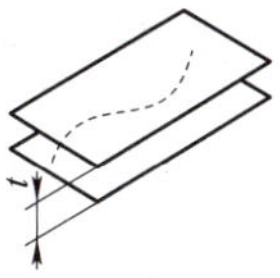

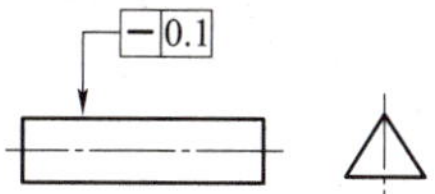

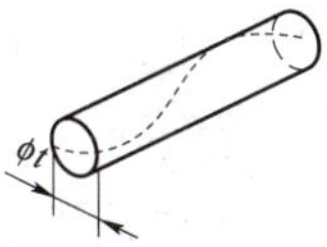

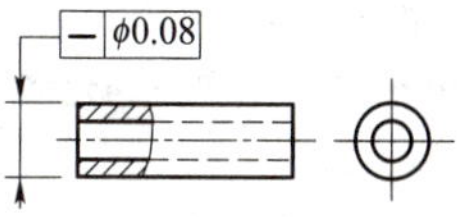

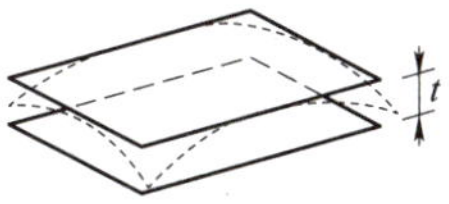

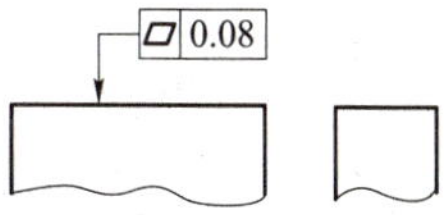

续表

符号	公差带的定义	标注及解释
○	圆度公差 公差带为在给定横截面内、半径差等于公差值 t 的两同心圆所限定的区域 a—任一横截面	在圆柱面和圆锥面的任意横截面内，提取（实际）圆周应限定在半径差等于 0.03 的两共面同心圆之间 ⌓ 0.03 在圆锥面的任意横截面内，提取（实际）圆周应限定在半径差等于 0.1 的两同心圆之间 ⌓ 0.1 注：提取圆周的定义尚未标准化
⌭	圆柱度公差 公差带为半径差等于公差值 t 的两同轴圆柱面所限定的区域	提取（实际）圆柱面应限定在半径差等于 0.1 的两同轴圆柱面之间 ⌭ 0.1
⌒	无基准的线轮廓度公差（见 GB/T 17852） 公差带为直径等于公差值 t、圆心位于具有理论正确几何形状上的一系列圆的两包络线所限定的区域 a—任一距离； b—垂直于右图视图所在平面。	在任一平行于图示投影面的截面内，提取（实际）轮廓线应限定在直径等于 0.04、圆心位于被测要素理论正确几何形状上的一系列圆的两包络线之间 ⌒ 0.04　2×R10　R25　22±0.1　22　60

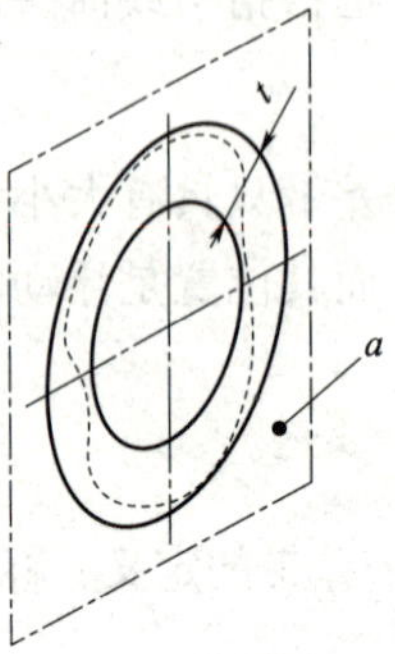

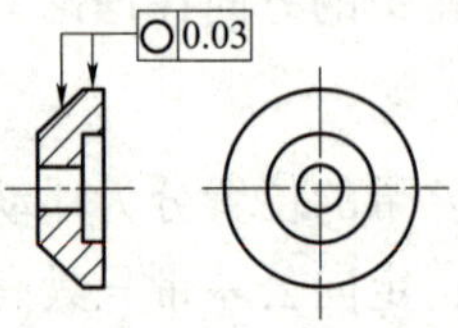

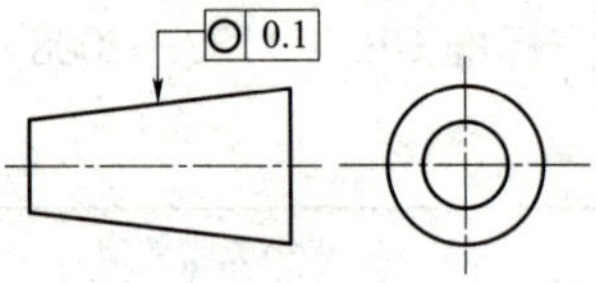

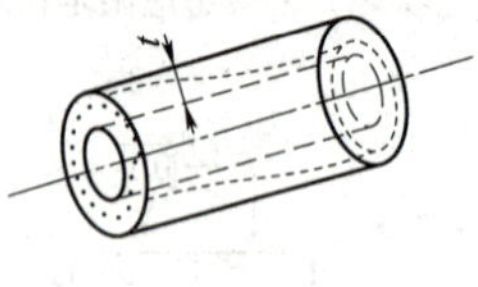

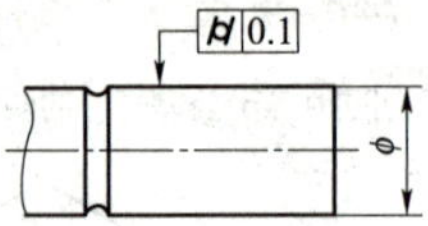

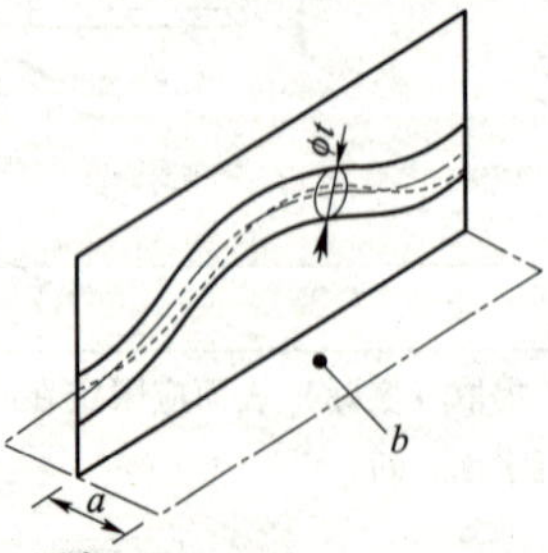

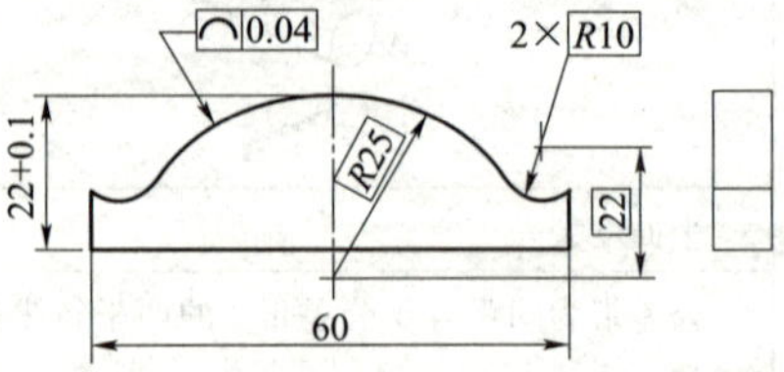

续表

符号	公差带的定义	标注及解释
⌒	相对于基准体系的线轮廓度公差（见 GB/T 17852）	
	公差带为直径等于公差值 t、圆心位于由基准平面 A 和基准平面 B 确定的被测要素理论正确几何形状上的一系列圆的两包络线所限定的区域 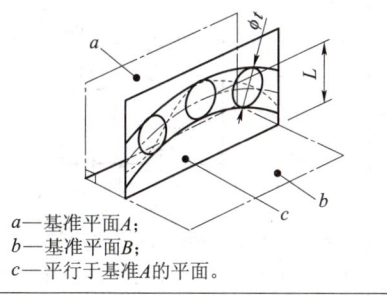 a—基准平面A； b—基准平面B； c—平行于基准A的平面。	在任一平行于图示投影平面的截面内，提取（实际）轮廓线应限定在直径等于 0.04、圆心位于由基准平面 A 和基准平面 B 确定的被测要素理论正确几何形状上的一系列圆的两等距包络线之间 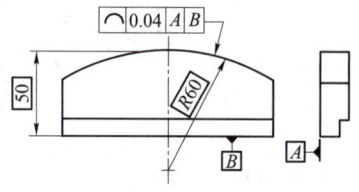
⌒	无基准的面轮廓度公差（见 GB/T 17852）	
	公差带为直径等于公差值 t、球心位于被测要素理论正确形状上的一系列圆球的两包络面所限定的区域 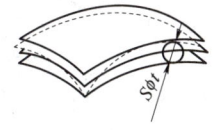	提取（实际）轮廓面应限定在直径等于 0.02、球心位于被测要素理论正确形状上的一系列圆球的两等距包络面之间 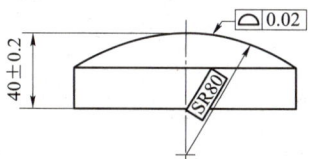
⌒	相对于基准的面轮廓度公差（见 GB/T 17852）	
	公差带为直径等于公差值 t、球心位于由基准平面 A 确定的被测要素理论正确几何形状上的一系列圆球的两包络面所限定的区域 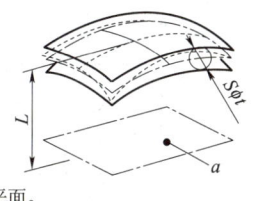 a—基准平面。	提取（实际）轮廓面应限定在直径等于 0.1、球心位于由基准平面 A 确定的被测要素理论正确几何形状上的一系列圆球的两等距包络面之间 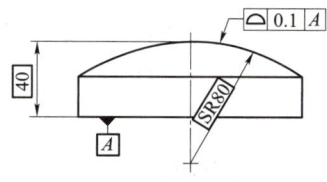
//	平行度公差	
	线对基准体系的平行度公差	
	公差带为间距等于公差值 t、平行于两基准的两平行平面所限定的区域 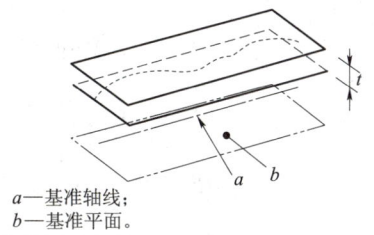 a—基准轴线； b—基准平面。	提取（实际）中心线应限定在间距等于 0.1、平行于基准轴线 A 和基准平面 B 的两平行平面之间 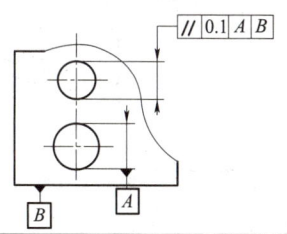

续表

符号	公差带的定义	标注及解释
//	线对基准体系的平行度公差 公差带为间距等于公差值 t、平行于基准轴线 A 且垂直于基准平面 B 的两平行平面所限定的区域 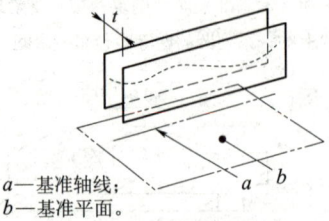 a—基准轴线； b—基准平面。 公差带为平行于基准轴线和平行或垂直于基准平面、间距分别等于公差值 t_1 和 t_2，且相互垂直的两组平行平面所限定的区域 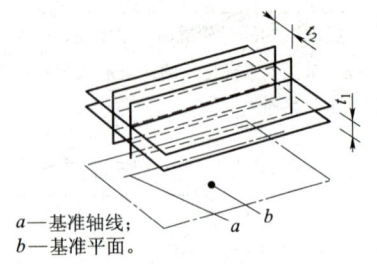 a—基准轴线； b—基准平面。	提取（实际）中心线应限定在间距等于 0.1 的两平行平面之间。该两平行平面平行于基准轴线 A 且垂直于基准平面 B 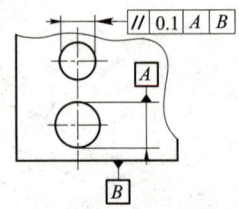 提取（实际）中心线应限定在平行于基准轴线 A 和平行或垂直于基准平面 B、间距分别等于公差值 0.1 和 0.2，且相互垂直的两组平行平面之间 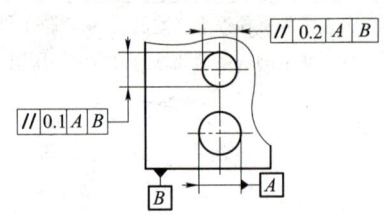
	线对基准线的平行度公差 若公差值前加注了符号 ϕ，公差带为平行于基准轴线、直径等于公差值 ϕt 的圆柱面所限定的区域 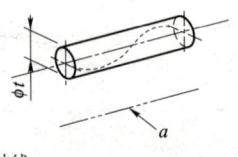 a—基准轴线。	提取（实际）中心线应限定在平行于基准轴线 A、直径等于 $\phi 0.03$ 的圆柱面内 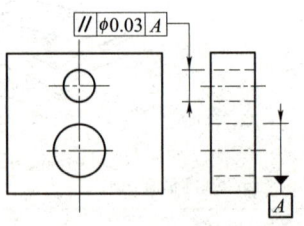
	线对基准面的平行度公差 公差带为平行于基准平面、间距等于公差值 t 的两平行平面所限定的区域 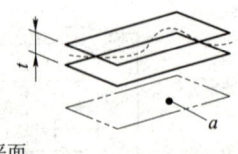 a—基准平面。	提取（实际）中心线应限定在平行于基准平面 B、间距等于 0.01 的两平行平面之间 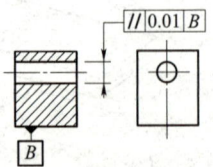

续表

符号	公差带的定义	标注及解释
//	线对基准体系的平行度公差 公差带为间距等于公差值 t 的两平行直线所限定的区域。该两平行直线平行于基准平面 A 且处于平行于基准平面 B 的平面内 a—基准平面 A； b—基准平面 B。	提取（实际）线应限定在间距等于 0.02 的两平行直线之间。该两平行直线平行于基准平面 A、且处于平行于基准平面 B 的平面内
	面对基准线的平行度公差 公差带为间距等于公差值 t、平行于基准轴线的两平行平面所限定的区域 a—基准轴线。	提取（实际）表面应限定在间距等于 0.1、平行于基准轴线 C 的两平行平面之间
	面对基准面的平行度公差 公差带为间距等于公差值 t、平行于基准平面的两平行平面所限定的区域 a—基准平面。	提取（实际）表面应限定在间距等于 0.01、平行于基准 D 的两平行平面之间
⊥	垂直度公差 线对基准线的垂直度公差 公差带为间距等于公差值 t、垂直于基准线的两平行平面所限定的区域 a—基准线。	提取（实际）中心线应限定在间距等于 0.06、垂直于基准轴线 A 的两平行平面之间

续表

符号	公差带的定义	标注及解释
	线对基准体系的垂直度公差 公差带为间距等于公差值 t 的两平行平面所限定的区域。该两平行平面垂直于基准平面 A，且平行于基准平面 B 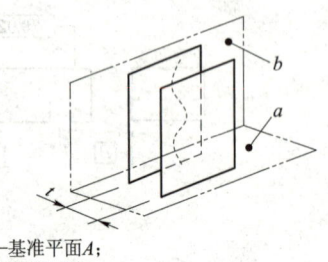 a—基准平面A； b—基准平面B。	圆柱面的提取（实际）中心线应限定在间距等于 0.1 的两平行平面之间。该两平行平面垂直于基准平面 A，且平行于基准平面 B 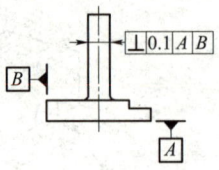
	线对基准体系的垂直度公差 公差带为间距分别等于公差值 t_1 和 t_2，且互相垂直的两组平行平面所限定的区域。该两组平行平面都垂直于基准平面 A。其中一组平行平面垂直于基准平面 B，另一组平行平面平行于基准平面 B 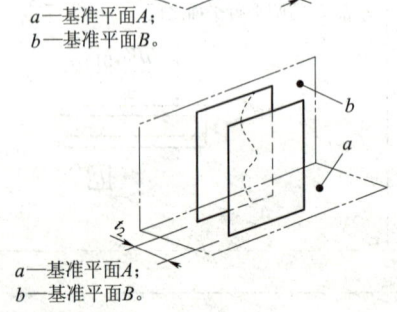 a—基准平面A； b—基准平面B。	圆柱的提取（实际）中心线应限定在间距分别等于 0.1 和 0.2，且相互垂直的两组平行平面内。该两组平行平面垂直于基准平面 A 且垂直或平行于基准平面 B 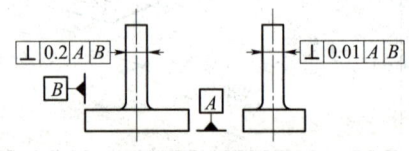
	线对基准面的垂直度公差 若公差值前加注符号 ϕ，公差带为直径等于公差值 ϕt，轴线垂直于基准平面的圆柱面所限定的区域 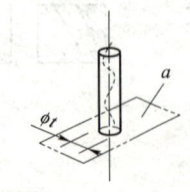 a—基准平面。	圆柱面的提取（实际）中心线应限定在直径等于 $\phi 0.01$、垂直于基准平面 A 的圆柱面内 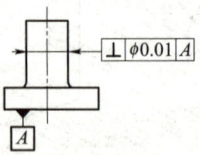

续表

符号	公差带的定义	标注及解释
⊥	**面对基准线的垂直度公差** 公差带为间距等于公差值 t 且垂直于基准轴线的两平行平面所限定的区域 a—基准轴线。	提取（实际）表面应限定在间距等于 0.08 的两平行平面之间。该两平行平面垂直于基准轴线 A
	面对基准平面的垂直度公差 公差带为间距等于公差值 t、垂直于基准平面的两平行平面所限定的区域 a—基准平面。	提取（实际）表面应限定在间距等于 0.08、垂直于基准平面 A 的两平行平面之间
∠	**倾斜度公差** **线对基准线的倾斜度公差** a) 被测线与基准线在同一平面上 公差带为间距等于公差值 t 的两平行平面所限定的区域。该两平行平面按给定角度倾斜于基准轴线 a—基准轴线。 b) 被测线与基准线在不同平面内 公差带为间距等于公差值 t 的两平行平面所限定的区域。该两平行平面按给定角度倾斜于基准轴线 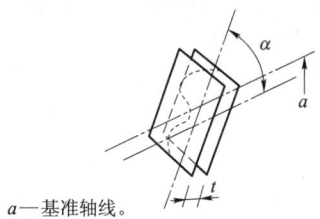 a—基准轴线。	提取（实际）中心线应限定在间距等于 0.08 的两平行平面之间。该两平行平面按理论正确角度 60° 倾斜于公共基准轴线 A—B 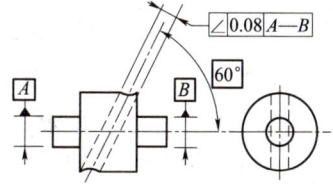 提取（实际）中心线应限定在间距等于 0.08 的两平行平面之间。该两平行平面按理论正确角度 60° 倾斜于公共基准轴线 A—B 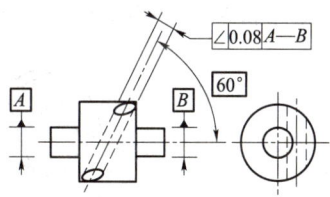

续表

符号	公差带的定义	标注及解释
∠	**线对基准面的倾斜度公差** 公差带为间距等于公差值 t 的两平行平面所限定的区域。该两平行平面按给定角度倾斜于基准平面 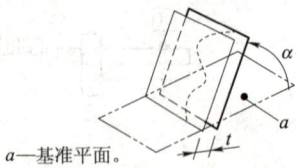 a—基准平面。 公差值前加注符号 ϕ，公差带为直径等于公差值 ϕt 的圆柱面所限定的区域。该圆柱面公差带的轴线按给定角度倾斜于基准平面 A 且平行于基准平面 B 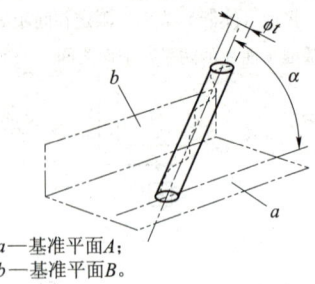 a—基准平面 A； b—基准平面 B。	提取（实际）中心线应限定在间距等于 0.08 的两平行平面之间。该两平行平面按理论正确角度 60° 倾斜于基准平面 A 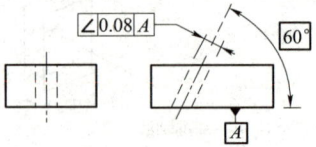 提取（实际）中心线应限定在直径等于 $\phi 0.1$ 的圆柱面内。该圆柱面的中心线按理论正确角度 60° 倾斜于基准平面 A 且平行于基准平面 B 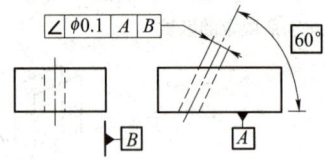
	面对基准线的倾斜度公差 公差带为间距等于公差值 t 的两平行平面所限定的区域。该两平行平面按给定角度倾斜于基准直线 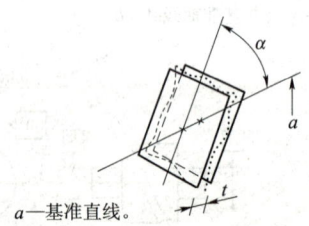 a—基准直线。	提取（实际）表面应限定在间距等于 0.1 的两平行平面之间。该两平行平面按理论正确角度 75° 倾斜于基准轴线 A 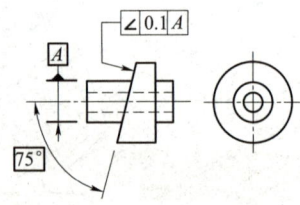
	面对基准面的倾斜度公差 公差带为间距等于公差值 t 的两平行平面所限定的区域。该两平行平面按给定角度倾斜于基准平面 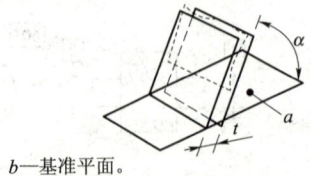 b—基准平面。	提取（实际）表面应限定在间距等于 0.08 的两平行平面之间。该两平行平面按理论正确角度 40° 倾斜于基准平面 A 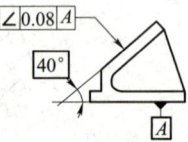

续表

符号	公差带的定义	标注及解释
⌖	**位置度公差（GB/T 13319）**	
	点的位置度公差	
	公差值前加注 $S\phi$，公差带为直径等于公差值 $S\phi t$ 的圆球面所限定的区域。该圆球面中心的理论正确位置由基准 A、B、C 和理论正确尺寸确定 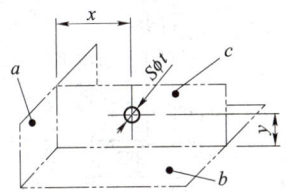 a—基准平面 A； b—基准平面 B； c—基准平面 C。	提取（实际）球心应限定在直径等于 $S\phi 0.3$ 的圆球面内。该圆球面的中心由基准平面 A、基准平面 B、基准中心平面 C 和理论正确尺寸 30、25 确定 注：提取（实际）球心的定义尚未标准化。 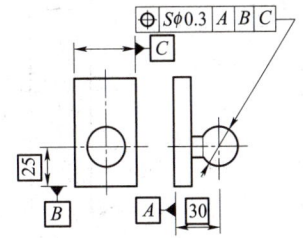
	线的位置度公差	
	给定一个方向的公差时，公差带为间距等于公差值 t、对称于线的理论正确位置的两平行平面所限定的区域。线的理论正确位置由基准平面 A、B 和理论正确尺寸确定。公差只在一个方向上给定 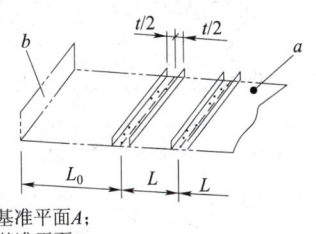 a—基准平面 A； b—基准平面 B。	各条刻线的提取（实际）中心线应限定在间距等于 0.1、对称于基准平面 A、B 和理论正确尺寸 25、10 确定的理论正确位置的两平行平面之间 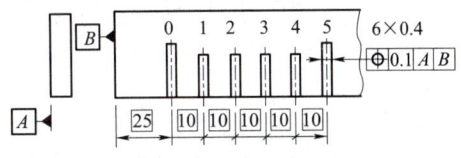
	线的位置度公差	
	给定两个方向的公差时，公差带为间距分别等于公差值 t_1 和 t_2、对称于线的理论正确（理想）位置的两对相互垂直的平行平面所限定的区域。线的理论正确位置由基准平面 C、A 和 B 及理论正确尺寸确定。该公差在基准体系的两个方向上给定 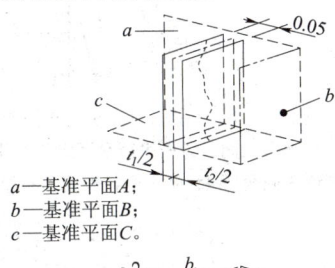 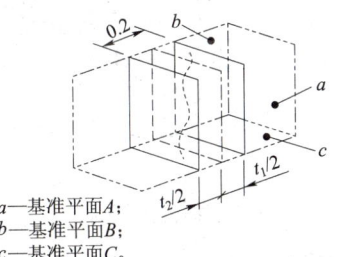 a—基准平面 A； b—基准平面 B； c—基准平面 C。	各孔的测得（实际）中心线在给定方向上应各自限定在间距分别等于 0.05 和 0.2、且相互垂直的两对平行平面内，每对平行平面对称于由基准平面 C、A、B 和理论正确尺寸 20、15、30 确定的各孔轴线的理论正确位置 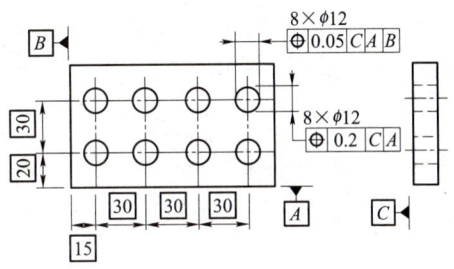

符号	公差带的定义	标注及解释
	线的位置度公差 公差值前加注符号 ϕ，公差带为直径等于公差值 ϕt 的圆柱面所限定的区域。该圆柱面的轴线的位置由基准平面 C、A、B 和理论正确尺寸确定 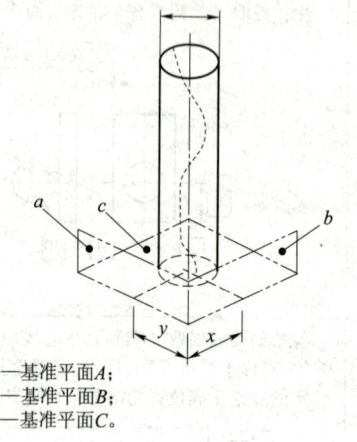 a—基准平面 A； b—基准平面 B； c—基准平面 C。	提取（实际）中心线应限定在直径等于 $\phi 0.08$ 的圆柱面内。该圆柱面的轴线的位置应处于由基准平面 C、A、B 和理论正确尺寸 100、68 确定的理论正确位置上 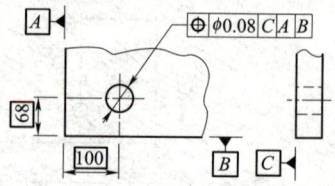 各提取（实际）中心线应各自限定在直径等于 $\phi 0.1$ 的圆柱面内。该圆柱面的轴线应处于由基准平面 C、A、B 和理论正确尺寸 20、15、30 确定的各孔轴线的理论正确位置上 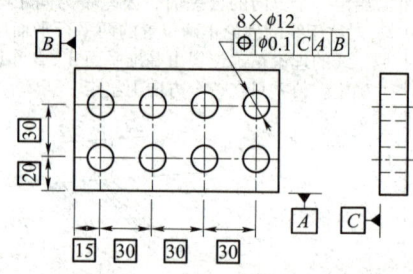
	轮廓平面或者中心平面的位置度公差 公差带为间距等于公差值 t，且对称于被测面理论正确位置的两平行平面所限定的区域。面的理论正确位置由基准平面、基准轴线和理论正确尺寸确定 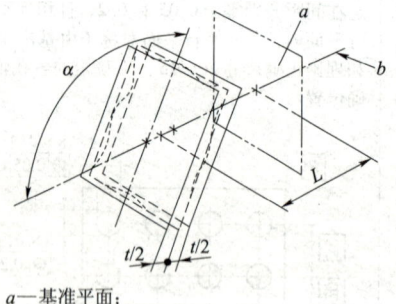 a—基准平面； b—基准轴线。	提取（实际）表面应限定在间距等于 0.05、且对称于被测面的理论正确位置的两平行平面之间。该两平行平面对称于由基准平面 A、基准轴线 B 和理论正确尺寸 15、105° 确定的被测面的理论正确位置 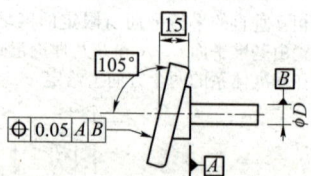 提取（实际）中心面应限定在间距等于 0.05 的两平行平面之间。该两平行平面对称于由基准轴线 A 和理论正确角度 45° 确定的各被测面的理论正确位置 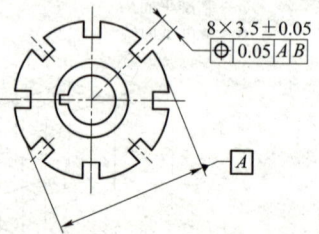 注：有关 8 个缺口之间理论正确角度的默认规定见 GB/T 13319。

续表

符号	公差带的定义	标注及解释
◎	**同心度和同轴度公差**	
	点的同心度公差	
	公差值前标注符号 ϕ，公差带为直径等于公差值 ϕt 的圆周所限定的区域。该圆周的圆心与基准点重合 a—基准点。	在任意横截面内，内圆的提取（实际）中心应限定在直径等于 $\phi 0.1$、以基准点 A 为圆心的圆周内
	轴线的同轴度公差	
	公差值前标注符号 ϕ，公差带为直径等于公差值 ϕt 的圆柱面所限定的区域。该圆柱面的轴线与基准轴线重合 a—基准轴线。	大圆柱面的提取（实际）中心线应限定在直径等于 $\phi 0.08$、以公共基准轴线 A—B 为轴线的圆柱面内 大圆柱面的提取（实际）中心线应限定在直径等于 $\phi 0.1$、以基准轴线 A 为轴线的圆柱面内 大圆柱面的提取（实际）中心线应限定在直径等于 $\phi 0.1$、以垂直于基准平面 A 的基准轴线 B 为轴线的圆柱面内
⌯	**对称度公差**	
	中心平面的对称度公差	
	公差带为间距等于公差值 t、对称于基准中心平面的两平行平面所限定的区域 a—基准中心平面。	提取（实际）中心面应限定在间距等于 0.08、对称于基准中心平面 A 的两平行平面之间 提取（实际）中心面应限定在间距等于 0.08、对称于公共基准中心平面 A—B 的两平行平面之间

续表

符号	公差带的定义	标注及解释
⌰	**圆跳动公差** **径向圆跳动公差** 公差带为在任一垂直于基准轴线的横截面内、半径差等于公差值 t、圆心在基准轴线上的两同心圆所限定的区域 a—基准轴线； b—横截面。	在任一垂直于基准 A 的横截面内，提取（实际）圆应限定在半径差等于 0.1、圆心在基准轴线 A 上的两同心圆之间 在任一平行于基准平面 B、垂直于基准轴线 A 的截面上，提取（实际）圆应限定在半径差等于 0.1、圆心在基准轴线 A 上的两同心圆之间 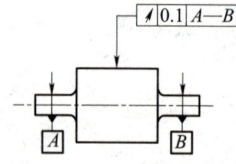 在任一垂直于公共基准轴线 $A-B$ 的横截面内，提取（实际）圆应限定在半径差等于 0.1、圆心在基准轴线 $A-B$ 上的两同心圆之间 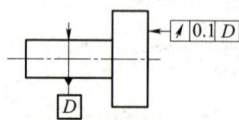
	径向圆跳动公差 圆跳动通常适用于整个要素，但亦可规定只适用于局部要素的某一指定部分	在任一垂直于基准轴线 A 的横截面内，提取（实际）圆弧应限定在半径差等于 0.2、圆心在基准轴线 A 上的两同心圆弧之间 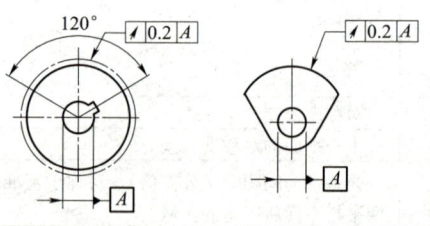
	轴向圆跳动公差 公差带为与基准轴线同轴的任一半径的圆柱截面上，间距等于公差值 t 的两圆所限定的圆柱面区域 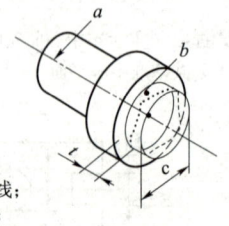 a—基准轴线； b—公差带； c—任意直径。	在与基准轴线 D 同轴的任一圆柱形截面上，提取（实际）圆应限定在轴向距离等于 0.1 的两个等圆之间

续表

符号	公差带的定义	标注及解释
⫽	斜向圆跳动公差 公差带为与基准轴线同轴的某一圆锥截面上,间距等于公差值 t 的两圆所限定的圆锥面区域 除非另有规定,测量方向应沿被测表面的法向 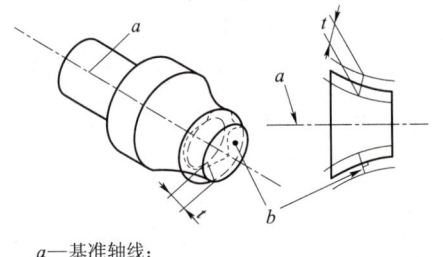 a—基准轴线; b—公差带。	在与基准轴线 C 同轴的任一圆锥截面上,提取(实际)线应限定在素线方向间距等于 0.1 的两不等圆之间 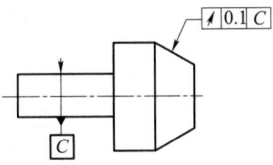 当标注公差的素线不是直线时,圆锥截面的锥角要随所测圆的实际位置而改变 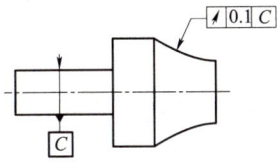
	给定方向的斜向圆跳动公差 公差带为在与基准轴线同轴的、具有给定锥角的任一圆锥截面上,间距等于公差值 t 的两不等圆所限定的区域 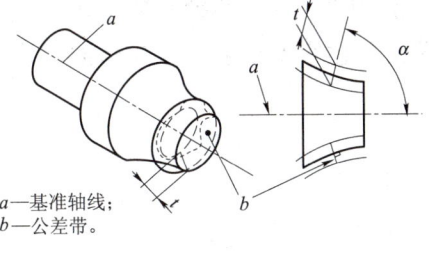 a—基准轴线; b—公差带。	在与基准轴线 C 同轴且具有给定角度 60° 的任一圆锥截面上,提取(实际)圆应限定在素线方向间距等于 0.1 的两不等圆之间 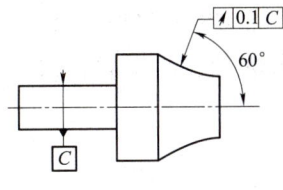
⫽⫽	全跳动公差 径向全跳动公差 公差带为半径差等于公差值 t,与基准轴线同轴的两圆柱面所限定的区域 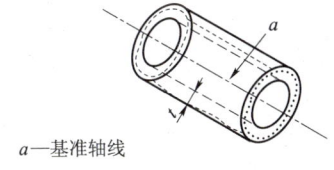 a—基准轴线	提取(实际)表面应限定在半径差等于 0.1,与公共基准轴线 A—B 同轴的两圆柱面之间 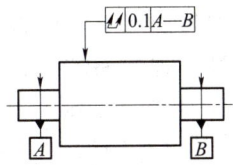

续表

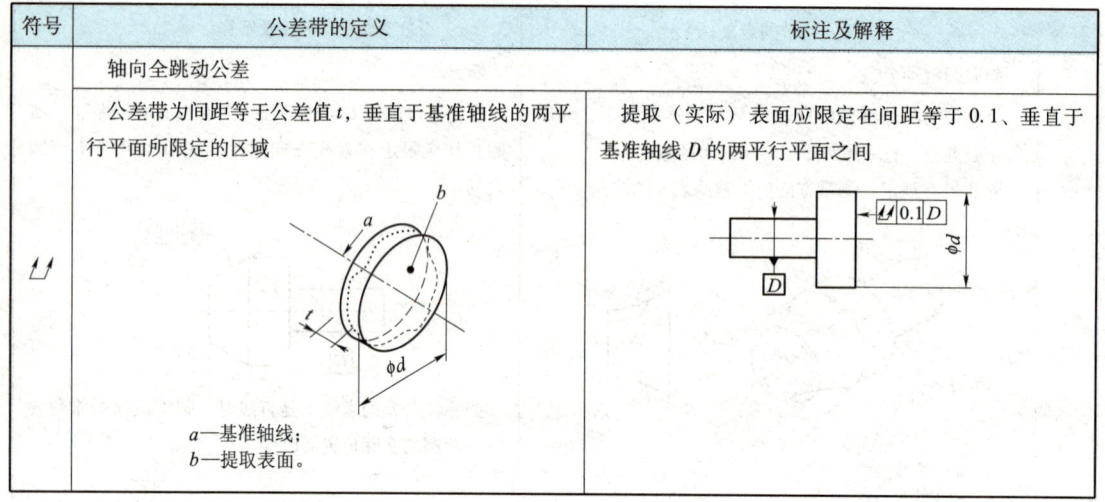

符号	公差带的定义	标注及解释
⌰	轴向全跳动公差 公差带为间距等于公差值 t，垂直于基准轴线的两平行平面所限定的区域 a—基准轴线； b—提取表面。	提取（实际）表面应限定在间距等于0.1、垂直于基准轴线 D 的两平行平面之间

4.3 公差原则

为了实现互换性，保证其功能要求，在零件设计时，对某些被测要素有时要同时给定尺寸公差和几何公差，这就产生了如何处理两者之间关系的问题。公差原则就是处理尺寸公差和几何公差关系的基本原则。公差原则的国家标准包括GB/T 4249—2009（《产品几何技术规范（GPS）公差原则》）和GB/T 16671—2009（《产品几何技术规范（GPS）几何公差 最大实体要求、最小实体要求和可逆要求》）。

国家标准GB/T 4249—2009（《公差原则》）规定了几何公差与尺寸公差之间的关系。公差原则分为独立原则和相关要求。相关要求又分包容要求、最大实体要求和最小实体要求。

4.3.1 有关术语与定义

1. 作用尺寸

作用尺寸可分为体外作用尺寸和体内作用尺寸。

1) 体外作用尺寸

体外作用尺寸是指在被测要素的给定长度上，与实际内表面体外相接的最大理想面或与实际外表面体外相接的最小理想面的直径或宽度。对于单一要素，实际内、外表面的体外作用尺寸分别用 D_{fe}、d_{fe} 表示，如图 4-26 所示。对于关联要素，实际内、外表面的体外作用尺

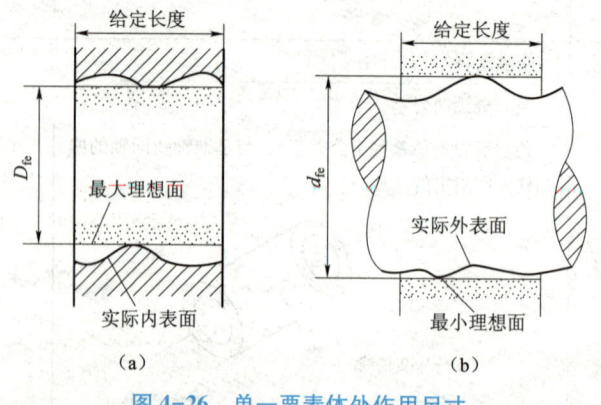

图 4-26　单一要素体外作用尺寸
(a) 孔的体外作用尺寸；(b) 轴的体外作用尺寸

寸分别用 D'_{fe}、d'_{fe} 表示，如图 4-27 所示，$\phi d'_{fe}$ 为轴的体外作用尺寸。

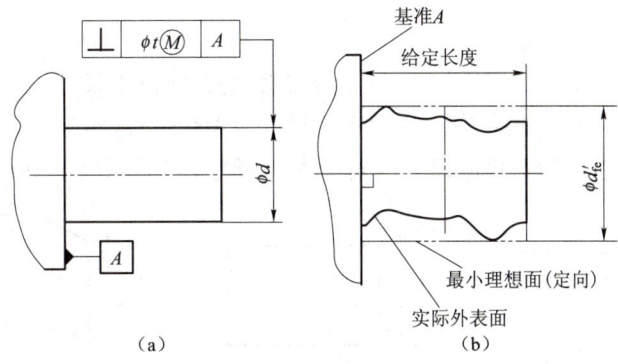

图 4-27　关联要素体外作用尺寸

（a）图样标注；（b）轴的体外作用尺寸

2）体内作用尺寸

体内作用尺寸是指在被测要素的给定长度上，与实际内表面体内相接的最小理想面或与实际外表面体内相接的最大理想面的直径或宽度。对于单一要素，实际内、外表面的体内作用尺寸分别用 D_{fi}、d_{fi} 表示，如图 4-28 所示。对于关联要素，实际内、外表面的体内作用尺寸分别用 D'_{fi}、d'_{fi} 表示，如图 4-29 所示，$\phi d'_{fi}$ 为轴的体内作用尺寸。

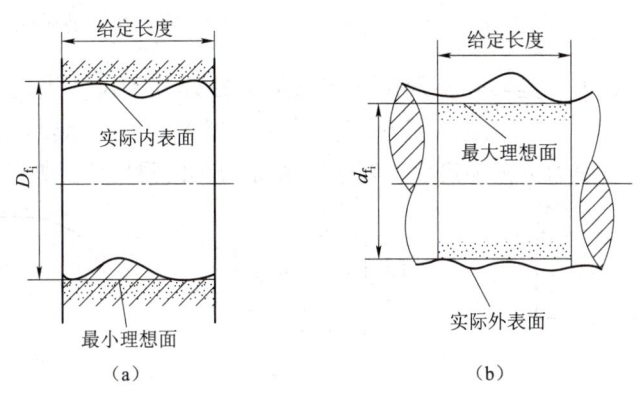

图 4-28　单一要素体内作用尺寸

（a）孔的体内作用尺寸；（b）轴的体内作用尺寸

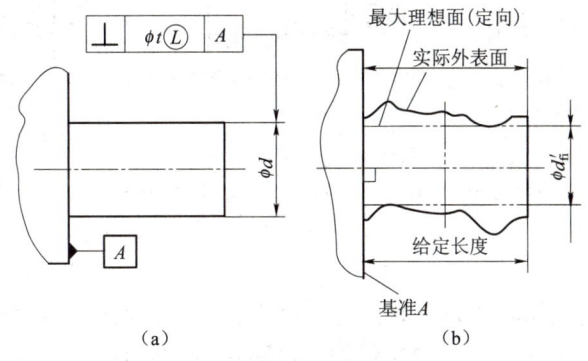

图 4-29　关联要素体内作用尺寸

（a）图样标注；（b）轴的体内作用尺寸

2. 实体状态和实体实效状态

1）最大、最小实体状态

最大实体状态（MMC）是实际要素在给定长度上处处位于尺寸极限之内，并具有实体最大（占有材料量最多）时的状态。最大实体尺寸（MMS）是实际要素在最大实体状态下的极限尺寸。对于外表面为上极限尺寸，对于内表面为下极限尺寸，如图4-30所示。

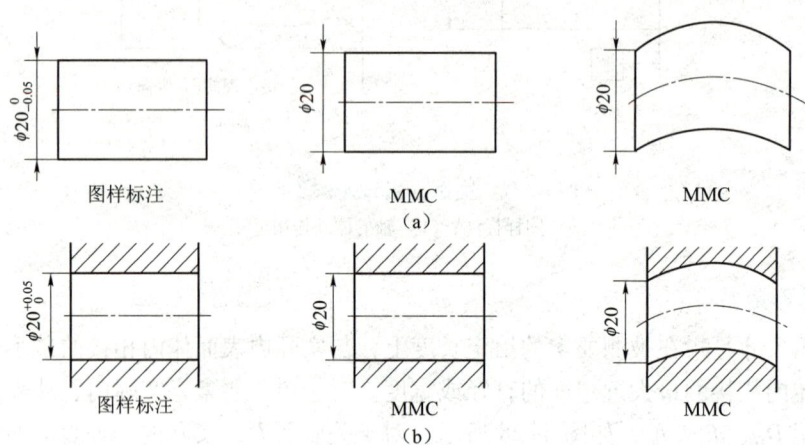

图 4-30 最大实体尺寸

(a) 轴：$MMS = d_M = d_{max} = \phi 20$ mm；(b) 孔：$MMS = D_M = D_{min} = \phi 20$ mm

最小实体状态（LMC）是实际要素在给定长度上处处位于尺寸极限之内，并具有实体最小（占有材料量最少）时的状态。最小实体尺寸（LMS）是实际要素在最小实体状态下的极限尺寸。对于外表面为下极限尺寸，对于内表面为上极限尺寸，如图4-31所示。

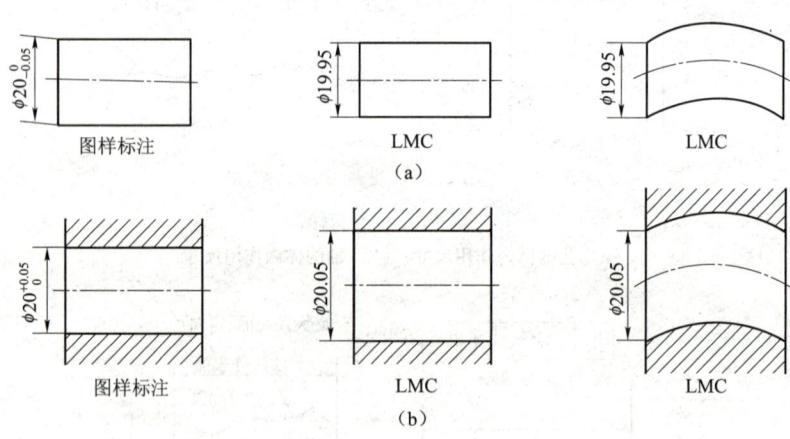

图 4-31 最小实体尺寸

(a) 轴：$LMS = d_L = d_{min} = \phi 19.95$ mm；(b) 孔：$LMS = D_L = D_{max} = \phi 20.05$ mm

2）实体实效状态

最大实体实效状态（MMVC）是在给定长度上，实际要素处于最大实体状态且其导出要素的形状或位置误差等于给出公差值时的综合极限状态。最大实体实效尺寸（MMVS）是最大实体实效状态下的体外作用尺寸。对于内表面（孔）为最大实体尺寸减去几何公差值

（加注符号Ⓜ的），如图 4-32 所示；对于外表面（轴）为最大实体尺寸加几何公差值（加注符号Ⓜ的），如图 4-33 所示。

孔或内表面的最大实体实效尺寸的计算式为
$$D_{MV} = D_M - 带Ⓜ的几何公差$$
轴或外表面的最大实体实效尺寸的计算式为
$$d_{MV} = d_M + 带Ⓜ的几何公差$$
式中　D_M、d_M——孔与轴的最大实体尺寸。

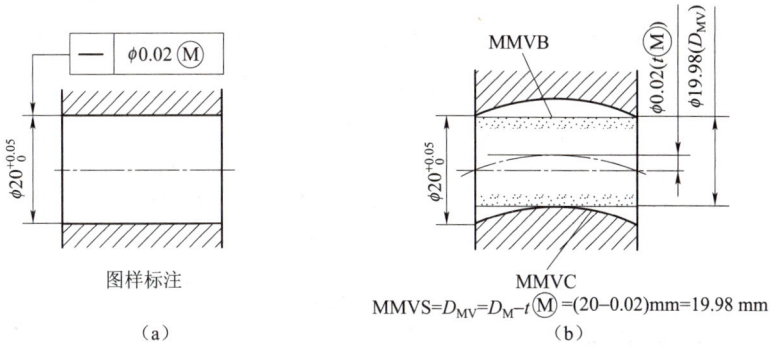

图 4-32　孔的最大实体实效尺寸

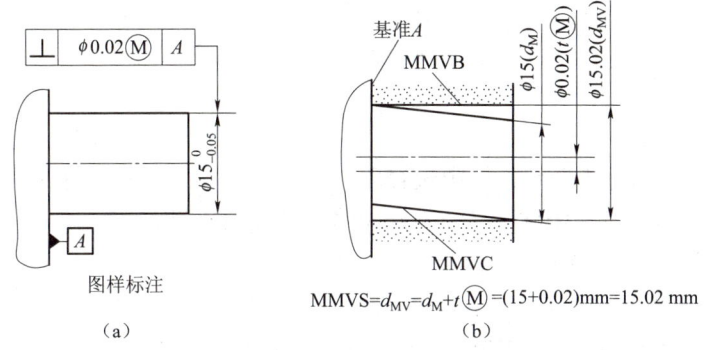

图 4-33　轴的最大实体实效尺寸

最小实体实效状态（LMVC）是在给定长度上，实际要素处于最小实体状态且其导出要素的形状或位置误差等于给出公差值时的综合极限状态。最小实体实效尺寸（LMVS）是最小实体实效状态下的体内作用尺寸。对于内表面（孔）为最小实体尺寸加几何公差值（加注符号Ⓛ的），如图 4-34 所示；对于外表面（轴）为最小实体尺寸减几何公差值（加注符号Ⓛ的），如图 4-35 所示。

孔或内表面的最小实体实效尺寸的计算式为
$$D_{LV} = D_L + 带Ⓛ的几何公差$$
轴或外表面的最小实体实效尺寸的计算式为
$$d_{LV} = d_L - 带Ⓛ的几何公差$$
式中　D_L、d_L——孔与轴的最小实体尺寸。

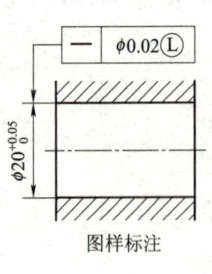
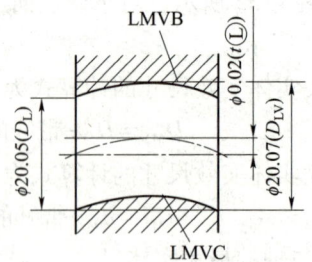

(a) 图样标注 (b) $LMVS = D_{LV} = D_L + t\,Ⓛ = (20.05 + 0.02)\text{mm} = 20.07\text{ mm}$

图 4-34　孔的最小实体实效尺寸

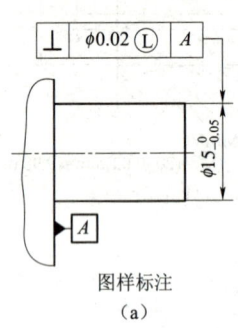
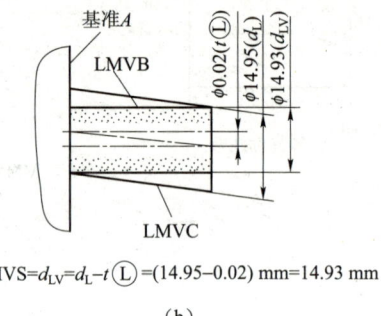

(a) 图样标注 (b) $LMVS = d_{LV} = d_L - t\,Ⓛ = (14.95 - 0.02)\text{mm} = 14.93\text{ mm}$

图 4-35　轴的最小实体实效尺寸

3. 边界

由设计给定的具有理想形状的极限包容面。边界的尺寸为极限包容面的直径或距离。

（1）最大实体边界（MMB）：尺寸为最大实体尺寸的边界。
（2）最小实体边界（LMB）：尺寸为最小实体尺寸的边界。
（3）最大实体实效边界（MMVB）：尺寸为最大实体实效尺寸的边界。
（4）最小实体实效边界（LMVB）：尺寸为最小实体实效尺寸的边界。

4.3.2　公差原则

1. 独立原则

独立原则是指图样上给定的每一个尺寸和形状、位置要求均是独立的，应分别满足要求。实际要素的尺寸由尺寸公差控制，与几何公差无关；几何误差由几何公差控制，与尺寸公差无关。如果对尺寸和形状、尺寸与位置之间的相互关系有特定要求应在图样上规定。

图样上的绝大多数公差遵守独立原则。采用独立原则标注时，尺寸和几何公差值后面不需加注特殊符号。独立原则的适用范围较广，是尺寸公差和几何公差相互关系遵循的基本原则。

判断采用独立原则的要素是否合格，需分别检测实际尺寸与几何公差。只有同时满足尺寸公差和形状公差的要求，该零件才能被判为合格。通常实际尺寸用两点法测量，如千分尺、卡尺等，几何误差用通用量具或仪器测量。

如图 4-36 所示，尺寸 $\phi 20_{-0.021}^{0}$ 遵循独立原则，实际尺寸的合格范围是 $\phi 19.979 \sim \phi 20$，不受轴线直线度公差带控制；轴线的直线度误差不大于 $\phi 0.01$，不受尺寸公差带控制。

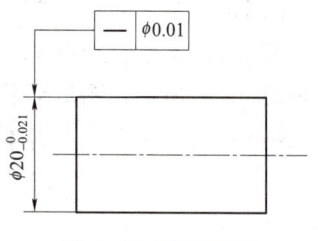

图 4-36 独立原则

独立原则主要用于以下两种情况。

（1）除配合要求外，还有极高的几何精度要求，以保证零件的运转与定位精度要求。

如图 4-37（a）所示，印刷机的滚筒主要是控制圆柱度误差，以保证印刷或印染时接触均匀，使图文或花样清晰，而滚筒直径 d 的大小对印刷或印染品质并无影响。采用独立原则，可使圆柱度公差较严而尺寸公差较宽。

如图 4-37（b）所示，测量平板的功能是测量时模拟理想平面，主要是控制平面度误差，而厚度 l 的大小对功能并无影响，可采用独立原则。

如图 4-37（c）所示，箱体上的通油孔不与其他零件配合，只需控制孔的尺寸大小就能保证一定的流量，而孔轴线的弯曲并不影响功能要求，可以采用独立原则。

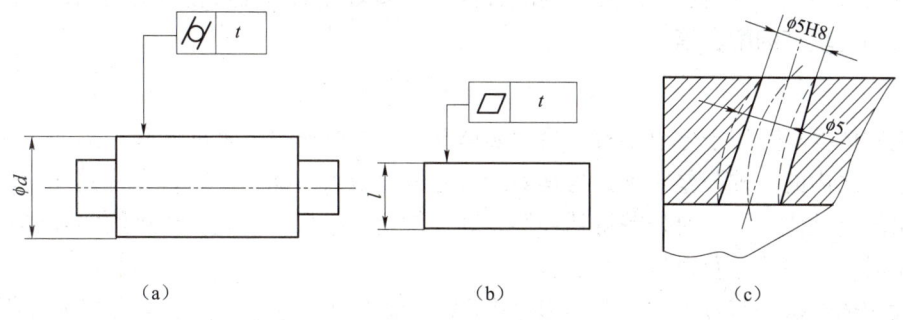

图 4-37 独立原则标注示例

（2）对于非配合要素或未注尺寸公差的要素，它们的尺寸和几何公差应遵循独立原则，如倒角、退刀槽和轴肩等。

2. 相关要求

相关要求是尺寸公差与几何公差相互有关的公差要求。包括包容要求、最大实体要求、最小实体要求和可逆要求。

1）包容要求

包容要求适用于单一要素，如圆柱表面或两平行表面。包容要求表示实际要素应遵守其最大实体边界，其局部实际尺寸不得超过最小实体尺寸。当被测实际要素偏离最大实体状态时，尺寸公差富余的量被用于补偿形状公差，当被测实际要素为最小实体状态时，形状公差获得最大补偿量。

在使用包容要求的情况下，图样上所标注的尺寸公差，具有控制尺寸误差和形状误差的双重职能。采用包容要求的合格条件为：轴或孔的体外作用尺寸不得超过最大实体尺寸，局部实际尺寸不得超过最小实体尺寸，即

对于轴 $d_{fe} \leq d_M = d_{max}$，$d_a \geq d_L = d_{min}$

对于孔 $D_{fe} \geq D_M = D_{min}$，$D_a \leq D_L = D_{max}$

采用包容要求的单一要素应在其尺寸极限偏差或公差带代号之后加注符号"Ⓔ",如图 4-38 (a) 所示,形状公差 t 与尺寸公差 T_h (T_s) 的关系可以用动态公差图表示,如图 4-38 (b) 所示,图形形状为直角三角形。图 4-38 中,圆柱表面必须在最大实体边界内,该边界的尺寸为最大实体尺寸 $\phi 20$ mm,其局部实际尺寸不得小于 19.979 mm。

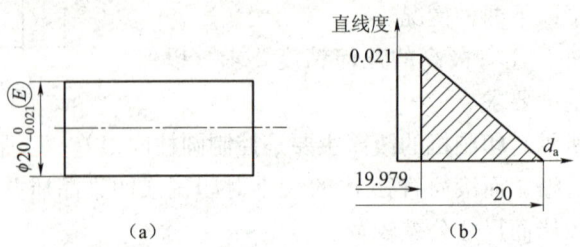

图 4-38 包容要求的单一要素表示方法与动态公差图

采用包容要求主要为了保证配合性质,特别是配合公差较小的精密配合。用最大实体边界综合控制实际尺寸和形状误差,以保证必要的最小间隙(保证能自由装配)。用最小实体尺寸控制最大间隙,从而达到所要求的配合性质。如回转轴的轴颈和滑动轴承,滑动套筒和孔,滑块和滑块槽的配合等。

2) 最大实体要求

最大实体要求适用于导出要素。最大实体要求是控制被测要素的实际轮廓处于其最大实体实效边界之内的一种公差要求。当其实际尺寸偏离最大实体尺寸时,允许其几何误差值超出其给出的公差值,即几何公差得到补偿,其补偿量来自尺寸公差,当被测实际要素为最小实体状态时,几何公差获得最大补偿量。

最大实体要求的符号为"Ⓜ"。当应用于被测要素时,应在被测要素几何公差框格中的公差值后标注符号"Ⓜ";当应用于基准要素时,应在几何公差框格内的基准字母代号后标注符号"Ⓜ"。

最大实体要求是从装配互换性基础上建立起来的,主要应用在要求装配互换性的场合,常用于对零件精度(尺寸精度、几何精度)低、配合性质要求不严,但要求可自由装配的零件。

(1) 最大实体要求应用于被测要素。最大实体要求应用于被测要素时,被测要素的实际轮廓在给定的长度上处处不得超出最大实体实效边界,即其体外作用尺寸不应超出最大实体实效尺寸,且其局部实际尺寸不得超出最大实体尺寸和最小实体尺寸。

对于轴 $d_{fe} \leq d_{MV} = d_{max} + t$,$d_L$ (d_{min}) $\leq d_a \leq d_M$ (d_{max})

对于孔 $D_{fe} \geq D_M = D_{min} - t$,$D_L$ (D_{max}) $\geq D_a \geq D_M$ (D_{min})

最大实体要求应用于被测要素时,被测要素的几何公差值是在该要素处于最大实体状态时给出的。当被测要素的实际轮廓偏离其最大实体状态,即其实际尺寸偏离最大实体尺寸时,几何误差值可超出在最大实体状态下给出的几何公差值,即此时的几何公差值可以增大。

图 4-39 (a) 表示轴 $\phi 30_{-0.03}^{\ 0}$ 的轴线的直线度公差采用最大实体要求。图 4-39 (b) 表示当该轴处于最大实体状态时,其轴线的直线度公差为 $\phi 0.02$;动态公差图如图 4-39 (c) 所示,当轴的实际尺寸偏离最大实体状态时,其轴线允许的直线度误差可相应地增大。

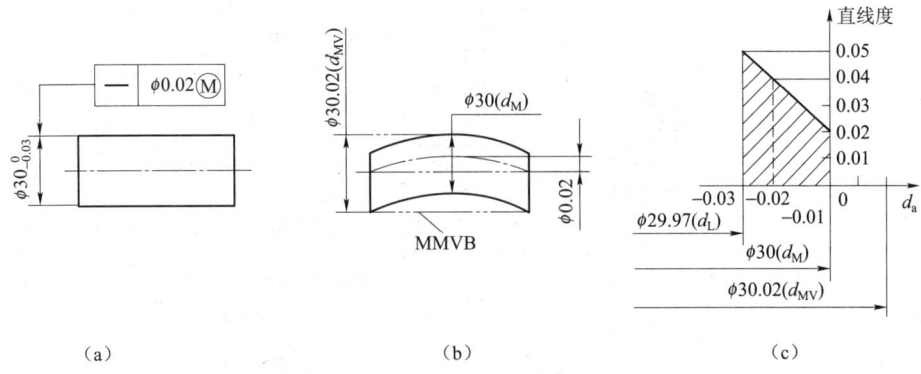

图 4-39 最大实体要求应用于被测要素示例

该轴应满足下列要求：
① 轴的任一局部实际尺寸为 29.97～30。
② 实际轮廓不超出最大实体实效边界，最大实体实效尺寸为
$$d_{MV} = d_M + t = 30 + 0.02 = 30.02$$
③ 当该轴处于最小实体状态时，其轴线的直线度误差允许达到最大值，即尺寸公差值全部补偿给直线度公差，允许直线度误差为 0.02+0.03 = 0.05。

（2）零形位公差。其是指当被测要素采用最大实体要求，给出的几何公差值为零时，称为零形位公差。用"0 Ⓜ"表示。零形位公差是最大实体要求的特殊情况，较最大实体要求更为严格。

关联要素采用最大实体要求的零形位公差标注时，要求其实际轮廓处处不得超越最大实体边界，且该边界应与基准保持图样上给定的几何关系，要素实际轮廓的局部实际尺寸不得超越最小实体尺寸。

图 4-40（a）表示孔 $\phi 50^{+0.13}_{-0.08}$ mm 的轴线对 A 基准的垂直度公差采用最大实体要求的零形位公差。

该孔应满足下列要求：
① 实际尺寸为 $\phi 49.92 \sim 50.13$ mm；
② 实际轮廓不超出关联最大实体边界，即其关联体外作用尺寸不小于最大实体尺寸 $d_M = 49.92$ mm。
③ 当该孔处于最大实体状态时，其轴线对 A 基准的垂直度误差值应为零，如图 4-40（b）所示。当该孔处于最小实体状态时，其轴线对 A 基准的垂直度误差允许达到最大值，即孔的尺寸公差值 $\phi 0.21$ mm。图 4-40（c）给出了表达上述关系的动态公差图。

（3）最大实体要求应用于基准要素

最大实体要求应用于基准要素时，基准要素应遵守相应的边界。若基准要素的实际轮廓偏离其相应的边界，即其体外作用尺寸偏离其相应的边界尺寸，则允许基准要素在一定范围内浮动，其浮动范围等于基准要素的体外作用尺寸与其相应的边界尺寸之差。

如图 4-41 所示，最大实体要求应用于 $\phi 15^{0}_{-0.05}$ 的轴线的同轴度公差，并同时应用于基准要素。

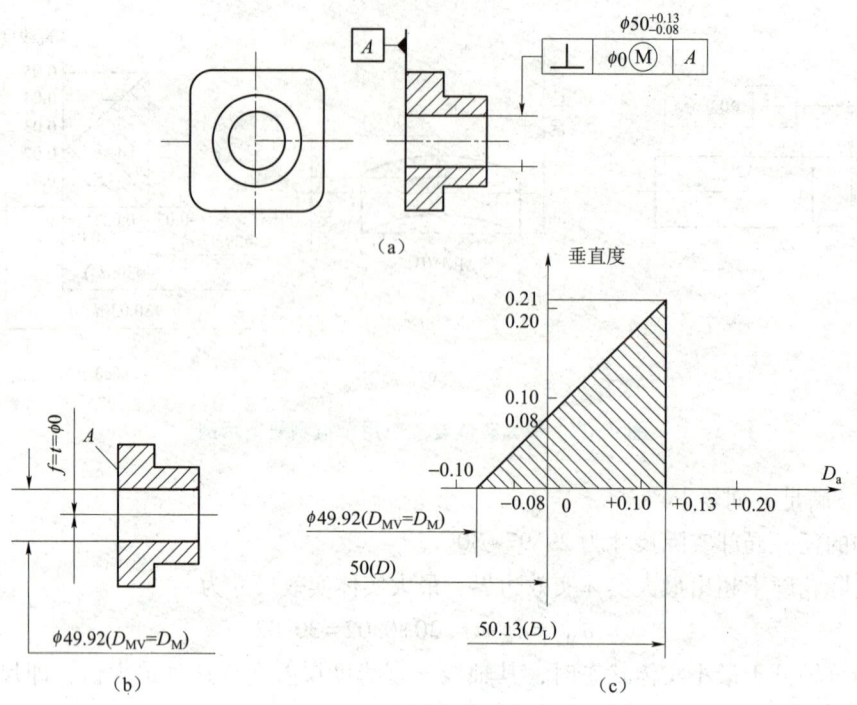

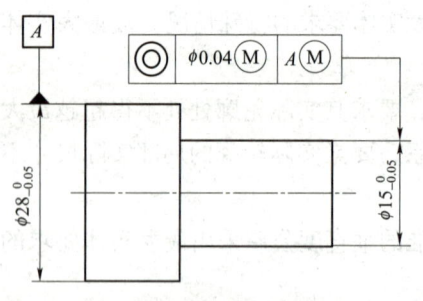

图 4-40 最大实体要求的零形位公差

图 4-41 最大实体要求应用于基准要素

被测轴应满足：

① 实际尺寸为 $\phi 14.95 \sim \phi 15$ mm；

② 实际轮廓不超出关联最大实体实效边界，即其关联体外作用尺寸不大于关联最大实体实效尺寸

$$d_{MV} = d_M + t = 15 + 0.04 = \phi 15.04$$

当被测轴处于最小实体状态时，其轴线对于 A 基准轴线的同轴度误差允许达到最大值，即等于图样给出的同轴度公差（$\phi 0.04$）与轴的尺寸公差（0.05）之和 $\phi 0.09$。

当 A 基准的实际轮廓处于最大实体边界上，即其体外作用尺寸等于最大实体尺寸 $d_M = \phi 25$ 时，基准轴线不能浮动。当 A 基准的实际轮廓偏离最大实体边界，即其体外作用尺寸偏离最大实体尺寸时，基准轴线可以浮动。当其体外作用尺寸等于最小实体尺寸 $d_L = \phi 24.95$ 时，其浮动范围达到最大值 $\phi 0.05$。

基准要素应遵守相应的边界，其又分为以下两种情况。

① 基准要素本身采用最大实体要求时，其相应的边界为最大实体实效边界。此时，基准代号应直接标注在形成该最大实体实效边界的几何公差框格下面，如图 4-42 所示。

② 基准要素本身不采用最大实体要求时，其相应的边界为最大实体边界。此时，基准代号应标注在基准的尺寸线处，其连线与尺寸线对齐。如图 4-43（a）所示为采用独立原则的示例，如图 4-43（b）所示为采用包容原则的示例。

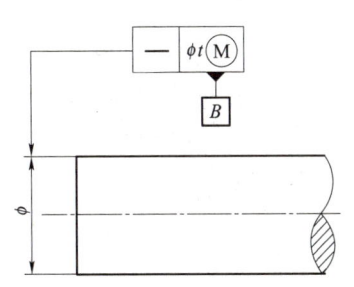

图 4-42　最大实体要求应用于基准要素且
基准本身采用最大实体要求

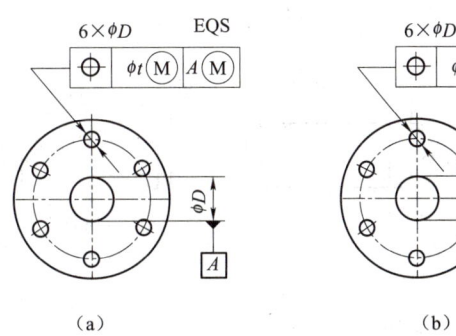

图 4-43　最大实体要求应用于基准要素且
基准本身不采用最大实体要求

(a) 基准要素遵守独立原则；(b) 基准要素遵守包容原则

3) 最小实体要求

最小实体要求适用于导出要素。最小实体要求是控制被测要素的实际轮廓处于其最小实体实效边界之内的一种公差要求。当其实际尺寸偏离最小实体尺寸时，允许其几何误差值超出其给出的公差值，即几何公差得到补偿，其补偿量来自尺寸公差，当被测实际要素为最大实体状态时，形状公差获得最大补偿量。

最小实体要求的符号为"Ⓛ"。当应用于被测要素时，应在被测要素几何公差框格中的公差值后标注符号"Ⓛ"；当应用于基准要素时，应在几何公差框格内的基准字母代号后标注符号"Ⓛ"。

最小实体要求主要用于需要保证最小壁厚处（如空心的圆柱凸台、带孔的小垫圈等）的导出要素，一般是中心轴线的位置度、同轴度等。

(1) 最小实体要求应用于被测要素。最小实体要求应用于被测要素时，被测要素的实际轮廓在给定的长度上处处不得超出最小实体实效边界，即其体内作用尺寸不应超出最小实体实效尺寸，且其局部实际尺寸不得超出最大实体尺寸和最小实体尺寸。

对于轴　$d_{fi} \geq d_{LV} = d_{min} - t$，$d_L(d_{min}) \leq d_a \leq d_M(d_{max})$

对于孔　$D_{fi} \leq D_M = D_{max} + t$，$D_L(D_{max}) \geq D_a \geq D_M(D_{min})$

最小实体要求应用于被测要素时，被测要素的几何公差值是在该要素处于最小实体状态时给出的。当被测要素的实际轮廓偏离其最小实体状态，即其实际尺寸偏离最小实体尺寸时，几何误差值可超出在最小实体状态下给出的几何公差值，即此时的几何公差值可以增大。

当给出的几何公差值为零时，则为零形位公差。此时，被测要素的最小实体实效边界等于最小实体边界，最小实体实效尺寸等于最小实体尺寸。

图 4-44 (a) 表示轴 $\phi 30_{-0.03}^{0}$ 的轴线的直线度公差采用最小实体要求。图 4-44 (b) 表示当该轴处于最小实体状态时，其轴线的直线度公差为 0.02；动态公差图如图 4-44 (c) 所示。当轴的实际尺寸偏离最小实体状态时，其轴线允许的直线度误差可相应地增大。

该轴应满足下列要求：

① 轴的任一局部实际尺寸为 $\phi 29.97 \sim \phi 30$。

② 实际轮廓不超出最小实体实效边界，最小实体实效尺寸为

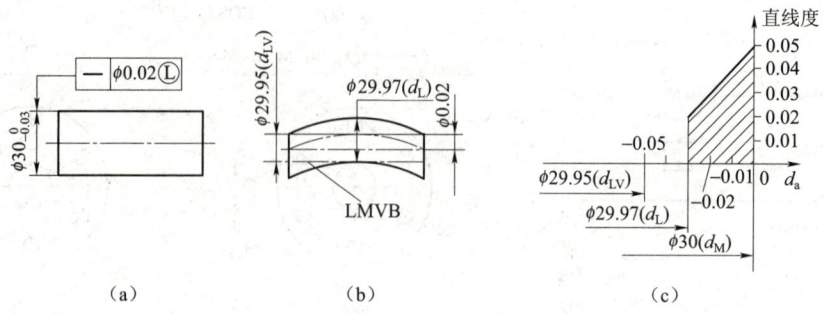

(a)   (b)   (c)

图 4-44 最小实体要求应用于被测要素

$$d_{LV}=d_L-t=29.97-0.02=29.95$$

③ 当该轴处于最大实体状态时，其轴线的直线度误差允许达到最大值，即尺寸公差值全部补偿给直线度公差，允许直线度误差为

$$\phi 0.02+\phi 0.03=\phi 0.05$$

（2）零形位公差。当给出的几何公差值为零时，则为零形位公差。此时，被测要素的最小实体实效边界等于最小实体边界，最小实体实效尺寸等于最小实体尺寸。

图 4-45（a）表示孔 $\phi 8^{+0.65}_{0}$ mm 的轴线对 A 基准的位置度公差采用最小实体要求的零形位公差。该孔应满足下列要求。

① 实际尺寸不小于 $\phi 8$ mm；

② 实际轮廓不超出关联最小实体边界，即其关联体内作用尺寸不大于最小实体尺寸：$D_L=8.65$ mm。

③ 当该孔处于最小实体状态时，其轴线对 A 基准的位置度误差应为零，如图 4-45（b）所示。当该孔处于最大实体状态时，其轴线对 A 基准的位置度误差允许达到最大值，即孔的尺寸公差 $\phi 0.65$ mm。图 4-45（c）给出了表达上述关系的动态公差图。

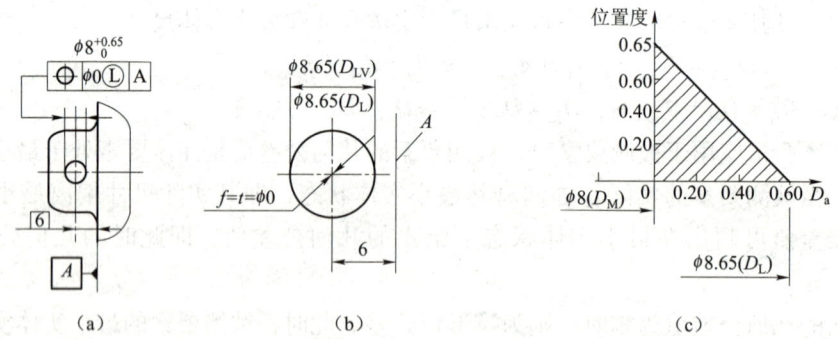

(a)   (b)   (c)

图 4-45 最小实体要求的零形位公差

（3）最小实体要求应用于基准要素。最小实体要求应用于基准要素时，基准要素应遵守相应的边界。若基准要素的实际轮廓偏离相应的边界，即其体内作用尺寸偏离相应的边界尺寸，则允许基准要素在一定范围内浮动，其浮动范围等于基准要素的体内作用尺寸与相应边界尺寸之差。

① 基准要素本身采用最小实体要求时，则相应的边界为最小实体实效边界。此时，基

准代号应直接标注在形成该最小实体实效边界的几何公差框格下面，如图 4-46 所示，D 基准的边界为最小实体实效边界。

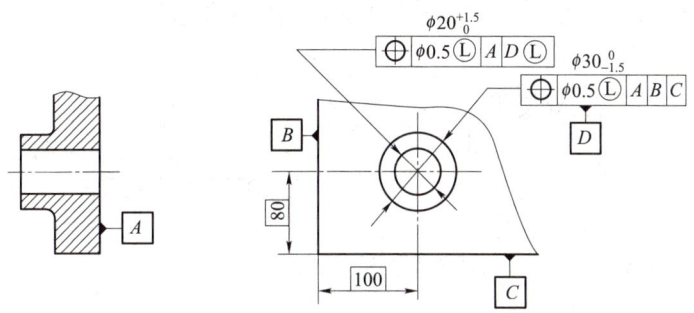

图 4-46 最小实体要求应用于基准要素

② 基准要素本身不采用最小实体要求时，相应的边界为最小实体边界，如图 4-47 所示，A 基准的边界为最小实体边界。

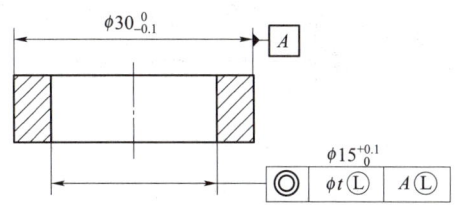

图 4-47 基准要素不采用最小实体要求

4) 可逆要求

采用最大实体要求与最小实体要求时，只允许将尺寸公差补偿给几何公差。有了可逆要求，可以逆向补偿，即当被测要素的几何误差值小于给出的几何公差值时，允许在满足功能要求的前提下扩大尺寸公差。

可逆要求仅适用于导出要素，即轴线或中心平面。可逆要求通常与最大实体要求和最小实体要求连用，不能独立使用。

可逆要求标注时在Ⓜ、Ⓛ后面加注Ⓡ，此时被测要素应遵循最大实体实效边界或最小实体实效边界。

（1）可逆要求用于最大实体要求。被测要素的实际轮廓应遵守其最大实体实效边界，即其体外作用尺寸不超出最大实体实效尺寸。当实际尺寸偏离最大实体尺寸时，允许其几何误差超出给定的几何公差值。在不影响零件功能的前提下，当被测轴线或中心平面的几何误差值小于在最大实体状态下给出的几何公差值时，允许实际尺寸超出最大实体尺寸，即允许相应的尺寸公差增大，但最大可能允许的超出量为几何公差。

可逆要求用于最大实体要求的合格条件为：轴或孔的体外作用尺寸不得超过最大实体实效尺寸，局部实际尺寸不得超过最小实体尺寸，即

对于轴　　$d_{fe} \leq d_{MV} = d_{max} + t$，
　　　　　$d_L (d_{min}) \leq d_a \leq d_{MV} (d_{max} + t)$

对于孔　　$D_{fe} \geq D_M = D_{min} - t$，

$$D_{\mathrm{L}}(D_{\max}) \geqslant D_{\mathrm{a}} \geqslant D_{\mathrm{MV}}(D_{\min}-t)$$

可逆要求用于最大实体要求的示例如图 4-48 所示。外圆 $\phi 20_{-0.1}^{0}$ 的轴线对基准端面 D 的垂直度公差为 $\phi 0.2$，同时采用了最大实体要求和可逆要求。

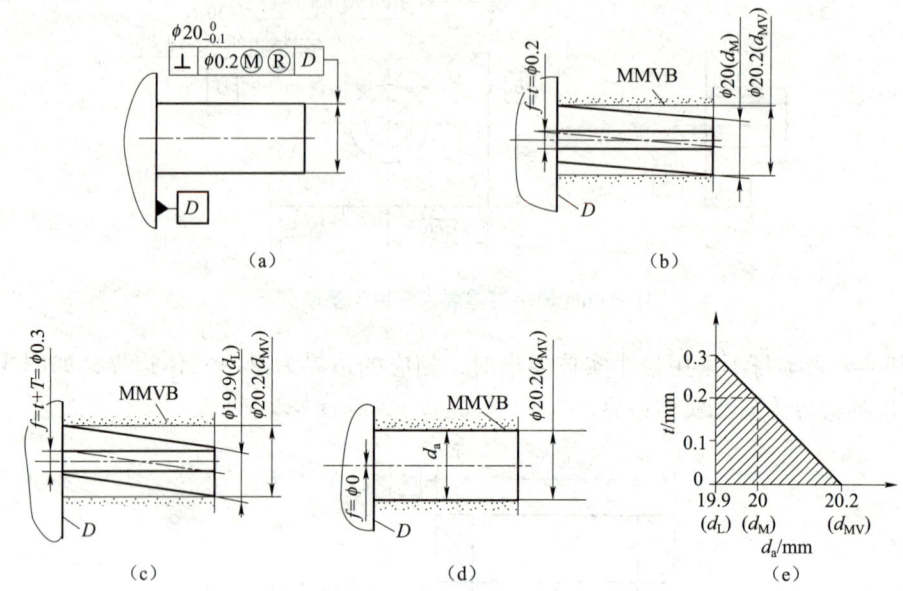

图 4-48　可逆要求应用于最大实体要求

(a) 图样标注；(b) 轴处于最大实体状态；(c) 轴处于最小实体状态；
(d) 轴线垂直度误差为零的状态；(e) 动态公差图

当轴的实体直径为 $\phi 20$ 时，垂直度公差 $\phi 0.2$；当轴的实际直径偏离最大实体尺寸为 $\phi 19.9$ 时，偏离量可补偿给垂直度误差为 $\phi 0.3$；当轴线相对基准 D 的垂直度小于 $\phi 0.2$ 时，则可以给尺寸公差补偿。例如，当轴线的垂直度误差为 $\phi 0.1$，则实际直径可达到 $\phi 20.1$；当垂直度误差为 0 时，轴的实际尺寸可达到 $\phi 20.2$。图 4-48 (e) 为上述关系的动态公差图。

(2) 可逆要求用于最小实体要求。被测要素的实际轮廓受最小实体实效边界控制。

可逆要求用于最小实体要求的合格条件为：轴或孔的体内作用尺寸不得超过最小实体实效尺寸，局部实际尺寸不得超过最大实体尺寸，即

对于轴　$d_{\mathrm{fi}} \geqslant d_{\mathrm{LV}} = d_{\min}-t$，

$$d_{\mathrm{LV}}(d_{\min}-t) \leqslant d_{\mathrm{a}} \leqslant d_{\mathrm{M}}(d_{\max})$$

对于孔　$D_{\mathrm{fi}} \leqslant D_{\mathrm{M}} = D_{\max}+t$，

$$D_{\mathrm{LV}}(D_{\max}+t) \geqslant D_{\mathrm{a}} \geqslant D_{\mathrm{M}}(D_{\min})$$

可逆要求用于最小实体要求的示例如图 4-49 所示。孔 $\phi 8_{0}^{+0.25}$ 的轴线对基准端面 A 的位置度公差为 $\phi 0.4$，同时采用了最小实体要求和可逆要求。

当孔的实体直径为 $\phi 8.25$ 时，其轴线的位置度误差可以达到 $\phi 0.4$；当轴线的位置度误差小于 $\phi 0.4$ 时，则可以给尺寸公差补偿。例如，当轴线的位置度误差为 $\phi 0.3$，则实际直径可达到 $\phi 8.35$；当位置度误差为 0 时，实际直径可达到 $\phi 8.65$。图 4-49 (e) 为上述关系的动态公差图。

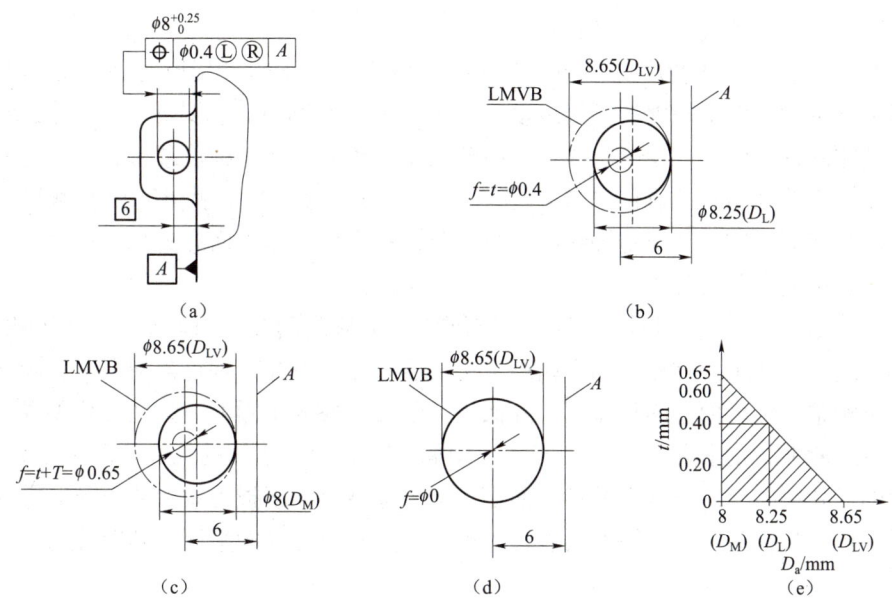

图 4-49 可逆要求应用于最小实体要求

（a）图样标注；（b）孔处于最小实体状态；（c）孔处于最大实体状态；
（d）轴线位置度误差为零的状态；（e）动态公差图

最后指出，采用相关要求的零件在生产实际中一般是用量规检验的。采用包容要求的零件用极限量规检验；采用最大、最小实体要求及可逆要求的零件用位置量规检验。

4.4 几何公差的选择

零部件的几何误差对机器的正常使用有很大的影响，合理、正确地选择几何公差对保证机器的功能要求，提高经济效益是十分重要的。几何公差的选择主要包括：选择几何公差项目、基准、公差原则、几何公差数值（公差等级）等。

4.4.1 几何公差项目的选择

选择几何公差项目的基本原则是：在保证零件使用功能的前提下，尽量减少几何公差项目的数量，并尽量简化控制几何误差的方法。选择时，主要考虑以下几个方面。

1. 零件的几何特征

零件加工误差出现的形式与零件的几何特征有密切联系，零件要素的几何特征是选择几何公差项目的主要依据。如圆柱形零件会出现圆柱度误差，平面零件会出现平面度误差，凸轮类零件会出现轮廓度误差，阶梯轴、孔会出现同轴度误差，键槽会出现对称度误差等。

2. 零件的功能要求

几何误差对零件的功能有不同的影响，一般只对零件功能有显著影响的误差项目才规定合理的几何公差。设计时应尽量减少几何公差项目标注，对于那些对零件使用性能影响不大，并能够由尺寸公差控制的几何误差项目，或使用经济的加工工艺和加工设备能够满足要求时，不必在图样上标注几何公差，即按未注几何公差处理。

选择公差项目应考虑以下几个主要方面。

（1）保证零件的工作精度。例如，机床导轨的直线度误差会影响导轨的导向精度，使刀架在滑板的带动下作不规则的直线运动，应该对机床导轨规定直线度公差；滚动轴承内、外圈及滚动体的形状误差，会影响轴承的回转精度，应对其给出圆度或圆柱度公差；在齿轮箱体中，安装齿轮副的两孔轴线如果不平行，会影响齿轮副的接触精度和齿侧间隙的均匀性，降低承载能力，应对其规定轴线的平行度公差；机床工作台面和夹具定位面都是定位基准面，应规定平面度公差等。

（2）保证连接强度和密封性。例如，汽缸盖与缸体之间要求有较好的连接强度和很好的密封性，应对这两个相互贴合的平面给出平面度公差；在孔、轴过盈配合中，圆柱面的形状误差会影响整个结合面上的过盈量，降低连接强度，应规定圆度或圆柱度公差等。

（3）减少磨损，延长零件的使用寿命。例如，在有相对运动的孔、轴间隙配合中，内、外圆柱面的形状误差会影响两者的接触面积，造成零件早期磨损失效，从而降低零件使用寿命，应对圆柱面规定圆度、圆柱度公差；对滑块等作相对运动的平面，则应给出平面度公差要求等。

3. 几何公差的控制功能

各项几何公差的控制功能各不相同，有单一控制项目，如直线度、圆度、线轮廓度等；也有综合控制项目，如圆柱度、同轴度、位置度及跳动等，选择时应充分考虑它们之间的关系。例如，圆柱度公差可以控制该要素的圆度误差；定向公差可以控制与之有关的形状误差；定位公差可以控制与之有关的定向误差和形状误差；跳动公差可以控制与之有关的定位、定向和形状误差等。因此，应该尽量减少图样的几何公差项目，充分发挥综合控制项目的功能。

4. 检测的方便性

检测方法是否简便，将直接影响零件的生产效率和成本，所以在满足功能要求的前提下，尽量选择检测方便的几何公差项目。例如，齿轮箱中某传动轴的两支承轴径，根据几何特征和使用要求应当规定圆柱度公差和同轴度公差，但为了测量方便，可规定径向圆跳动（或全跳动）公差代替同轴度公差。

应当注意：径向圆跳动是同轴度误差与圆柱面形状误差的综合结果，给出的跳动公差值应略大于同轴度公差，否则会要求过严。由于端面全跳动与垂直度的公差带完全相同，当被测表面积较大时，可用端面全跳动代替垂直度公差，还可用圆度和素线直线度及平行度代替圆柱度，或用径向全跳动代替圆柱度等。

5. 参考专业标准

确定几何公差项目要参照有关专业标准的规定。例如，与滚动轴承相配合孔、轴的几何公差项目，在滚动轴承标准中已有规定；单键、花键、齿轮等标准对有关几何公差也都有相应要求和规定。

4.4.2 基准的选择

基准是设计、加工、装配与检验零件被测要素的方向和位置的参考对象。因此，合理选择基准才能保证零件的功能要求和工艺性及经济性。

（1）根据零件的功能要求和要素间的几何关系、零件的结构特征选择基准，如旋转的轴类零件，通常选择与轴承配合的轴颈为基准。

（2）根据装配关系，选择相互配合、相互接触的表面作为各自的基准，以保证装配要求，如箱体类零件的安装面、盘类零件的端面等。

（3）从加工、检测角度考虑，应选择在夹具中定位的相应要素为基准，以使工艺基准、测量基准、设计基准统一，从而消除基准不重合误差。

4.4.3 公差原则的选择

选择公差原则时，应根据被测要素的功能要求，充分考虑公差项目的职能和采取该种公差原则的经济可行性、经济性。表4-4列出了常用公差原则的应用场合，可供选择时参考。

表4-4 常用公差原则的应用场合

公差原则	应用场合	示 例
独立原则	尺寸精度与几何精度需要分别满足	齿轮箱体孔的尺寸精度和两孔轴线的平行度；滚动轴承内、外圈滚道的尺寸精度与形状精度
	尺寸精度与几何精度相差较大	冲模架的下模座尺寸精度要求不高，平行度要求较高；滚筒类零件尺寸精度要求很低，形状精度要求较高
	尺寸精度与几何精度无联系	齿轮箱体孔的尺寸精度与孔轴线间的位置精度；发动机连杆上的尺寸精度与孔轴线间的位置精度
	保证运动精度	导轨的形状精度要求严格，尺寸精度要求次要
	保证密封性	汽缸套的形状精度要求严格，尺寸精度要求次要
	未注公差	凡未注尺寸公差与未注几何公差都采用独立原则，例如退刀槽、倒角等
包容要求	保证配合性质	配合的孔与轴采用包容要求时，可以保证配合的最小间隙或最大过盈，也常作为基准使用的孔、轴类零件
	尺寸公差与几何公差间无严格比例关系要求	一般的孔与轴配合，只要求作用尺寸不超过最大实体尺寸，局部实际尺寸不超过最小实体尺寸
	保证关联作用尺寸不超过最大实体尺寸	关联要素的孔与轴的性质要求，标注 0 Ⓜ
最大实体要求	被测导出要素	保证自由装配，如轴承盖上用于穿过螺钉的通孔，法兰盘上用于穿过螺栓的通孔，使制造更经济
	基准导出要素	基准轴线或中心平面相对于理想边界的中心允许偏高时，如同轴度的基准轴线
最小实体要求	导出要素	用于满足临界值的设计，以控制最小壁厚，保证最低强度

4.4.4 几何公差值的选择

1. 几何公差等级及数值

国家标准中规定：

（1）直线度、平面度、平行度、垂直度、倾斜度、同轴度、对称度、圆跳动、全跳动公差分 1，2，…，12 共 12 级，公差等级按序由高变低，公差值按序递增（见表 4-5~表 4-13）。

表 4-5　直线度、平面度公差值

主参数 L/mm	公差等级											
	1	2	3	4	5	6	7	8	9	10	11	12
	公差值/μm											
≤10	0.2	0.4	0.8	1.2	2	3	5	8	12	20	30	60
>10~16	0.25	0.5	1	1.5	2.5	4	6	10	15	25	40	80
>16~25	0.3	0.6	1.2	2	3	5	8	12	20	30	50	100
>25~40	0.4	0.8	1.5	2.5	4	6	10	15	25	40	60	120
>40~63	0.5	1	2	3	5	8	12	20	30	50	80	150
>63~100	0.6	1.2	2.5	4	6	10	15	25	40	60	100	200
>100~160	0.8	1.5	3	5	8	12	20	30	50	80	120	250
>160~250	1	2	4	6	10	15	25	40	60	100	150	300
>250~400	1.2	2.5	5	8	12	20	30	50	80	120	200	400
>400~630	1.5	3	6	10	15	25	40	60	100	150	250	500
>630~1 000	2	4	8	12	20	30	50	80	120	200	300	600
>1 000~1 600	2.5	5	10	15	25	40	60	100	150	250	400	800
>1 600~2 500	3	6	12	20	30	50	80	120	200	300	500	1 000
>2 500~4 000	4	8	15	25	40	60	100	150	250	400	600	1 200
>4 000~6 300	5	10	20	30	50	80	120	200	300	500	800	1 500
>6 300~10 000	6	12	25	40	60	100	150	250	400	600	1 000	2 000

表 4-6　直线度和平面度公差等级与表面粗糙度的对应关系

主参数/mm	公差等级											
	1	2	3	4	5	6	7	8	9	10	11	12
	表面粗糙度 Ra 值不大于/μm											
≤25	0.025	0.05	0.1	0.1	0.2	0.2	0.4	0.8	1.6	1.6	3.2	6.3
>25~160	0.05	0.1	0.1	0.2	0.2	0.4	0.8	0.8	1.6	3.2	6.3	12.5
>160~1 000	0.1	0.2	0.4	0.4	0.8	1.6	1.6	3.2	3.2	6.3	12.5	12.5
>1 000~10 000	0.2	0.4	0.8	1.6	1.6	3.2	6.3	6.3	12.5	12.5	12.5	12.5

注：6、7、8、9 级为常用的几何公差等级。

表 4-7 直线度和平面度公差等级应用举例

公差等级	应 用 举 例
1、2	用于精密量具,测量仪器以及精度要求较高的精密机械零件。如零级样板、平尺、零级宽平尺、工具显微镜等精密测量仪器的导轨面,喷油嘴针阀体端面平面度,液压泵柱塞套端面的平面度等
3	用于零级及1级宽平尺工作面,1级样板平尺工作面,测量仪器圆弧导轨的直线度、测量仪器的测杆等
4	用于量具,测量仪器和机床的导轨。如1级宽平尺、零级平板,测量仪器的V形导轨,高精度平面磨床的V形导轨和滚动导轨,轴承磨床及平面磨床床身直线度等
5	用于1级平板、2级宽平尺、平面磨床纵导轨、垂直导轨、立柱导轨和平面磨床的工作台,液压龙门刨床导轨面,转塔车床床身导轨面,柴油机进排气门导杆等
6	用于1级平板,卧式车床床身导轨面,龙门刨床导轨面,滚齿机立柱导轨,床身导轨及工作台,自动车床床身导轨,平面磨床床身导轨,卧式镗床、铣床工作台以及机床主轴箱导轨,柴油机进气门导杆直线度,柴油机机体上部结合面等
7	用于2级平板,0.02游标卡尺尺身的直线度,机床主轴箱箱体,滚齿机床身导轨的直线度,镗床工作台,摇臂钻底座的工作台,柴油机气门导杆,液压泵盖的平面度,压力机导轨及滑块
8	用于2级平板,车床溜板箱体,机床主轴箱体、机床传动箱体,自动车床底座的直线度,汽缸盖结合面,汽缸座、内燃机连杆分离面的平面度,减速机壳体的结合面
9	用于3级平板,机床溜板箱,立钻工作台,螺纹磨床的挂轮架,金相显微镜的载物台,柴油机汽缸体连杆的分离面,缸盖的结合面,阀片的平面度,空气压缩机汽缸体,柴油机缸孔环的平面度以及辅助机构及手动机械的支撑面
10	用于3级平板,自动车床床身底面的平面度,车床挂轮架的平面度,柴油机汽缸体,摩托车的曲轴箱体,汽车变速箱的壳体与汽车发动机缸盖的结合面,阀片的平面度,以及液压管件和法兰的连接面
11、12	用于易变形的薄片零件,如离合器的摩擦片、汽车发动机缸盖的结合面等

表 4-8 平行度、垂直度、倾斜度公差值

主参数 L、d(D) /mm	公差等级											
	1	2	3	4	5	6	7	8	9	10	11	12
	公差值/μm											
≤10	0.4	0.8	1.5	3	5	8	12	20	30	50	80	120
>10~16	0.5	1	2	4	6	10	15	25	40	60	100	150
>16~25	0.6	1.2	2.5	5	8	12	20	30	50	80	120	200
>25~40	0.8	1.5	3	6	10	15	25	40	60	100	150	250
>40~63	1	2	4	8	12	20	30	50	80	120	200	300
>63~100	1.2	2.5	5	10	15	25	40	60	100	150	250	400
>100~160	1.5	3	6	12	20	30	50	80	120	200	300	500
>160~250	2	4	8	15	25	40	60	100	150	250	400	600
>250~400	2.5	5	10	20	30	50	80	120	200	300	500	800
>400~630	3	6	12	25	40	60	100	150	250	400	600	1 000
>630~1 000	4	8	15	30	50	80	120	200	300	500	800	1 200
>1 000~1 600	5	10	20	40	60	100	150	250	400	600	1 000	1 500

续表

主参数 L、d(D)/mm	公差等级											
	1	2	3	4	5	6	7	8	9	10	11	12
	公差值/μm											
>1 600~2 500	6	12	25	50	80	120	200	300	500	800	1 200	2 000
>2 500~4 000	8	15	30	60	100	150	250	400	600	1 000	1 500	2 500
>4 000~6 300	10	20	40	80	120	200	300	500	800	1 200	2 000	3 000
>6 300~10 000	12	25	50	100	150	250	400	600	1 000	1 500	2 500	4 000
主参数 L、d(D) 图例												

表 4-9 平行度、垂直度和倾斜度公差等级与尺寸公差等级的对应关系

平行度（线对线、面对面）公差等级	3	4	5	6	7	8	9	10	11	12
尺寸公差等级（IT）					3,4	5,6	7,8,9	10,11,12	12,13,14	14,15,16
垂直度和倾斜度公差等级	3	4	5	6	7	8	9	10	11	12
尺寸公差等级（IT）			5	6	7,8	8,9	10	11,12	12,13	14	15

注：6、7、8、9 级为常用的几何公差等级，6 级为基本等级。

表 4-10 平行度、垂直度公差等级应用举例

公差等级	面对面平行度应用举例	面对线、线对线应用举例	垂直度应用举例
1	高精度机床，高精度测量仪器以及量具等主要基准面和工作面	—	高精度机床、高精度测量仪器以及量具等主要基准面和工作面
2，3	精密机床，精密测量仪器、量具及夹具的基准面和工作面	精密机床上重要箱体主轴孔对基准面及对其他孔的要求	精密机床导轨，普通机床重要导轨，机床主轴轴向定位面，精密机床主轴肩端面、滚动轴承座圈端面，齿轮测量仪心轴，光学分度头心轴端面，精密刀具、量具工作面和基准面
4，5	卧式车床，测量仪器、量具的基准面和工作面，高精度轴承座圈、端盖、挡圈的端面	机床主轴孔对基准面要求，重要轴承孔对基准面要求，床头箱体重要孔间要求，齿轮泵的端面等	普通机床导轨，精密机床重要零件，机床重要支承面，普通机床主轴偏摆，测量仪器、刀、量具、液压传动轴瓦端面、刀量具工作面和基准面

续表

公差等级	面对面平行度应用举例	面对线、线对线应用举例	垂直度应用举例
6，7，8	一般机床零件的工作面和基准面，一般刀、量、夹具	机床一般轴承孔对基准面的要求，主轴箱一般孔间要求，主轴花键对定心直径要求，刀、量、模具	普通精度机床主要基准面和工作面，回转工作台端面，一般导轨，主轴箱体孔、刀架、砂轮架及工作台回转中心，一般轴肩对齐轴线
9，10	低精度零件，重型机械滚动轴承端盖	柴油机和煤气发动机的曲轴孔、轴颈等	花键轴轴肩端面，传动带运输机法兰盘等对端面、轴线，手动卷扬机及传动装置中轴承端面，减速器壳体平面
11，12	零件的非工作面，绞车、运输机上的减速器壳体平面	—	农业机械齿轮端面

注：(1) 在满足设计要求的前提下，考虑到零件加工的经济性，对于线对线和线对面的平行度和垂直度公差等级，应选用低于面对面的平行度和垂直度公差等级。
(2) 使用此表选择面对面平行度和垂直度时，宽度应不大于1/2长度；若大于1/2，则降低一级公差等级选用。

表4-11 同轴度、对称度、圆跳动和全跳动公差值

主参数 $d(D)$、B、L /mm	公差等级											
	1	2	3	4	5	6	7	8	9	10	11	12
	公差值/μm											
≤1	0.4	0.6	1.0	1.5	2.5	4	6	10	15	25	40	60
>1~3	0.4	0.6	1.0	1.5	2.5	4	6	10	20	40	60	120
>3~6	0.5	0.8	1.2	2	3	5	8	12	25	50	80	150
>6~10	0.6	1	1.5	2.5	4	6	10	15	30	60	100	200
>10~18	0.8	1.2	2	3	5	8	12	20	40	80	120	250
>18~30	1	1.5	2.5	4	6	10	15	25	50	100	150	300
>30~50	1.2	2	3	5	8	12	20	30	60	120	200	400
>50~120	1.5	2.5	4	6	10	15	25	40	80	150	250	500
>120~250	2	3	5	8	12	20	30	50	100	200	300	600
>250~500	2.5	4	6	10	15	25	40	60	120	250	400	800
>500~800	3	5	8	12	20	30	50	80	150	300	500	1 000
>800~-1 250	4	6	10	15	25	40	60	100	200	400	600	1 200
>1 250~2 000	5	8	12	20	30	50	80	120	250	500	800	1 500
>2 000~3 150	6	10	15	25	40	60	100	150	300	600	1 000	2 000
>3 150~-5 000	8	12	20	30	50	80	120	200	400	800	1 200	2 500

续表

主参数 $d(D)$、B、L /mm	公差等级											
	1	2	3	4	5	6	7	8	9	10	11	12
	公差值/μm											
>5 000~8 000	10	15	25	40	60	100	150	250	500	1 000	1 500	3 000
>8 000~10 000	12	20	30	50	80	120	200	300	600	1 200	2 000	4 000
主参数 $d(D)$、B、L 图例												

表4-12 同轴度、对称度、圆跳动和全跳动公差等级与尺寸公差等级的对应关系

同轴度、对称度、径向圆跳动和径向全跳动公差等级	1	2	3	4	5	6	7	8	9	10	11	12
尺寸公差等级（IT）	2	3	4	5	6	7, 8	8, 9	10	11, 12	12, 13	14	15
端面圆跳动、斜向圆跳动、端面全跳动公差等级	1	2	3	4	5	6	7	8	9	10	11	12
尺寸公差等级（IT）	1	2	3	4	5	6	7, 8	8, 9	10	11, 12	12, 13	14

注：6、7、8、9级为常用的几何公差等级，7级为基本等级。

表4-13 同轴度、对称度、跳动公差等级应用举例

公差等级	应用举例
5, 6, 7	这是应用较广泛的公差等级。用于几何精度要求较高、尺寸公差等级为IT8及高于IT8的零件。5级常用于机床轴颈、计量仪器的测量杆、汽轮机主轴、柱塞液压泵转子、高精度滚动轴承外圈、一般精度滚动轴承外圈、回转工作台端面跳动。7级用于内燃机曲轴、凸轮轴、齿轮轴、水泵轴、汽车后轮输出轴、电动机转子、印刷机传墨辊的轴颈、键槽。
8, 9	常用于几何精度要求一般，尺寸公差等级IT9~IT11的零件。8级用于拖拉机发动机分配轴轴颈、与9级精度以下齿轮相配的轴、水泵叶轮、离心泵体、棉花精梳机前后滚子、键槽等。9级用于内燃机汽缸配套合面、自行车中轴。

（2）圆度、圆柱度公差分0，1，2，…，12共13级，公差等级按序由高变低，公差值按序递增（见表4-14～表4-16）。

表4-14 圆度、圆柱度公差值

主参数 d(D)/mm	公差等级												
	0	1	2	3	4	5	6	7	8	9	10	11	12
	公差值/μm												
≤3	0.1	0.2	0.3	0.5	0.8	1.2	2	3	4	6	10	14	25
>3~6	0.1	0.2	0.4	0.6	1	1.5	2.5	4	5	8	12	18	30
>6~10	0.12	0.25	0.4	0.6	1	1.5	2.5	4	6	9	15	22	36
>10~18	0.15	0.25	0.5	0.8	1.2	2	3	5	8	11	18	27	43
>18~30	0.2	0.3	0.6	1	1.5	2.5	4	6	9	13	21	33	52
>30~50	0.25	0.4	0.6	1	1.5	2.5	4	7	11	16	25	39	62
>50~80	0.3	0.5	0.8	1.2	2	3	5	8	13	19	30	46	74
>80~120	0.4	0.6	1	1.5	2.5	4	6	10	15	22	35	54	87
>120~180	0.6	1	1.2	2	3.5	5	8	12	18	25	40	63	100
>180~250	0.8	1.2	2	3	4.5	7	10	14	20	29	46	72	115
>250~315	1.0	1.6	2.5	4	6	8	12	16	23	32	52	81	130
>315~400	1.2	2	3	5	7	9	13	18	25	36	57	89	140
>400~500	1.5	2.5	4	6	8	10	15	20	27	40	63	97	155
主参数 d(D) 图例													

表4-15 圆度和圆柱度公差等级与表面粗糙度的对应关系

主参数/mm	公差等级												
	0	1	2	3	4	5	6	7	8	9	10	11	12
	表面粗糙度 Ra 值不大于/μm												
≤3	0.006 25	0.012 5	0.012 5	0.025	0.05	0.1	0.2	0.2	0.4	0.8	1.60	3.2	3.2
>3~18	0.006 25	0.012 5	0.025	0.05	0.1	0.2	0.4	0.4	0.8	1.6	3.2	6.3	12.5
>18~120	0.012 5	0.025	0.05	0.1	0.2	0.4	0.4	0.8	1.6	3.2	6.3	12.5	12.5
>120~500	0.20	0.05	0.1	0.2	0.4	0.8	0.8	1.6	3.2	6.3	12.5	12.5	12.5

注：7、8、9级为常用的几何公差等级，7级为基本等级。

表4-16 圆度和圆柱度公差等级应用举例

公差等级	应 用 举 例
1	高精度量仪主轴，高精度机床主轴，滚动轴承的滚珠和滚柱等
2	精密量仪主轴、外套、阀套，高压泵柱塞及柱塞套，纺锭轴承，高速柴油机、排气门、精密机床主轴轴颈，针阀圆柱表面，喷油泵柱塞及柱塞套

续表

公差等级	应用举例
3	工具显微镜套管外圆，高精度外圆磨床轴承，磨床砂轮主轴套筒，喷油嘴针、阀体、高精度微型轴承内外圈
4	较精密机床主轴，精密机床主轴箱孔，高压阀门活塞、活塞销、阀体孔，工具显微镜顶针，高压液压泵柱塞，较高精度滚动轴承配合轴，铣削动力头箱体孔等
5	一般量仪主轴，测杆外圆，陀螺仪轴颈，一般机床主轴，较精密机床主轴及主轴箱孔，柴油机、汽油机活塞、活塞孔销，铣削动力头轴承座箱体孔，高压空气压缩机十字头销、活塞较低精度滚动轴承配合轴等
6	仪表端盖外圆，一般机床主轴及箱体孔，中等压力下液压装置工作面（包括泵、压缩机的活塞和汽缸），汽车发动机凸轮轴，纺机锭子，通用减速器轴颈，高速发动机曲轴，拖拉机曲轴主轴颈
7	大功率低速柴油机曲轴、活塞、活塞销、连杆、汽缸，高速柴油机箱体孔，千斤顶或压力液压缸活塞，液压传动系统的分配机构，机车传动轴，水泵及一般减速器轴颈
8	低速发动机、减速器、大功率曲柄轴轴颈，压力机连杆盖、体，拖拉机气缸体、活塞、炼胶机冷铸轴辊，印刷机传墨辊，内燃机曲轴，柴油机机体孔、凸轮738，拖拉机、小型船用柴油机汽缸套
9	空气压缩机缸体，液压传动筒，通用机械杠杆与拉杆用套筒销子，拖拉机活塞环、套筒孔
10	印染机导布辊、绞车、吊车、起重机滑动轴承轴颈等

（3）对位置度，国家标准只规定了公差值数系，未规定公差等级，见表4-17。位置度公差值一般与被测要素的类型、联结方式等有关。

位置度常用于控制螺栓和螺钉联结中孔距的位置精度要求，其公差值取决于螺栓（或螺钉）与过孔之间的间隙。设螺栓（或螺钉）的最大直径为 d_{max}，孔的最小直径为 D_{min}，位置度公差可用下式计算，即

螺栓连接 $\quad\quad\quad\quad T \leqslant K(D_{min} - d_{max})$

螺钉连接 $\quad\quad\quad\quad T \leqslant 0.5K(D_{min} - d_{max})$

式中 T——位置度公差；

K——间隙利用系数。考虑到装配调整对间隙的需要，一般取 $K=0.6 \sim 0.8$，若不需调整，取 $K=1$。

按上式计算确定的公差，经化整并按表4-8选择公差值。

表4-17 位置度公差值系数

1	1.2	1.5	2	2.5	3	4	5	6	8
1×10^n	1.2×10^n	1.5×10^n	2×10^n	2.5×10^n	3×10^n	4×10^n	5×10^n	6×10^n	8×10^n

2. 确定几何公差值应考虑的问题

总的原则是：在满足零件功能要求的前提下，选取最经济的公差值。

几何公差值决定了几何公差带的宽度或直径，是控制零件制造精度的直接指标。确定的公差值过小，会提高制造成本；确定的公差值过大，虽能降低制造成本，但保证不了零件的功能要求，从而影响产品质量。因此，应合理确定几何公差值，以保证产品功能，提高产品质量，降低制造成本。

几何公差值的确定方法有类比法和计算法，通常采用类比法。按类比法确定几何公差值

时，应考虑以下几个方面。

（1）一般情况下，同一要素上给定的形状公差值应小于定向和定位公差值；同一要素的定向公差值应小于其定位公差值；位置公差值应小于尺寸公差值。如某平面的平面度公差值应小于该平面对基准的平行度公差值；而其平行度公差值应小于该平面与基准间的尺寸公差值。

对同一基准或基准体系，跳动公差具有综合控制的性质，因此回转表面及其素线的形状公差值和定向、定位公差值均应小于相应的跳动公差值。同时，同一要素的圆跳动公差值应小于全跳动公差值。

综合性的公差应大于单项公差。如圆柱表面的圆柱度公差可大于或等于圆度、素线和轴线的直线度公差；平面的平面度公差应大于或等于平面的直线度公差；径向全跳动应大于径向圆跳动、圆度、圆柱度、素线和轴线的直线度，以及相应的同轴度公差。

（2）在满足功能要求的前提下，考虑加工的难易程度、测量条件等，应适当降低 1~2 级。例如：孔相对轴；长径比（L/d）较大的孔或轴；宽度较大（一般大于 1/2 长度）的零件表面；对结构复杂、刚性较差或不易加工和测量的零件，如细长轴、薄壁件等；对工艺性不好，如距离较大的分离孔或轴；线对线和线对面相对于面对面的定向公差，如平行度、垂直度和倾斜度。

（3）确定与标准件相配合的零件几何公差值时，不但要考虑几何公差国家标准的规定，还应遵守有关的国家标准的规定。

总之，具体应用时要全面考虑各种因素来确定各项公差等级。查表时应该按相应的主参数，再结合已确定的公差等级进行查取。由于轮廓度的误差规律比较复杂，因此，国家标准尚未对其公差值作出统一规定。

4.4.5 未注几何公差值的确定

采用未注公差值具有使图样简单易读、节省设计时间、简化加工设备和加工工艺、保证零件特殊的精度要求，有利于安排生产、质量控制和检测等许多优点。国家标准中对未注公差值进行了规定。

1. 直线度和平面度未注公差值

选择直线度和平面度未注公差值时，对于直线度应按其相应线的长度选取；对于平面度应按其表面的较长一侧或圆表面的直径选取，见表 4-18。

表 4-18 直线度和平面度未注公差值　　　mm

公差等级	基本长度范围					
	≤10	>10~30	>30~100	>100~300	>300~1 000	>1 000~3 000
H	0.02	0.05	0.1	0.2	0.3	0.4
K	0.05	0.1	0.2	0.4	0.6	0.8
L	0.1	0.2	0.4	0.8	1.2	1.6

2. 垂直度未注公差值

选择垂直度未注公差值时，取形成直角的两边中较长的一边作为基准，较短的一边作为被测要素；若两边的长度相等，则取其中的任意一边作为基准，见表 4-19。

表 4-19　垂直度未注公差值　　　　　　　　　　　　　　　　　　　　　mm

公差等级	基本长度范围			
	≤100	>100~300	>300~1 000	>1 000~3 000
H	0.2	0.3	0.4	0.5
K	0.4	0.6	0.8	1
L	0.6	1	1.5	2

3. 对称度未注公差值

选择对称度未注公差值时，应取两要素中较长者作为基准，较短者作为被测要素；若两要素长度相等，则可取任一要素作为基准。对称度的未注公差值用于至少两个要素中的一个是中心平面，或两个要素的轴线互相垂直，见表 4-20。

表 4-20　对称度未注公差值　　　　　　　　　　　　　　　　　　　　　mm

公差等级	基本长度范围			
	≤100	>100~300	>300~1 000	>1 000~3 000
H	0.5			
K	0.6		0.8	1
L	0.6	1	1.5	2

4. 圆跳动的未注公差值

选择圆跳动（径向、端面和斜向）未注公差值时，应以设计或工艺给定的支承面作为基准，否则应取两要素中较长的一个作为基准；若两要素长度相等，则可取任一要素作为基准，见表 4-21。

表 4-21　圆跳动未注公差值　　　　　　　　　　　　　　　　　　　　　mm

公　差　等　级	圆跳动公差值
H	0.1
K	0.2
L	0.5

5. 其他未注几何公差值的选取

（1）圆度的未注公差值等于标准的直径公差值，但不能大于表 4-21 中的径向圆跳动公差值。

（2）圆柱度的未注公差值不做规定。

① 圆柱度误差由三个部分组成：圆度、直线度和相对素线的平行度误差，而其中每一项误差均由它们的注出公差或未注公差控制。

② 如因功能要求，圆柱度应小于圆度、直线度和平行度的未注公差的综合结果，应在被测要素上按国家标准规定注出圆柱度公差值。

③ 采用包容要求。

（3）同轴度的未注公差值未作规定。在极限状况下，同轴度的未注公差值可以和表4-21中规定的径向圆跳动的未注公差值相等。应选两要素中的较长者为基准，若两要素长度相等则可选任一要素为基准。

（4）平行度的未注公差值等于给出的尺寸公差值，或是直线度和平面度未注公差值中的相应公差值取较大者。应取两要素中的较长者作为基准，若两要素的长度相等则可任选一要素作为基准。

（5）线轮廓度、面轮廓度、倾斜度、位置度和全跳动的未注公差值均应由各要素的注出或未注几何公差、线性尺寸公差或角度公差控制。

习题四

4-1 如图4-50所示，说明图中各项几何公差标注的含义，并填于表4-22中。

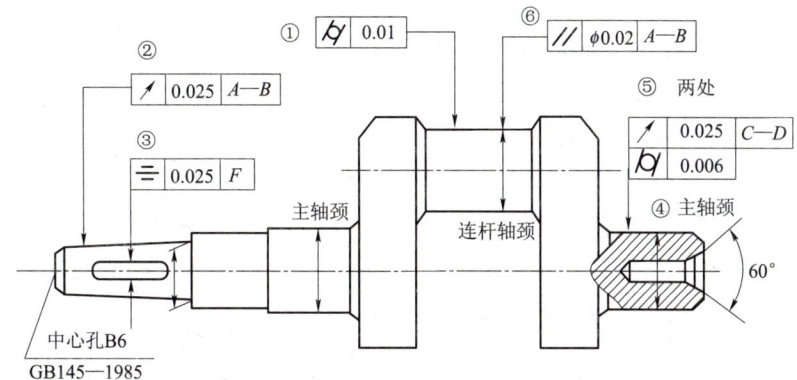

图 4-50 习题 4-1 图

表 4-22 习题 4-1 表

序号	公差项目名称	公差带形状	公差带大小	解释（被测要素、基准要素及要求）
①				
②				
③				
④				
⑤				
⑥				

4-2 将下列各项几何公差要求标注在图4-51上。

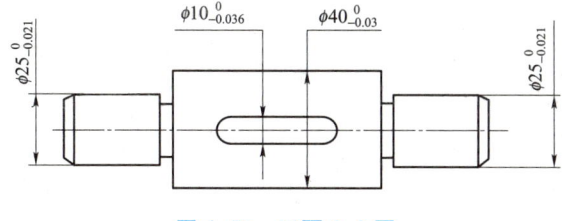

图 4-51 习题 4-2 图

109

(1) $\phi 40_{-0.03}^{0}$ 圆柱面对 $2\times\phi 25_{-0.021}^{0}$ 公共轴线的圆跳动公差为 0.015；

(2) $2\times\phi 25_{-0.021}^{0}$ 轴颈的圆度公差为 0.01；

(3) $\phi 40_{-0.03}^{0}$ 左、右端面对 $2\times\phi 25_{-0.021}^{0}$ 公共轴线的端面圆跳动公差为 0.02；

(4) 键槽 $\phi 10_{-0.036}^{0}$ 中心平面对 $\phi 40_{-0.03}^{0}$ 轴线的对称度公差为 0.015。

4-3 将下列各项几何公差要求标注在图 4-52 上。

(1) $\phi 5_{-0.03}^{+0.05}$ 孔的圆度公差为 0.004，圆柱度公差为 0.006；

(2) B 面的平面度公差为 0.008，B 面对 $\phi 5_{-0.03}^{+0.05}$ 孔轴线的端面圆跳动公差为 0.02，B 面对 C 面的平行度公差为 0.03；

(3) 平面 F 对 $\phi 5_{-0.03}^{+0.05}$ 孔轴线的端面圆跳动公差为 0.02；

(4) $\phi 18_{-0.10}^{-0.05}$ 的外圆柱面轴线对 $\phi 5_{-0.03}^{+0.05}$ 孔轴线的同轴度公差为 0.08；

(5) 90°30″密封锥面 G 的圆度公差为 0.002 5，G 面的轴线对孔轴线的同轴度公差为 0.012；

(6) $\phi 12_{-0.26}^{-0.15}$ 外圆柱面轴线对 $\phi 5_{-0.03}^{+0.05}$ 孔轴线的同轴度公差为 0.08。

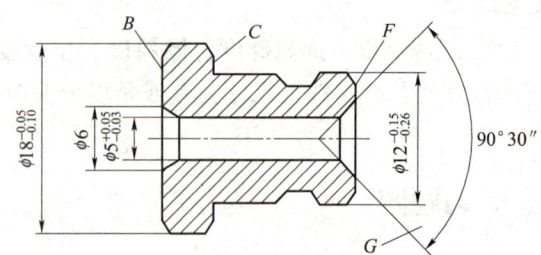

图 4-52 习题 4-3 图

4-4 改正图 4-53 中几何公差标注的错误（不改变几何公差项目）。

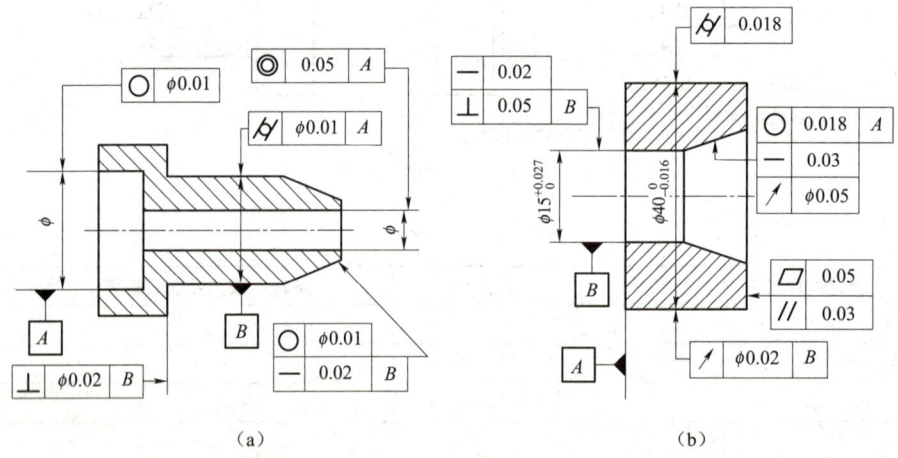

(a) (b)

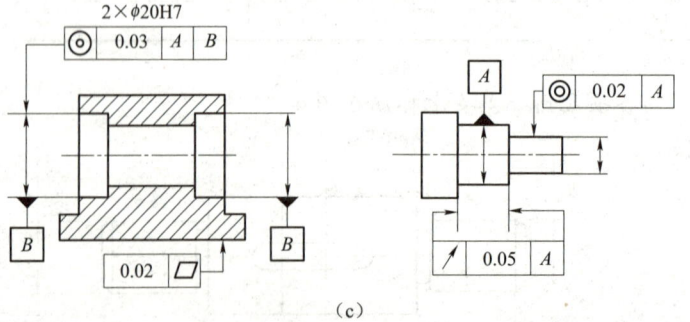

(c)

图 4-53 习题 4-4 图

4-5 根据图 4-54 中的几何公差要求填写表 4-23。

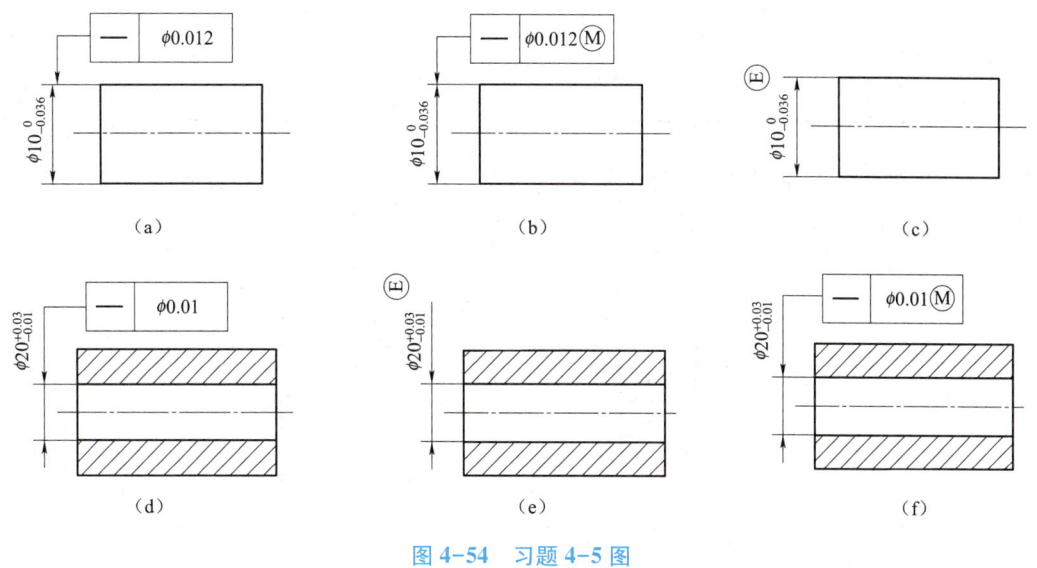

图 4-54 习题 4-5 图

表 4-23 习题 4-5 表

分图号	采用的公差原则	理想边界名称	理想边界尺寸	MMC 时的形位公差值	LMC 时的形位公差值
(a)					
(b)					
(c)					
(d)					
(e)					
(f)					

4-6 用水平仪和桥板测量有效长度为 2 000 mm 的车床导轨的直线度误差,均匀布置测点,依次测量两相邻测点的高度差。采用水平仪的分度值为 0.01 mm/m,桥板跨距 250 mm,测点共 9 个。水平仪在各测点的示值(格数)依次为 0,+1,+1,0,-1,-1.5,+1,+0.5,+1.5。试用两端点连线和按最小条件作图分别求解该导轨的直线度误差值。

4-7 如图 4-55 所示,用分度值为 0.02 mm/m 水平仪,跨距为 200 mm 的桥板对机床两个导轨 D 和 B 分别进行测量,测量结果见表 4-24,用图解法(最小包容区域法)求解基准 D 的直线度误差;被测要素 B 相对于基准要素 D 的平行度误差。

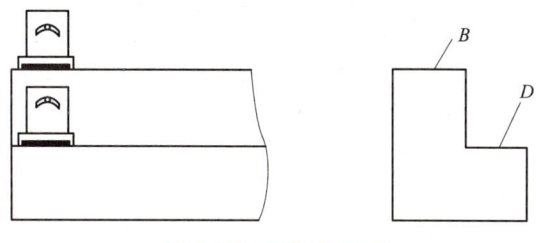

图 4-55 习题 4-7 图

表 4-24 习题 4-7 表　　　　　　　　　　　　　　　　　　　　　　　　　　格

测点序号	0	1	2	3	4	5	6	7	8
基准要素 D 读数	1	-1.5	+1	-3	+1	-1.5	+0.5	0	-0.5
被测要素 B 读数	0	+2	-3	+5	-2	+0.5	-2	+1	0

4-8　用坐标法测量图 4-56 所示零件的位置度误差，测得各孔轴线的实际坐标尺寸见表 4-25。试确定该零件上各孔的位置度误差，并判断其合格性。

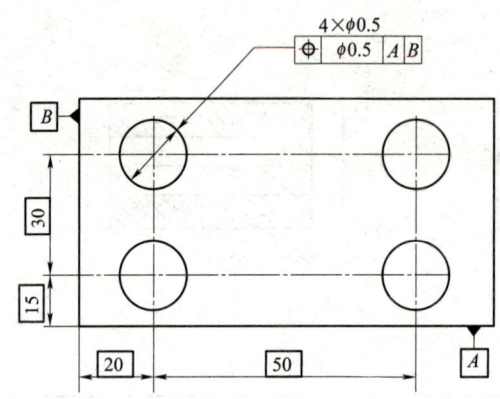

图 4-56　习题 4-8 图

表 4-25　习题 4-8 表　　　　　　　　　　　　　　　　　　　　　　mm

坐标值 \ 孔序号	1	2	3	4
x	20.10	70.10	19.90	69.85
y	15.10	14.85	44.82	45.12

第 5 章

表 面 结 构

5.1 概　　述

5.1.1 粗糙度的概念

为了保证零件装配后的使用要求，要根据功能需要对零件的表面结构给出质量的要求。表面结构是表面粗糙度、表面波纹度、表面缺陷、表面纹理和表面几何形状的总称。

由于加工过程中各种因素的影响，加工后的零件表面总会存在几何形状误差。几何形状误差分为三类轮廓成分：① 主要由机床几何精度方面的误差引起的表面宏观几何形状误差（形状误差）；② 主要由加工过程中的刀痕、刀具与零件表面间的摩擦、切屑分离时表面金属层的塑性变形以及工艺系统的高频振动所引起的微观几何形状误差（表面粗糙度）；③ 主要由加工过程中工艺系统的振动、发热、回转体不平衡等引起的介于宏观和微观几何形状误差之间的表面波纹度（波度）。

国家标准中规定了用轮廓法确定表面结构（粗糙度、波纹度和原始轮廓）的术语、定义和参数。通常以波距的大小来划分这三种误差：波距小于 1 mm 的属于表面粗糙度，波距在 1~10 mm 的属于表面波度，波距大于 10 mm 的属于形状误差，如图 5-1 所示。

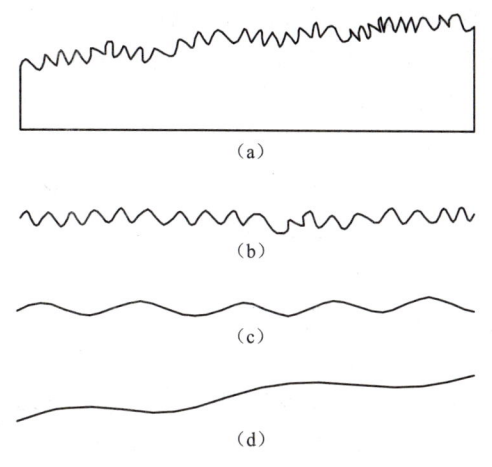

图 5-1　粗糙度、波纹度和形状误差综合影响的表面轮廓

（a）表面轮廓；（b）粗糙度；（c）波纹度；（d）形状

表面粗糙度是表征零件表面在加工后形成的由较小间距的峰谷组成的微观几何形状特性的。表面粗糙度越小，则表面越光滑。

5.1.2 表面粗糙度对零件使用性能的影响

表面粗糙度对机器零件的摩擦和磨损、接触刚度、疲劳强度、耐腐蚀性、配合性质、结合密封性、流体滑动阻力、外观等各种功能都有一定的影响。

一般而言，表面越粗糙，摩擦阻力越大，磨损越快；接触刚度和疲劳强度以及耐腐蚀性降低；零件装配和使用后，使其配合间隙增大或过盈配合的联结强度降低；流体摩擦阻力增大；外观差，易嵌脏物。但表面过分光滑，又会因表面间润滑油被挤出及分子间的吸附作用等，使摩擦系数和磨损量增大。因此，表面粗糙度是评定产品质量的重要指标。在零件设计中保证尺寸、形状和位置等几何精度的同时，对表面粗糙度也应提出相应的合理要求。

为了提高产品表面质量，促进互换性生产，我国现行的表面粗糙度标准如下：

GB/T 3505—2009《产品几何技术规范（GPS）表面结构 轮廓法 术语、定义及表面结构参数》；

GB/T 1031—2009《产品几何技术规则（GPS）表面结构 轮廓法 表面粗糙度参数及其数值》；

GB/T131—2006《产品几何技术规范（GPS）技术产品文件中表面结构的表示法》。

5.2 粗糙度评定

5.2.1 表面粗糙度基本术语

1. 主要术语及定义

（1）坐标系。其是指确定表面结构参数的坐标系。通常采用一个直角坐标系，其轴线形成一右旋笛卡儿坐标系，X轴与中线方向一致，Y轴也处于实际表面上，而Z轴则在从材料到周围介质的外延方向上（如图5-2所示）。

（2）实际表面。其是指物体与周围介质分离的表面（如图5-2指示2所示）。

（3）实际轮廓。实际轮廓是指平面与实际表面相交所得的轮廓线（如图5-2指示1所示）。按照相截方向的不同，又可分为横向实际轮廓和纵向实际轮廓。在测量和评定表面粗糙度时，除非特别指明，通常均指横向实际轮廓，即与加工纹理方向垂直的轮廓。

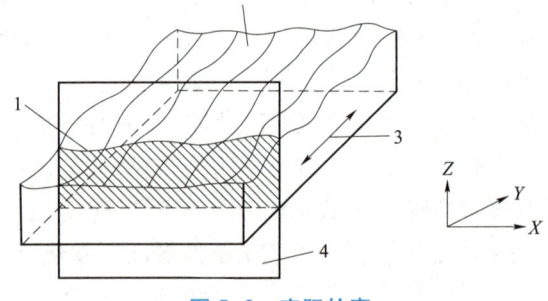

图5-2 实际轮廓

1—横向实际轮廓；2—实际表面；
3—加工纹理方向；4—平面

（4）取样长度。取样长度是在X轴方向判别被评定轮廓不规则特征的长度（见表5-1）。

规定和选择这段长度是为了限制和减弱表面波纹度对表面粗糙度测量结果的影响，表面越粗糙，取样长度应越长。取样长度范围内至少应包含五个以上的轮廓峰和谷。

表5-1 取样长度l_r与评定长度l_n的选用值

Ra/μm	Rz/μm	l_r/mm	$l_n = 5l_r$/mm
≥0.008~0.02	≥0.025~0.1	0.08	0.4
>0.02~0.1	>0.1~0.5	0.25	1.25
>0.1~2.0	>0.5~10.0	0.8	4.0
>2.0~10.0	>10.0~50.0	2.5	12.5
>10.0~80.0	>50.0~320	8.0	40.0

(5) 评定长度。评定长度是判别被评定轮廓的 X 轴方向上的长度,它包括一个或几个取样长度(如图 5-3 所示)。

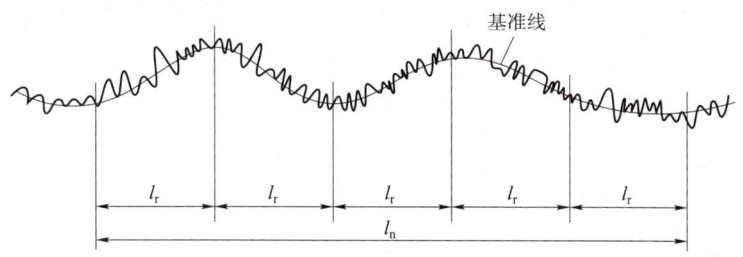

图 5-3　取样长度和评定长度

由于被测表面上各处的表面粗糙度不一定很均匀,在一个取样长度上往往不能合理地反映被测表面的粗糙度,所以需要在几个取样长度上分别测量,取其平均值作为测量结果。一般情况 $l_n = 5l_r$;对均匀性好的被测表面,可选 $l_n < 5l_r$;对均匀性较差的被测表面,可选 $l_n \geqslant 5l_r$。

(6) 中线。中线(m)是具有几何轮廓形状并划分轮廓的基准线。中线有下列两种。

① 轮廓最小二乘中线。

在取样长度内,使轮廓线上各点的纵坐标值 $Z(x)$ 的平方和为最小的直线,如图 5-4 所示。其数学表达式为

$$\int_0^{l_r} Z^2(x)\,\mathrm{d}x = \min$$

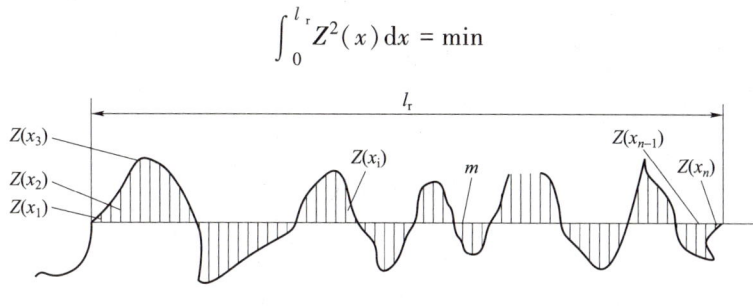

图 5-4　轮廓最小二乘中线

② 轮廓算术平均中线。它是指在取样长度内,将实际轮廓划分为上下两部分,且使上下面积相等的直线,如图 5-5 所示。其数学表达式为

$$\sum_{i=1}^{n} F_i = \sum_{i=1}^{m} G_i$$

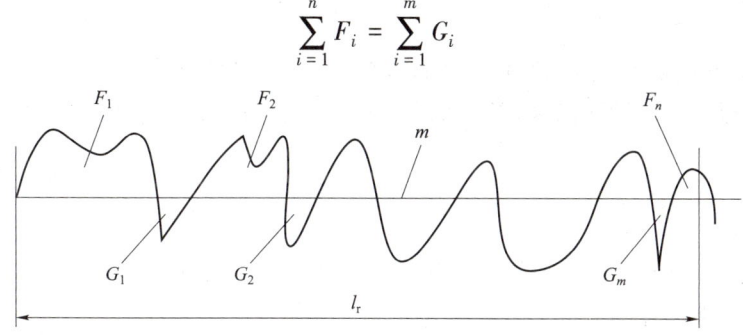

图 5-5　轮廓算术平均中线

最小二乘中线从理论上讲是理想的基准线，该中线是唯一的，但在轮廓图形上确定最小二乘中线的位置比较困难。而算术平均中线与最小二乘中线的差别很小，可用图解法得到的算术平均中线来代替最小二乘中线。通常用目测估计来确定轮廓的算术平均中线。当轮廓很不规则时，有可能得出一簇算术平均中线，不是唯一的中线。

2. 几何参数的术语

（1）轮廓峰和轮廓谷：

轮廓峰是指连接（轮廓和 X 轴）两相邻交点向外（从材料到周围介质）的轮廓部分。

轮廓谷是指连接两相邻交点向内（从周围介质到材料）的轮廓部分。

（2）轮廓单元：其是指轮廓峰和轮廓谷的组合。

（3）轮廓峰高 Z_p 和轮廓谷深 Z_v。

轮廓峰高 Z_p 则是轮廓最高点距 X 轴线的距离。

轮廓谷深 Z_v 则是 X 轴线与轮廓谷最低点之间的距离。

（4）轮廓单元的高度 Z_t：其是指一个轮廓单元的峰高和谷深之和。

（5）轮廓单元的宽度 X_s：其是指 X 轴线与轮廓单元相交线段的长度。

（6）在水平截面高度 c 上轮廓的实体材料长度 $Ml(c)$。

在一个给定水平截面高度 c 上用一条平行于 X 轴的线与轮廓单元相截所获得的各段截线长度之和，如图 5-6 所示。

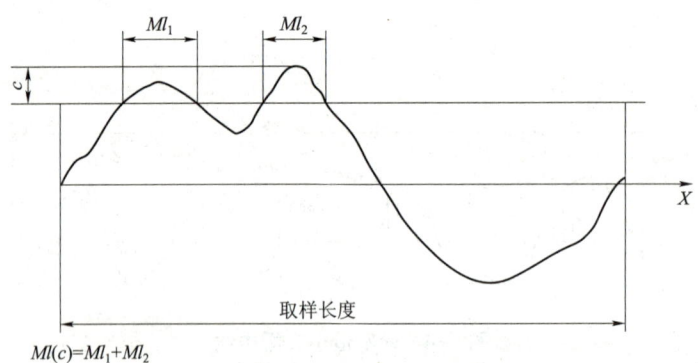

图 5-6 轮廓的实体材料长度 $Ml(c)$

5.2.2 表面粗糙度的评定参数

为了全面反映表面粗糙度对零件使用性能的影响，国标中规定的评定表面粗糙度的参数有幅度参数、间距参数、混合参数以及曲线和相关参数等。下面介绍几种常用的评定参数。

1. 幅度参数

1）轮廓算术平均偏差 Ra

其是指在一个取样长度内，纵坐标 $Z(x)$ 绝对值的算术平均值，如图 5-7 所示。Ra 的数学表达式为

$$Ra = \frac{1}{l_r}\int_0^{l_r} |Z(x)| \mathrm{d}x \approx \frac{1}{n}\sum_{i=1}^{n} |Z(x)|$$

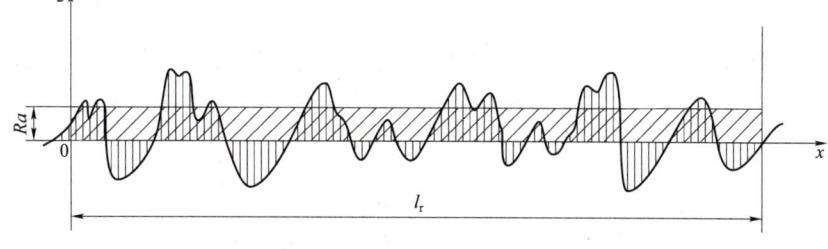

图 5-7 轮廓算术平均偏差 Ra

评定参数 Ra 能充分反映表面微观几何形状高度方向的特性，并且测量方便，是通常采用的评定参数。Ra 值越大，则表面越粗糙，一般用电动轮廓仪进行测量。Ra 数值见表 5-2。

表 5-2 轮廓算术平均偏差 Ra 的数值　　　　　　　　　　　　　　　μm

Ra	0.012	0.2	3.2	50
	0.025	0.4	6.3	100
	0.05	0.8	12.5	—
	0.1	1.6	25	—

2）轮廓最大高度 Rz

轮廓最大高度是指在取样长度内，最大的轮廓峰高 Z_p 与最大的轮廓谷深 Z_v 之和的高度，如图 5-8 所示。其数学表达式为

$$R_z = |Z_p| + |Z_v|$$

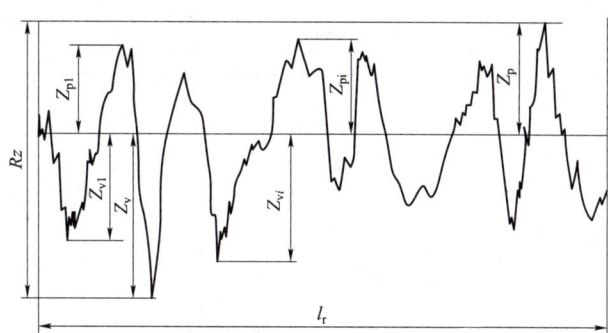

图 5-8 轮廓最大高度 Rz

Rz 参数对不允许出现较深加工痕迹的表面和小零件的表面质量有着实际意义。主要应用于有交变荷载作用的场合（辅助 Ra 使用），以及小零件表面（不适宜采用 Ra）。Rz 数值见表 5-3。

表 5-3 轮廓最大高度 Rz 的数值　　　　　　　　　　　　　　　μm

Rz	0.025	0.4	6.3	100	1 600
	0.05	0.8	12.5	200	
	0.1	1.6	25	400	
	0.2	3.2	50	800	

2. 间距参数

轮廓单元的平均宽度 R_{sm} 是指在一个取样长度内,轮廓单元宽度 X_{si} 的平均值,如图 5-9 所示。数学表达式为

$$R_{sm} = \frac{1}{m}\sum_{i=1}^{m} X_{si}$$

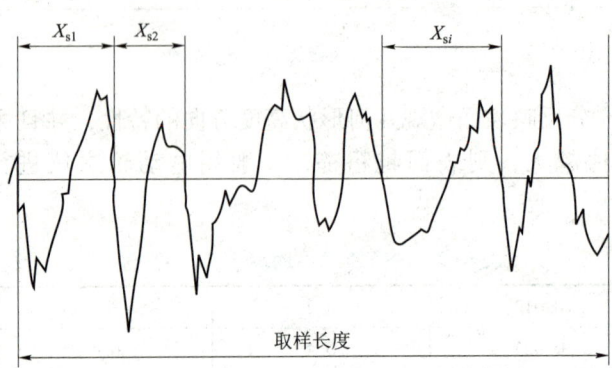

图 5-9 轮廓单元的平均宽度 R_{sm}

R_{sm} 是评定轮廓的间距参数,其值越小,轮廓表面越细密,密封性越好。R_{sm} 数值见表 5-4。

表 5-4 轮廓单元的平均宽度 R_{sm} 的数值   μm

R_{sm}	0.006	0.1	1.6
	0.012 5	0.2	3.2
	0.025	0.4	6.3
	0.05	0.8	12.5

3. 曲线和相关参数

轮廓的支承长度率 $R_{mr}(c)$ 是指在给定水平截面高度 c 上的轮廓实体材料长度 $Ml(c)$ 与评定长度的比率,如图 5-10 所示。数学表达式为

$$R_{mr}(c) = \frac{Ml(c)}{l_n}$$

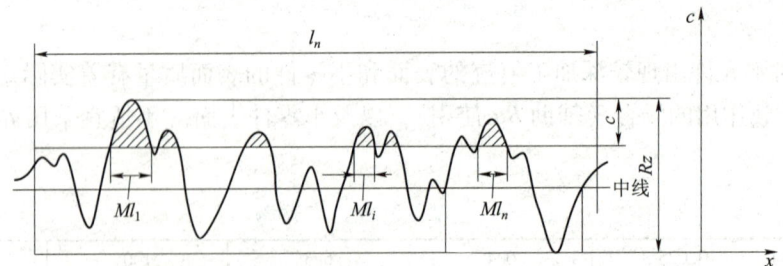

图 5-10 轮廓的支承长度率

当 c 一定时,$R_{mr}(c)$ 值越大,则支承能力和耐磨性更好,如图 5-11 所示。$R_{mr}(c)$

数值见表 5-5。

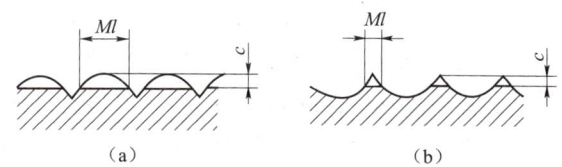

图 5-11 不同形状轮廓的支承长度

表 5-5 轮廓的支承长度率 $R_{mr}(c)$ 的数值

$R_{mr}(c)$	10	15	20	25	30	40	50	60	70	80	90

5.3 表面粗糙度参数的选择

零件表面粗糙度的选择主要是评定参数与参数值的选择。选择的原则是，在满足零件表面使用功能的前提下，保证加工工艺的经济性。

5.3.1 评定参数的选择

在表面粗糙度评定参数中，Ra 和 Rz 为基本参数，R_{sm} 和 $R_{mr}(c)$ 为两个附加参数。这些参数分别从不同的角度反映了零件的表面特征，但都存在着不用程度的不完整性。因此，在选用时要根据零件的功能要求、材料性能、结构特点及测量条件等情况适当选择一个或几个评定参数。原则如下：

（1）如无特殊要求，优先选用 Ra 和 Rz。在幅度参数中，Ra 值能较完整、全面地表达零件表面的微观几何特征，应优先选用。Rz 值常用在小零件（如顶尖、刀具的刃部、仪表的小元件等）或表面不允许有较深的加工痕迹（防止应力过于集中）的零件。

（2）一些重要表面有特殊要求时，如有涂镀性、抗腐蚀性、密封性要求时才选 R_{sm} 参数来控制间距的细密度；对表面的支承刚度和耐磨性有较高要求时，需加选 $R_{mr}(c)$ 控制表面的形状特征。

5.3.2 评定参数值的选择

表面粗糙度参数值的选择原则：在满足功能要求的前提下，尽量选择较大的参数值，以减小加工难度，降低成本。

在实际工作中，通常采用类比法选择确定评定参数值的大小。首先参考经验统计资料选择评定参数值的大小，然后根据实际工作条件进行调整。可以考虑以下原则：

（1）同一零件上工作表面应比非工作表面粗糙度参数值小；

（2）摩擦表面应比非摩擦表面、滚动摩擦表面应比滑动摩擦表面的粗糙度参数值小；

（3）承受交变荷载的零件上，容易引起应力集中的部分表面（如圆角、沟槽）的粗糙度参数值应小些；

（4）要求配合性质稳定可靠的零件表面粗糙度参数值应小些，配合性质相同时，小尺寸的配合表面的粗糙度应比大尺寸的配合表面的粗糙度参数值小；

(5) 对防腐性、密封性要求高,外表美观等表面粗糙度参数值应小些;

(6) 凡有关标准已对表面粗糙度要求作出规定的(如量规、齿轮、与滚动轴承相配合的轴颈和壳体孔等)表面,应按标准规定选取粗糙度参数值;

(7) 表面粗糙度与尺寸及形状公差应协调,通常尺寸及形状公差小,表面粗糙度参数值也要小,同一尺寸公差的轴比孔的粗糙度参数值要小。在正常工艺条件下,三者之间可按以下近似关系设计(尺寸公差 T,形状公差 t):

若为普通精度($t \approx 0.6T$),则 $Ra \leq 0.05T$,$Rz \leq 0.2T$;

若为较高精度($t \approx 0.4T$),则 $Ra \leq 0.025T$,$Rz \leq 0.1T$;

若为中高精度($t \approx 0.25T$),则 $Ra \leq 0.012T$,$Rz \leq 0.05T$;

若为高精度($t < 0.25T$),则 $Ra \leq 0.15t$,$Rz \leq 0.6t$。

说明:表面粗糙度的参数值和尺寸公差,形状公差之间并不存在函数关系,如机器,仪器上的手轮、手柄、外壳等部位。其尺寸,形状精度要求并不高,但表面粗糙度要求高(即粗糙度值小)。

表面粗糙度的表面特征、经济加工方法及应用举例见表5-6,与公差等级相应的表面粗糙度数值见表5-7,供类比法选择时参考。

表 5-6 表面粗糙度的表面特征、经济加工方法及应用举例

表面微观特性		Ra	Rz	加工方法	应用举例
粗糙表面	可见刀痕	>20~40	>80~160	粗车、粗刨、粗铣、钻、毛锉、锯断	半成品粗加工过的表面,非配合的加工表面,如轴端面、倒角、钻孔、齿轮带轮侧面、键槽底面、垫圈接触面等
	微见刀痕	>10~20	>40~80	车、刨、铣镗、钻、粗铰	
半光表面	微见加工痕迹	>5~10	>20~40	车、刨、铣镗、磨、拉、粗刮、滚压	轴上不安装轴承、齿轮处的非配合表面,紧固件的自由装配表面,轴和孔的退刀槽等
	微见加工痕迹	>2.5~5	>10~20	车、刨、铣镗、磨、拉、刮、压、铣齿	半精加工表面、箱体、支架、盖面、套筒等和其他零件结合而无配合要求的表面,需要发蓝的表面等
	看不清加工痕迹	>1.25~2.5	>6.3~10	车、刨、铣镗、磨、拉、刮、压、铣齿	接近于精加工表面,箱体上安装轴承的镗孔表面、齿轮工作面
光表面	可辨加工痕迹方向	>0.63~1.25	>3.2~6.3	车、镗、磨、拉、刮、精铰、磨齿、滚压	圆柱销、圆锥销、与滚动轴承配合的表面,卧式车床导轨面,内外花键定心表面等
	微辨加工痕迹方向	>0.32~0.63	>1.6~3.2	精铰、精镗、磨、刮、滚压	要求配合性质稳定的配合表面,工作时受交变应力的重要零件,较高精度车床的导轨面
	不可辨加工痕迹方向	>0.16~0.32	>0.8~1.6	精磨、珩磨、研磨、超精加工	精密机床主轴锥孔、顶尖圆锥面、发动机曲轴、凸轮轴工作面,高精度齿轮齿面

续表

表面微观特性		Ra	Rz	加工方法	应用举例
极光表面	暗光泽面	>0.08~0.16	>0.4~0.8	精磨、研磨、普通抛光	精密机床主轴锥孔、顶尖圆锥面、发动机曲轴、凸轮轴工作面,高精度齿轮齿面
	亮光泽面	>0.04~0.08	>0.2~0.4	超精磨、精抛光、镜面磨削	精密机床主轴颈表面,一般规工作表面,汽缸内表面,活塞销表面
	镜状光泽面	>0.01~0.04	>0.05~0.2		精密机床主轴颈表面,滚动轴承滚珠,高压液压泵中柱塞和柱塞套配合的表面
	镜面	≤0.01	≤0.05	镜面磨削、超精研	高精度量仪和量块的工作表面,光学仪器中的金属镜面

表 5-7 表面粗糙度 Ra 的推荐选用值

应用场合			公称尺寸/mm					
		公差等级	≤50		>50~120		>120~500	
			轴	孔	轴	孔	轴	孔
经常装卸零件的配合表面		IT5	≤0.2	≤0.4	≤0.4	≤0.8	≤0.4	≤0.8
		IT6	≤0.4	≤0.8	≤0.8	≤1.6	≤0.8	≤1.6
		IT7	≤0.8		≤1.6		≤1.6	
		IT8	≤0.8	≤1.6	≤1.6	≤3.2	≤1.6	≤3.2
过盈配合	压入装配	IT5	≤0.2	≤0.4	≤0.4	≤0.8	≤0.4	≤0.8
		IT6~IT7	≤0.4	≤0.8	≤0.8	≤1.6	≤1.6	
		IT8	≤0.8	≤1.6	≤1.6	≤3.2	≤3.2	
	热装	—	≤1.6	≤3.2	≤1.6	≤3.2	≤1.6	≤3.2
滑动轴承的配合表面		公差等级	轴				孔	
		IT6~IT9	≤0.8				≤1.6	
		IT10~IT12	≤1.6				≤3.2	
		液体湿摩擦条件	≤0.4				≤0.8	
圆锥结合的工作面			密封结合		对中结合		其他	
			≤0.4		≤1.6		≤6.3	
密封材料处的孔轴表面		密封形式	速度/(m·s⁻¹)					
			≤3		3~5		≥5	
		橡胶圈密封	0.8~1.6(抛光)		0.4~0.8(抛光)		0.2~0.4(抛光)	
		毛黏密封	0.8~1.6(抛光)					
		迷宫式	3.2~6.3					
		涂油槽式	3.2~6.3					
精密定心零件配合表面		IT5~IT8	径向跳动	2.5	4	6	10	16	25
			轴	≤0.05	≤0.1	≤0.2	≤0.2	≤0.4	≤0.8
			孔	≤0.1	≤0.2	≤0.4	≤0.4	≤0.8	≤1.6

续表

应用场合		公称尺寸/mm		
V带和平带轮工作表面		带轮直径/mm		
		≤120	>120~315	>315
		1.6	3.2	6.3
箱体分界面（减速箱）	类型	有垫片		无垫片
	需要密封	3.2~6.3		0.8~1.6
	不需要密封	6.3~12.5		

5.4 表面粗糙度标注

国家标准 GB/T 131—2006 在《产品几何量技术规范（GPS）技术产品文件中表面结构的表示法》中，对表面结构（粗糙度）的标注做了详细规定。对零件表面结构的要求可以用几种不同的图形符号表示，每种符号都有特定含义，有数字、图形符号和文本等表示形式，在特殊情况下，图形符号可以在技术图样中单独使用以表达特殊意义。

5.4.1 标注表面结构的图形符号

（1）基本图形符号。它由两条不等长的与标注表面成 60°夹角的直线构成，如图 5-12（a）所示。该符号仅用于简化代号标注，没有补充说明时不能单独使用。

（2）扩展图形符号。图 5-12（b）、图 5-12（c）为扩展图形符号。其中图 5-12（b）符号表示用去除材料的方法获得的表面，如车、铣、刨、磨、抛光等；图 5-12（c）符号表示用不去除材料的方法获得的表面，如铸、锻、冷轧、粉末冶金等。

（3）完整图形符号。图 5-12（d）、图 5-12（e）、图 5-12（f）为完整图形符号。在要求标注表面结构特征的补充信息时使用。在报告和合同的文本中用文字表达图 5-12（d）、图 5-12（e）、图 5-12（f）符号时，用 APA 表示图 5-12（d），MRR 表示图 5-12（e），NMR 表示图 5-12（f）。

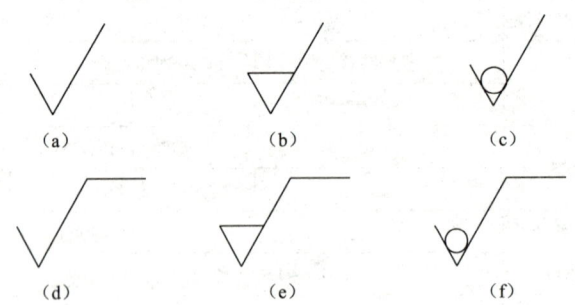

图 5-12　表面结构的图形符号

（a）基本符号；（b）去除材料的扩展符号；（c）不去除材料的扩展符号；（d）允许任何工艺的完整符号；
（e）去除材料的完整符号；（f）不去除材料的完整符号

（4）工件轮廓各表面的图形符号。当在图样某个视图上构成封闭轮廓的各表面有相同的表面结构要求时,应在完整图形符号上加一圆圈,标注在图样中工件的封闭轮廓线上,如图 5-13 所示。如果标注会引起歧义时,各表面应分别标注。

图 5-13 所示的表面结构符号是指对图形中封闭轮廓的六个面的共同要求(见图 5-13 中的数字标注),不包括前后两个表面。

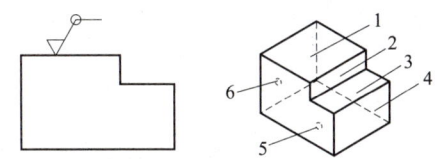

图 5-13 周边各表面有相同的表面结构要求

5.4.2 表面结构完整图形符号的组成

为了明确表面结构要求,除了标注表面结构参数和数值外,必要时应标注补充要求,补充要求包括传输带、取样长度、加工工艺、表面纹理方向和加工余量等。即在完整图形符号中,对表面结构的单一要求和补充要求,注写在如图 5-14 所示的指定位置。

图中 a~e 位置分别标注的内容如下:

(1)位置 a:注写表面结构的单一要求。

标注表面结构参数代号、极限值和传输带或取样长度。为避免误解,在参数代号和极限值之间应插入空格,传输带或取样长度后应有一斜线"/",之后是表面结构参数代号,最后是数值;

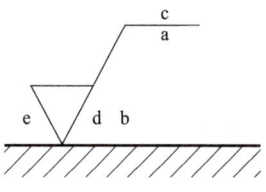

图 5-14 表面结构完整图形符号的组成

(2)位置 a 和 b:注写两个或多个表面结构要求。

在位置 a 标注第一个表面结构要求,方法同(1)。在位置 b 标注第二个表面结构要求,若要标注更多表面结构要求时,图形符号应在垂直方向上扩大,以便空出足够的空间。扩大图形符号时,a 和 b 的位置随之上移;

(3)位置 c:注写加工方法。

注写加工方法、表面处理、涂层或其他加工工艺要求等,如车、铣、磨、镀等加工方法;

(4)位置 d:注写表面纹理和方向。

注写所要求的表面纹理和纹理的方向,如"="" ⊥ ""M""R"等,见表 5-8;

表 5-8 加工纹理方向符号及示例图

符号	解释与示例	符号	解释与示例
=	纹理平行于视图所在的投影面	C	纹理呈近似同心圆且圆心与表面中心相关

续表

符号	解释与示例	符号	解释与示例
⊥	纹理垂直于视图所在的投影面	R	纹理呈近似放射状且与表面圆心相关
×	纹理呈两斜向交叉且与视图所在的投影面相交	P	纹理呈微粒、凸起，无方向
M	纹理呈多方向		

注：如果表面纹理不能清楚地用这些符号表示，必要时，可以在图样上加注说明。

（5）位置 e：注写加工余量。

注写所要求的加工余量，以 mm 为单位给出数值。

标注时高度参数值分为上限值、下限值、最大值和最小值。当在图样上只标注一个参数值时，表示只要求上限值。当在图样上同时注出上限值和下限值时，表示所有实测值中超过规定值的个数应少于总数的 16%。当在图样上同时注出最大值和最小值时，表示所有实测值中不得超过规定值。

下面给出表面结构完整图形符号的标注示例。

（1）加工方法或相关信息的注法，示例如图 5-15 和图 5-16 所示。

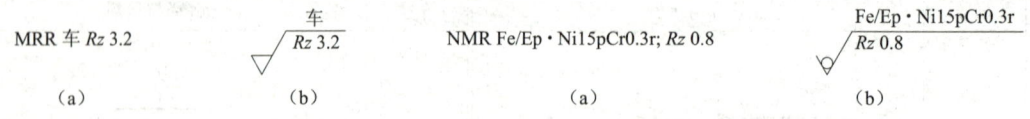

图 5-15　加工工艺和表面结构要求的标注　　　　图 5-16　镀覆和表面结构要求的标注
　　　（a）在文本中；（b）在图样上　　　　　　　　　　（a）在文本中；（b）在图样上

（2）表面纹理的标注，示例如图 5-17 所示。

（3）加工余量的标注，示例如图 5-18 所示。

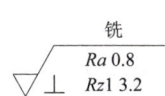

图 5-17 垂直于视图所在投影面的表面纹理方向的标注

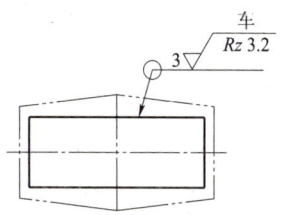

图 5-18 在表示完工零件的图样中给出加工余量的标注（所有表面加工余量均为 3 mm）

5.4.3 表面结构要求在图样和其他技术产品文件中的标注

表面结构要求对每一表面一般只标注一次，并尽可能标注在相应的尺寸及其公差的同一视图上。除非另有说明，所标注的表面结构要求是对完工零件的表面要求。

1. 表面结构符号、代号的标注位置与方向

根据国家标准规定，表面结构的注写和读取方向与尺寸的注写和读取方向一致，如图 5-19 所示。

（1）标注在轮廓线或指引线上。表面结构要求可以标注在轮廓线上，其符号应从材料外指向并接触表面。必要时，表面结构符号也可以用带箭头或黑点的指引线引出标注，如图 5-20 和图 5-21 所示。

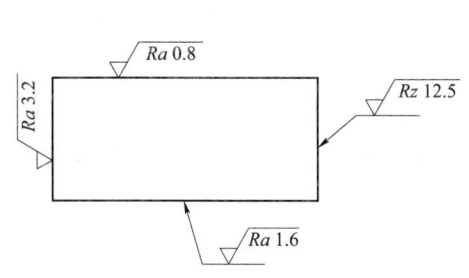

图 5-19 表面结构的标注示例

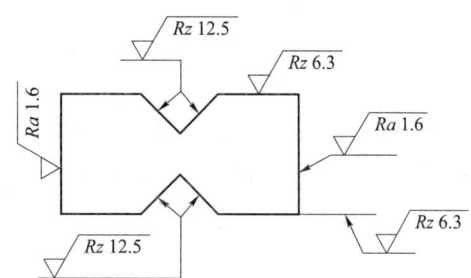

图 5-20 表面结构要求在轮廓线上的标注

（2）标注在特征尺寸的尺寸线上。在不致引起误解时，表面结构要求可以标注在给定的尺寸线上，如图 5-22 所示。

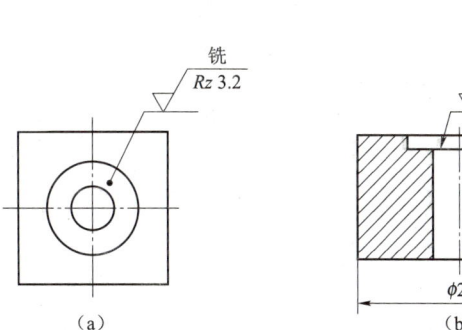

图 5-21 表面结构要求用指引线引出的标注

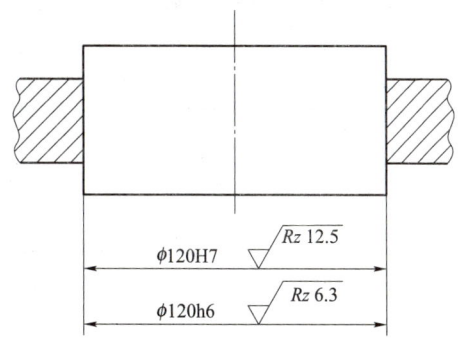

图 5-22 表面结构要求在尺寸线上的标注

(3) 标注在几何公差的框格上。表面结构要求也可以标注在几何公差框格的上方，如图 5-23 所示。

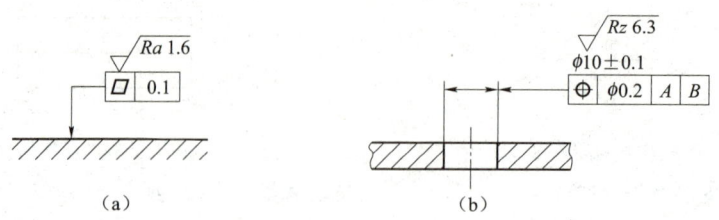

图 5-23　表面结构要求在几何公差框格上的标注

(4) 标注在延长线上。表面结构要求可以直接标注在延长线上，或用带箭头的指引线引出标注，如图 5-20 和图 5-24 所示。

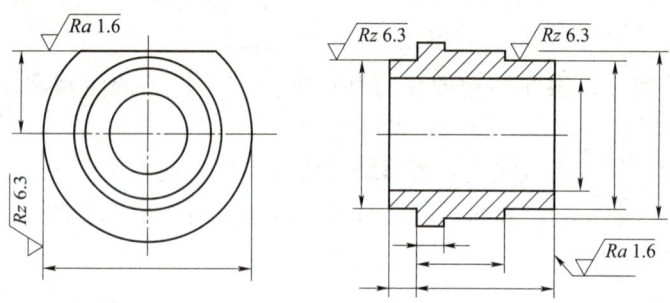

图 5-24　表面结构要求在圆柱特征延长线上的标注

(5) 标注在圆柱或棱柱面上。圆柱或棱柱表面的表面结构要求只标注一次，如图 5-24 所示。如果每个棱柱表面有不同的表面结构要求，则应分别单独标注，如图 5-25 所示。

2. 表面结构要求的简化注法

1) 有相同表面结构要求的简化注法

如果工件的多数（包括全部）表面有相同的表面结构要求，则其表面结构要求可统一标注在图样的标题栏附近。此时（除全部表面有相同要求的情况除外），表面结构要求的符号后面应有：

(1) 在括号内给出无任何其他标注的基本符号，如图 5-26 所示。

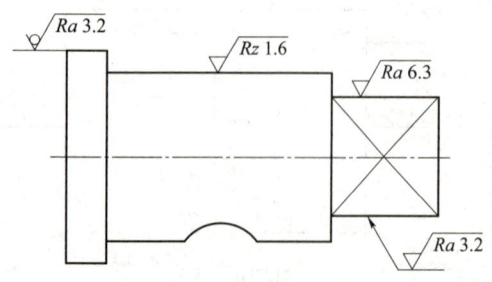

图 5-25　表面结构要求在圆柱或棱柱面上的标注

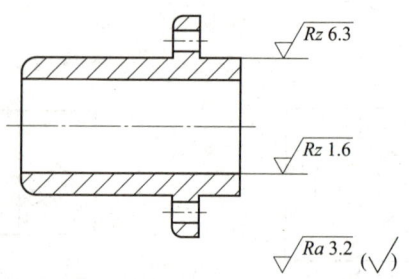

图 5-26　大多数表面有相同表面要求的简化标注 1

（2）在括号内给出不同的表面结构要求，如图 5-27 所示。

不同的表面结构要求应直接标注在图形中，如图 5-26 和图 5-27 所示。

2) 多个表面有共同要求的注法

当多个表面具有相同的表面结构要求或图纸空间有限时，可以采用简化标注。

（1）用带字母的完整符号的简化标注

可用带字母的完整符号，以等式的形式，在图形或标题栏附近，对有相同表面结构要求的表面进行简化标注，如图 5-28 所示。

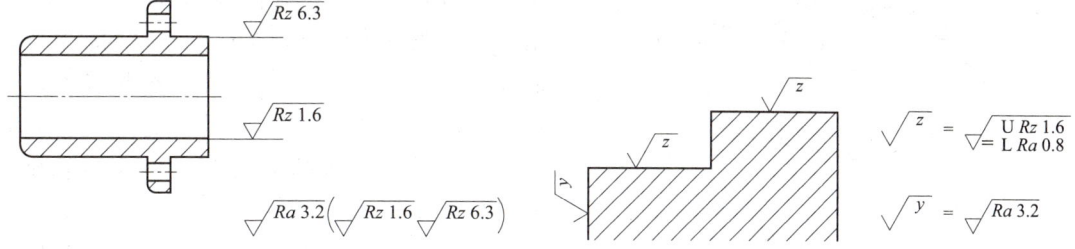

图 5-27 大多数表面有相同表面要求的简化标注 2　　图 5-28 图纸空间有限时的简化标注

（2）只用表面结构符号的简化标注。可用表面结构符号，以等式的形式给出对多个表面共同的表面结构要求，如图 5-29 所示。

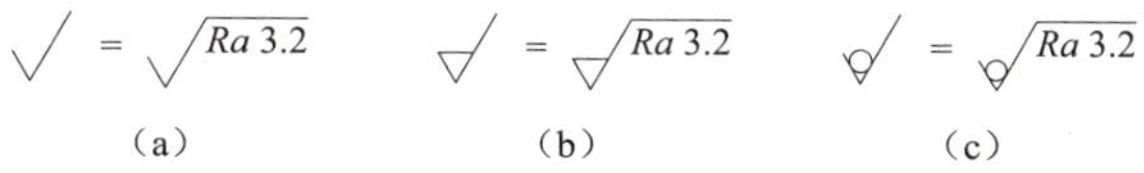

图 5-29 各种工艺方法多个表面结构要求的简化标注
（a）未指定工艺方法；（b）要求去除材料；（c）不允许去除材料

5.5 表面粗糙度的检测

测量表面粗糙度参数值时，若图样上无特别注明测量方向，则应在数值最大的方向上测量，一般是在垂直于表面加工纹理方向的截面上测量。对无一定加工纹理方向的表面（如电火花、研磨等加工表面），应在几个不同方向上测量，并取最大值作为测量结果。

表面粗糙度的检测方法，常用的有比较法、光切法、轮廓法和干涉法。

1. 比较法

比较法是将被测表面与表面粗糙度样块相比较来判断工件表面粗糙度是否合格的检验方法。

表面粗糙度样块的材料、加工方法和加工纹理方向最好与被测表面相同，这样有利于比较，提高判断的准确性。另外，当零件批量较大时，也可以从生产的零件中选择样品，经精密仪器检定后，作为标准样板使用。用样块比较时，可以用肉眼判断，也可以用手摸感觉，为了提高比较的准确性，还可以借助放大镜和比较显微镜。这种测量方法简便易行，适宜在车间现场使用，常用于评定中等或较粗糙的表面。

如果按比较法不能做出判定，可按下述方法进行测量。

2. 光切法

光切法是利用光切原理，测量表面粗糙度的一种方法。常用的仪器是光切显微镜（又称双管显微镜，见图 5-30），常用来测量幅度参数 Rz 值，测量范围一般为 $0.8~80~\mu m$。

光切显微镜测量原理如图 5-31 所示。光源发出的光线经聚光镜和狭缝形成一束扁平光带，通过物镜以 45°方向投射在被测表面上。由于提取被测表面上存在微观不平的峰谷，因而与入射光呈垂直方向，即与被测表面成另一个 45°方向经另一物镜反射到目镜分划板上。从目镜中可以看到被测表面实际轮廓的影像，测出轮廓影像的高度 h'_1，根据显微镜的放大倍数 K，即可算出被测轮廓的实际高度 h 为

$$h = \frac{h'_1}{K}\cos 45° = \frac{H\cos 45°}{K}\cos 45° = \frac{H}{2K}$$

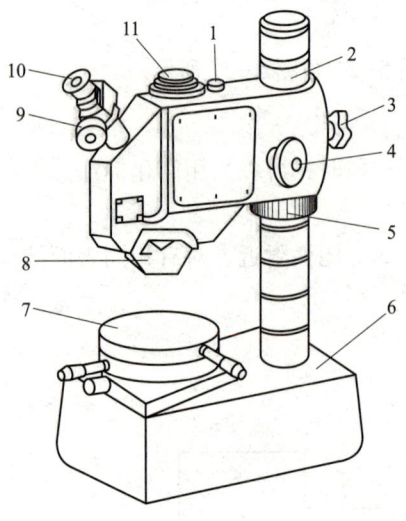

图 5-30 光切显微镜

1—光源；2—立柱；3—锁紧螺钉；4—微调手轮；
5—粗调螺母；6—底座；7—工作台；8—物镜组；
9—测微鼓轮；10—目镜；11—照相机插座

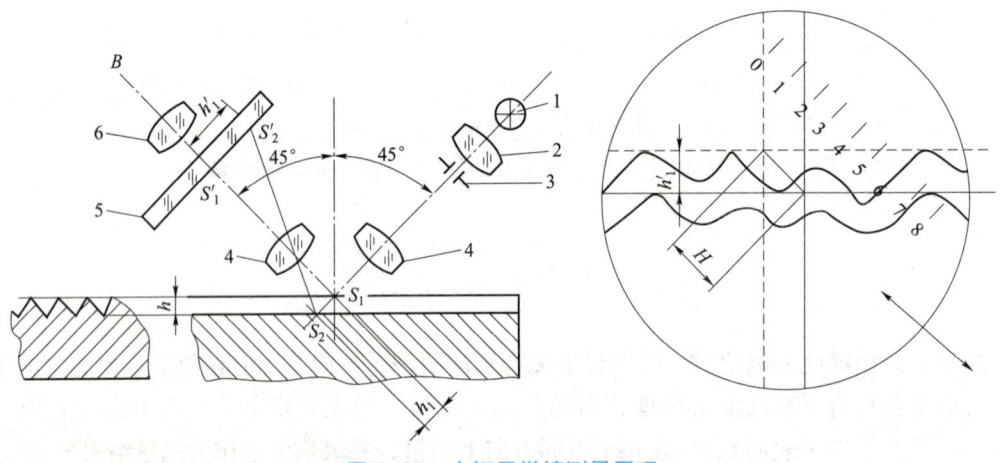

图 5-31 光切显微镜测量原理

1—光源；2—聚光镜；3—光阑；4—物镜；5—分划板；6—目镜

3. 轮廓法

轮廓法是一种接触式测量表面粗糙度的方法，最常用的仪器是电动轮廓仪。如图 5-32 所示，其工作原理是利用金刚石触针在被测表面上等速缓慢移动，由于实际轮廓的微观起伏，迫使触针上下移动，该微量移动通过传感器转换成电信号，并经过放大和处理得到参数的相关数值，多用于测量 Ra 值。

如图 5-32 所示是一种较老式的触针测微仪，其测量范围一般 Ra 为 $2.5~12.5~\mu m$，对较小的表面粗糙度值就无法测量，由于它体积大，不便用于生产现场，仅适用于工厂计量室。

随着科学技术的发展，目前国产 TR 系列便携式表面粗糙度仪已逐步取代国产的 BCJ-2

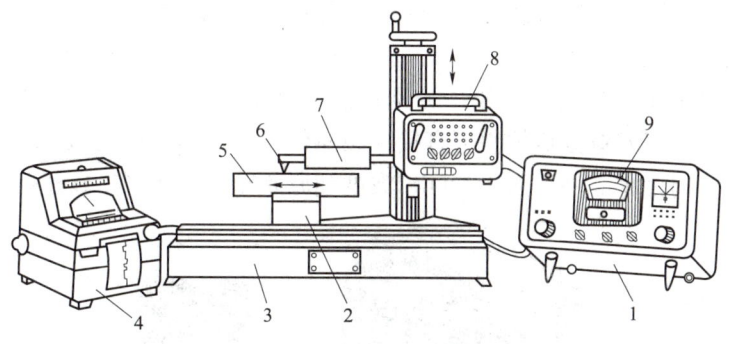

图 5-32 BCJ-2 型电动轮廓仪

1—电箱;2—V 形块;3—工作台;4—记录器;5—工件;6—触针;7—传感器;8—驱动箱;9—指示表

型电动轮廓仪。

如图 5-33 所示为 TR100 型便携式表面粗糙度仪,它具有压电晶体式传感器,具有体积小、便于携带和操作简单等特点,同时还具有清晰的大屏幕、液晶显示功能。测量范围 Ra 为 $0.05 \sim 10~\mu m$、Rz 为 $0.1 \sim 50~\mu m$。

如图 5-34 所示为 TR200 型表面粗糙度仪,它具有高精度电感传感器,可测量显示 13 个粗糙度参数,采用 DSP(数字信号处理器)进行数据处理和控制,

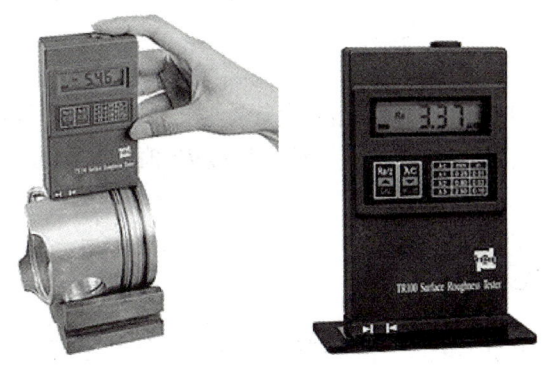

图 5-33 TR100 型便携式表面粗糙度仪

具有速度快,功耗低,机电一体化设计,体积小,质量轻,使用方便等优点。连接专用打印机,可以打印测量参数及轮廓,它还可与 PC 机通信,可选配曲面传感器测量凹凸面,小孔传感器测量内孔粗糙度,流行的菜单式操作方式,具有图形显示功能、传感器触针位置指示、带存储功能的自动关机及多语言工作方式选择等特点。

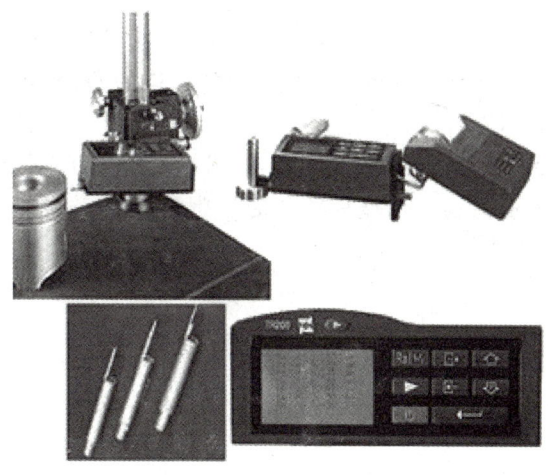

图 5-34 TR200 型表面粗糙度仪

如图 5-35 所示为 TR300 型表面粗糙度仪,它采用分体设计,将测量与操作显示分为两体。可将测量仪放入大型工件的腔内进行遥控测量,其传输距离可达到半径 2 m 的球形空间,并在液晶屏幕显示。采用双 CPU,分别控制数据采集和键盘操作,显示粗糙度、波度和原始轮廓图形,配以专业分析软件可直接控制操作,并能提供强大的高级分析功能。根据不同的测量条件,对多种零件表面粗糙度、波度和原始轮廓进行多参数评定。

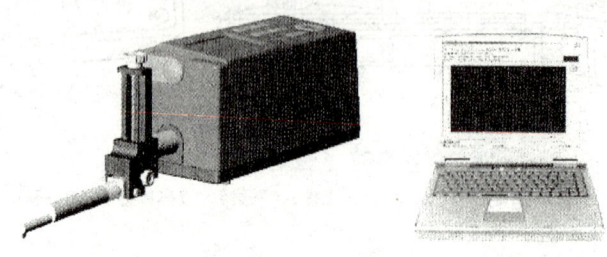

图 5-35　TR300 型表面粗糙度仪

4. 干涉法

干涉法是利用光波干涉原理来测量表面粗糙度的一种方法,常用的仪器是干涉显微镜。该方法主要用于评定表面粗糙度 Rz 值,其测量的范围通常为 $0.05\sim0.08\ \mu m$。

习题五

5-1　表面粗糙度的含义是什么?对零件的使用性能有哪些影响?

5-2　测量与评定表面粗糙度时,为什么要确定取样长度和评定长度?取样长度值的大小应根据什么确定?

5-3　轮廓最小二乘中线与轮廓算数平均中线有何区别?

5-4　评定表面粗糙度的主要轮廓参数有哪些?分别说明其含义和代号?在设计零件时,对这几个参数选用的依据是什么?

5-5　选择表面粗糙度参数值所遵循的一般原则有哪些?

5-6　设计时如何协调尺寸公差、形状公差和表面粗糙度参数之间的关系?

5-7　在一般情况下,$\phi 48H7$ 与 $\phi 8$ 相比,$\phi 48H6/f5$ 与 $\phi 48H6/s5$ 相比,哪个应选用较小的表面粗糙度值?为什么?

5-8　有一传动轴的轴颈,尺寸为 $\phi 40^{+0.013}_{+0.002}$,圆柱度公差为 $2.5\ \mu m$,试根据形状公差和尺寸公差确定该轴颈的表面结构(粗糙度)评定参数 Ra 的允许值。

技能篇

第 6 章

孔轴尺寸测量

6.1 常用的长度量具与量仪

6.1.1 量块

1. 量块材料、形状和尺寸

量块亦称块规，是最常用的标准量具。量块作为工作基准，用于尺寸传递，校准和检定测量器具，相对测量时调整量具或量仪的零位以及直接用作精密测量、精密划线和精密机床调整等。量块用铬锰钢等特殊合金钢或线膨胀系数小、性质稳定、耐磨以及不易变形的其他材料制成。

量块的形状有长方体和圆柱体两种，常用的是长方体。长方体的量块有两个平行的测量面及 4 个非测量面，如图 6-1（a）所示。测量面表面非常光洁、平整，Ra 达 0.012 μm 以上，两个测量面之间具有精确的尺寸。

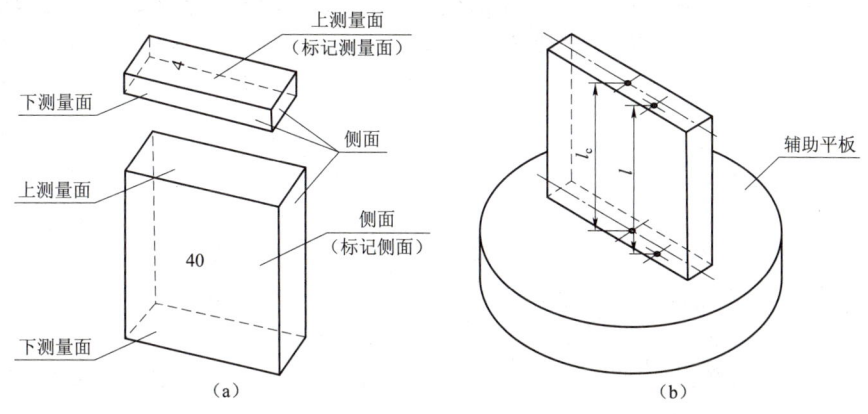

图 6-1 量块

量块长度 l 是指一个测量面上的任意点到与其相对的另一测量面相研合的辅助表面之间的垂直距离；量块中心长度 l_c 是指从量块一个测量面中心点 a 到与该量块另一测量面相研合的辅助平面之间的垂直距离，如图 6-1（b）所示。

量块标称尺寸 l_n 是指量块上标出的尺寸。标称尺寸 $l_n \leqslant 5.5$ mm 的量块，标称长度值刻在上测量面上；$l_n > 5.5$ mm 的量块，标称长度值刻在上测量面左侧较宽的一个非测量面上，如图 6-1 所示。量块矩形截面的尺寸规定见表 6-1。

表 6-1　量块矩形截面尺寸

矩形截面	标称长度 l_n	矩形截面长度 a	矩形截面宽度 b
	$0.5 \leq l_n \leq 10$	$30_{-0.3}^{0}$	$9_{-0.20}^{-0.05}$
	$10 < l_n \leq 1\,000$	$35_{-0.3}^{0}$	

2. 量块精度

量块按制造精度分级（量块制造精度是指两测量面的尺寸精度和平行度）。根据 GB/T 6093—2001 的规定，将量块分为 0 级、1 级、2 级、3 级和 K 级共 5 级，0 级精度最高，3 级最低，K 级为校准级。按级使用量块是用量块的标称长度尺寸。

量块按检定精度分等，我国规定将量块分成 1 等、2 等、3 等、4 等、5 等和 6 等。1 等精度最高，其余依次降低。按等使用量块是用量块的实际长度尺寸。所以，在测量中按等实用量块比按级实用量块要精确一些，但计算较麻烦。

由制造厂家按级供应的量块，购得后通过计量部门可将 0 级检定为 1 等或 2 等，1 级、2 级检定为 3 等或 4 等，3 级只可检定为 5 等。

3. 量块的使用

量块除稳定性、耐磨性、准确性外，还具有研合性。研合性是指量块的一个测量面与另一量块的测量面或另一经精密加工的类似的平面，通过分子吸力作用而黏合的性能。

利用量块的这一性能，可将量块的测量面用较小压力推合，就能贴附在一起。利用这一特性，可以用多个量块组成量块组构成所需尺寸。量块是成套制造的，我国生产的成套量块有 91 块、83 块、46 块、38 块等几种规格。表 6-2 所列为 83 块组成一套的量块尺寸系列。

表 6-2　83 块一套的量块尺寸系列

总块数	尺寸系列	间隔/mm	块数/块
83	0.5	—	1
	1	—	1
	1.005	—	1
	1.01, 1.02, …, 1.49	0.01	49
	1.5, 1.6, …, 1.9	0.1	5
	2.0, 2.5, …, 9.5	0.5	16
	10, 20, …, 100	10	10

组合量块成一定尺寸时，为了迅速选择量块，应从所给尺寸的最后一位数字考虑，每选一块应使尺寸的位数减小一位，其余依次类推。为减少量块组合的累积误差，应尽量用最少数量的量块组成所需的尺寸，一般不应超过 4 块。

例 6-1　用 83 块一套的量块，组成 53.325 mm 的量块组，其组合方法如下：

```
         53.325
    −     1.005    （第一块）
         52.320
    −     1.32     （第二块）
         51.000
    −     1        （第三块）
         50.000
    −    50        （第四块）
              0
```

即量块组尺寸 53.325 = 1.005+1.32+1+50（mm）。

6.1.2 游标量具

游标量具是利用游标读数原理制成的一种常用量具，常用的游标量具有游标卡尺、游标深度尺、游标高度尺、游标量角尺(如万能量角尺)和齿厚游标卡尺等，用以测量零件的外径、内径、长度、宽度、厚度、高度、深度、角度以及齿轮的齿厚等，应用范围非常广泛。

游标尺的读数部分主要有尺身上的主尺和游标组成，这里以游标卡尺为例说明游标量具读数原理与使用。游标卡尺有Ⅰ型、Ⅱ型、Ⅲ型和Ⅳ型共四种，如图 6-2 所示为Ⅰ型游标卡尺，如图 6-3 所示为Ⅲ型游标卡尺。

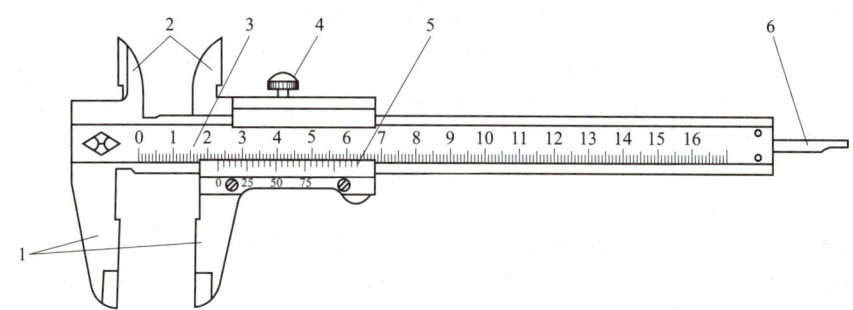

图 6-2　Ⅰ型游标卡尺

1—外测量爪；2—刀口内测量爪；3—尺身；4—紧固螺钉；5—游标；6—深度尺

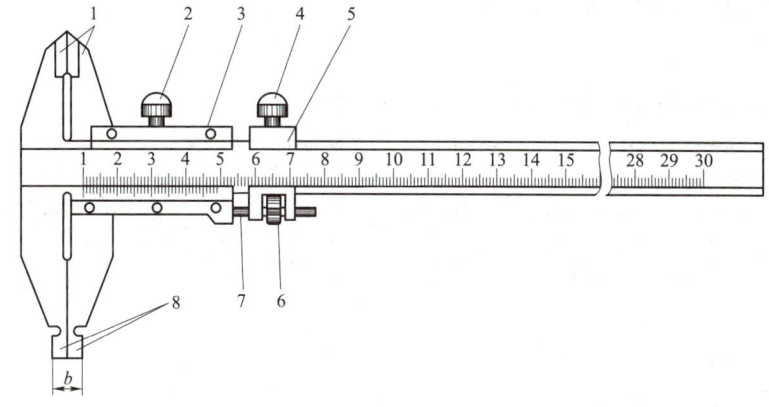

图 6-3　Ⅲ型游标卡尺

1—刀口外测量爪；2,4—紧固螺钉；3—尺框；5—微调装置；6—螺母；7—小螺杆；8—内外测量爪

Ⅰ型游标卡尺外测量爪用于测量工件的外圆（形）和长度；刀口内测量爪用于测量内径（内形）和槽宽；内、外测量爪也可以用来间接测量孔距；深度尺可用来测量工件的深度和台阶的长度。Ⅰ型游标卡尺的测量范围有 0～125 mm 和 0～150 mm 两种。

Ⅲ型游标卡尺与Ⅰ型游标卡尺相比较，主要区别是增加了微调装置；测量爪布局位置不同；取消了深度尺；增大了测量范围。其测量范围有 0～200 mm 和 0～300 mm 两种。

游标卡尺的游标读数值有 0.02 mm、0.05 mm 和 0.1 mm，其刻度原理和读数方法如下：

1. 刻度原理

（1）精度为 0.1 mm 的游标卡尺的刻度原理（此类卡尺不常用）。

主尺的刻度每格为 1 mm。取主尺上 9 mm 分成 10 等分刻成副尺（游标尺），则副尺每格长度为 0.9 mm，主尺与副尺每格的长度差为 0.1 mm（1-0.9=0.1）。当主副尺零线后第一刻线对齐时，两卡脚间的距离为 0.1 mm，第二刻线对齐时，两卡脚间的距离为 0.2 mm，依此类推。

（2）精度为 0.05 mm 的游标卡尺的刻度原理。

主尺的刻度每格为 1 mm。取主尺上 19 mm 分成 20 等分刻成副尺（游标尺），则副尺每格长度为 0.95 mm，主尺与副尺每格的长度差为 0.05 mm（1-0.95=0.05）。当主副尺零线后第一刻线对齐时，两卡脚间的距离为 0.05 mm，第二刻线对齐时，两卡脚间的距离为 0.1 mm，依此类推。

（3）精度为 0.02 mm 的游标卡尺的刻度原理（此类卡尺比较常用）。

主尺的刻度每格为 1 mm。取主尺上 49 mm 分成 50 等分刻成副尺（游标尺），则副尺每格长度为 0.98 mm，主尺与副尺每格的长度差为 0.02 mm（1-0.98=0.02）。当主副尺零线后第一刻线对齐时，两卡脚间的距离为 0.02 mm，第二刻线对齐时，两卡脚间的距离为 0.04 mm，依此类推。

2. 读数方法

（1）从主尺上读取整数，即找出副尺零线前主尺上的整数。

（2）从副尺上读取小数，即找出副尺上零线后第几条刻线与主尺上的某一刻线对齐，即为 n 个 0.1 mm（精度为 0.1 mm 的游标卡尺）或为 n 个 0.05 mm（精度为 0.05 mm 的游标卡尺）或为 n 个 0.02 mm（精度为 0.02 mm 的游标卡尺）。

（3）整数与小数相加，即为完整读数。

3. 读数示例

图 6-4 为精度 0.02 mm 游标卡尺的读数示例图。

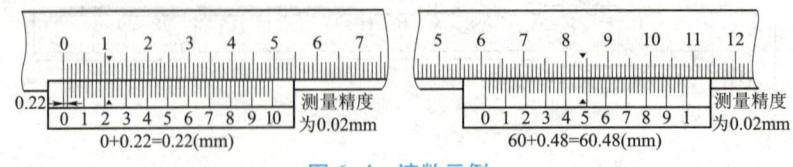

图 6-4　读数示例

6.1.3　螺旋测微量具

应用螺旋测微原理制成的量具，称为螺旋测微量具。它们的测量精度比游标卡尺高，并且测量比较灵活,因此当加工精度要求较高时多被应用。常用的螺旋测微量具有外径千分尺、内径千分尺和深度千分尺等。

千分尺的工作原理是应用测微螺杆将微小的直线位移转变为便于目视的角位移。以外径千分尺为例,其读数原理如图 6-5 所示。

当与测微螺杆固定在一起的微分套筒转动一个角度 φ 时,螺杆的轴向位移 x 与微分筒的角位移 φ 的关系为

$$x = P\varphi/2\pi$$

式中　x——测微螺杆的轴向位移,mm;
　　　P——测微螺杆的螺距,mm;
　　　φ——微分筒的转角(角位移),rad。

一般为测微螺杆螺距 $P=0.5$ mm,微分套筒上刻有 50 个等分的刻度,当微分套筒旋转一格时,螺杆的轴向位移为 $0.5\div50=0.01$(mm)。

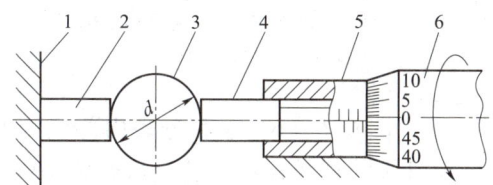

图 6-5　千分尺读数原理

1—尺架;2—测砧;3—被测工件;4—测微螺杆;5—固定套筒;6—微分筒

千分尺固定套筒每隔 0.5 mm 刻一刻度,读数时先看微分筒的边在固定套筒的哪个刻线后边(或刻线上),从而读出整数或整数加 0.5 mm 的部分,然后再从微分筒上与固定套筒纵线可对准的刻线读出不足 0.5 mm 的小数部分,不足一格的估读,两者相加即为完整读数。

6.1.4　机械量仪

机械量仪(指示式量仪)是借助杠杆、齿轮、齿条或扭簧的传动,将测量杆的微小直线位移经传动和放大机构转变为表盘上指针的角位移,从而指示出相应的数值。机械量仪包括百分表、千分表、内径百分表、杠杆千分尺、杠杆齿轮比较仪、扭簧比较仪等。

机械量仪示值范围较小,主要用于相对测量,测量零件的尺寸及几何误差。这类量仪具有体积小、质量轻、结构简单、造价低等特点,不需附加电源、光源、气源等,也比较坚固耐用,应用十分广泛。

1. 百分表和千分表

百分表和千分表,都是用来校正零件或夹具的安装位置、检验零件的形状精度或相互位置精度的。它们的结构原理没有什么大的不同,就是千分表的读数精度比较高,即千分表的分度值为 0.001 mm,而百分表的分度值为 0.01 mm。车间里经常使用的是百分表,因此,主要是介绍百分表。

百分表的外形如图 6-6(a)所示。1 为表体,8 为测量杆,6 为指针,表盘 3 上刻有 100 个等分格,其分度值为 0.01 mm。当指针转一圈时,小指针即转动一小格,转数指示盘

5 中的转数指针分度值为 1 mm。用手转动表圈 4 时,表盘 3 也跟着转动,可使指针对准任一刻线。测量杆 8 是沿着套筒 7 上下移动的,9 是测量头,2 是手提测量杆用的圆头。

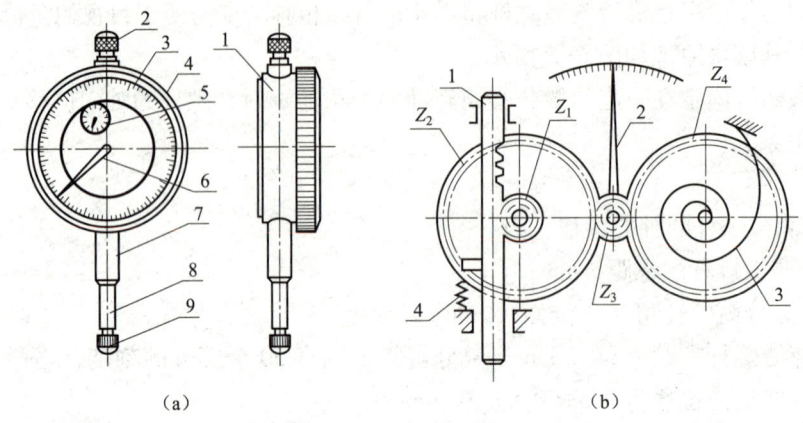

图 6-6 百分表外形及其内部结构

(a)外形;(b)内部结构

图 6-6(b)是百分表内部机构的示意图。带有齿条的测量杆 1 的直线移动,通过齿轮传动(Z_1、Z_2、Z_3),转变为指针 2 的回转运动。齿轮 Z_4 和弹簧 3 使齿轮传动的间隙始终在一个方向,起着稳定指针位置的作用。弹簧 4 是控制百分表的测量压力的。百分表内的齿轮传动机构,使测量杆直线移动 1 mm 时,指针正好回转一圈。

由于百分表和千分表的测量杆是做直线移动的,可用来测量长度尺寸,所以它们也是长度测量工具。目前,国产百分表的测量范围有 0~3 mm、0~5 mm、0~10 mm 三种。分度值为 0.001 mm 的千分表,测量范围为 0~1 mm。

2. 内径百分表

内径百分表是由百分表和专用测量架组成,用以测量或检验零件的内孔、深孔直径及其形状精度。

内径百分表测量架的内部结构,如图 6-7 所示。在三通管 3 的一端装着活动测量头 1,另一端装着可换测量头 2,垂直管口一端,通过连杆 4 装有百分表 5。活动测头 1 的移动,使传动杠杆 7 回转,通过活动杆 6,推动百分表的测量杆,使百分表指针产生回转。由于杠杆 7 的两侧触点是等距离的,当活动测头移动 1 mm 时,活动杆也移动 1 mm,推动百分表指针回转一圈。所以,活动测头的移动量,可以在百分表上读出来。

两触点量具在测量内径时,不容易找正孔的直径方向,定心护桥 8 和弹簧 9 就起了一个帮助找正直径位置的作用,使内径百分表的两个测量头正好在内孔直径的两端。活动测头的测量压力由活动杆 6 上的弹簧控制,保证测量压力一致。

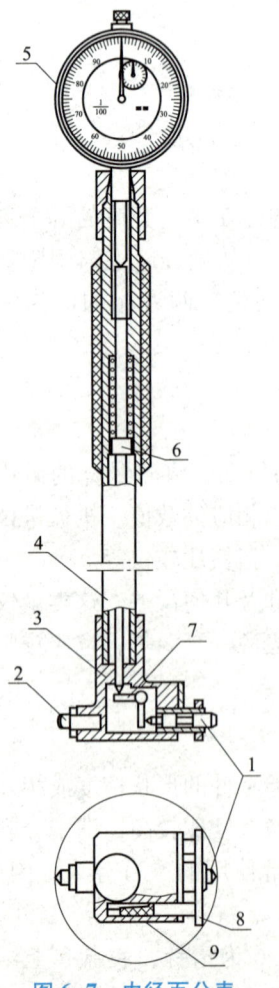

图 6-7 内径百分表

内径百分表活动测头的移动量,小尺寸的只有 0~1 mm,大尺寸的可有 0~3 mm,它的测量范围是由更换或调整可换测头的长度来达到的。因此,每个内径百分表都附有成套的可换测头。内径百分表的读数值为 0.01 mm,测量范围有 10~18 mm、18~35 mm、35~50 mm、50~100 mm、100~160 mm、160~250 mm、250~450 mm 等。

3. 杠杆千分尺

杠杆千分尺是测量外形尺寸的一种精密测量器具,可作绝对测量和相对测量,其分度值有 0.001 mm 和 0.002 mm 两种,测量范围有 0~25 mm、25~50 mm、50~75 mm 和 75~100 mm 四种。外形与千分尺相似,如图 6-8(a)所示,主要由螺旋测微部分和杠杆齿轮部分组成,其结构原理如图 6-8(b)所示。

相对测量时因工件尺寸变化引起测砧左右移动,推动杠杆、扇形齿轮相继摆动,从而带动与小齿轮轴固定连接的指针相应摆动并指示出被测尺寸的变化。

绝对测量时,读数值为螺旋测微部分的读数值与表盘指示值之和。

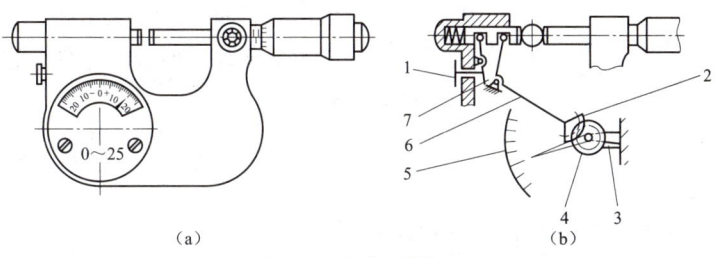

图 6-8 杠杆千分尺

(a) 外形;(b) 结构简图

1—手压按钮;2—扇形齿轮;3—游丝;4—小齿轮;5—刻度盘;6,7—杠杆

4. 杠杆齿轮比较仪

杠杆齿轮比较仪主要用于比较测量。当测量杆随工件尺寸的变化而上下移动时,相应带动杠杆、扇形齿轮、小齿轮及指针摆动。表盘指示值的变化即为工件尺寸的变化,如图 6-9 所示。

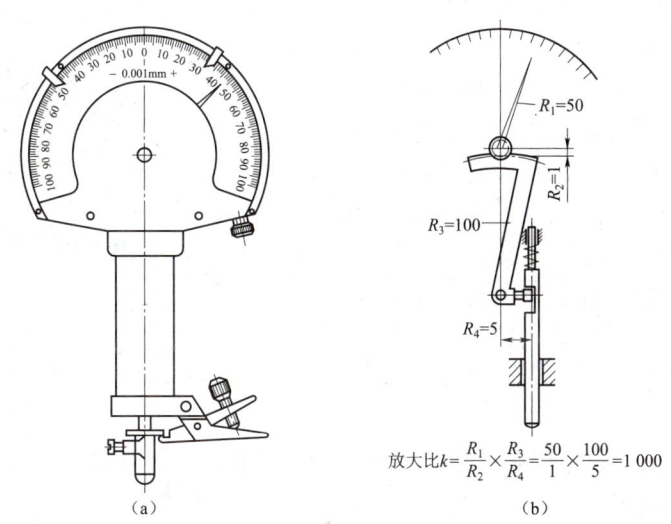

放大比 $k = \dfrac{R_1}{R_2} \times \dfrac{R_3}{R_4} = \dfrac{50}{1} \times \dfrac{100}{5} = 1\,000$

图 6-9 杠杆齿轮比较仪

(a) 外形;(b) 结构简图

杠杆齿轮比较仪的分度值有 0.001 mm 和 0.000 5 mm，示值范围有±0.1 mm、±0.05 mm 和±0.025 mm 几种。它具有示值稳定、误差较小、灵敏度高等特点，但外形尺寸较大。

5. 扭簧比较仪

扭簧比较仪的灵敏弹簧片是截面为长方形的扭曲金属带，由中间起，一半向右、一半向左扭曲成麻花状。其中一端固定在可调整的弓架上，另一端则固定在弹性杠杆上。当测量杆随工件尺寸变化而上下移动时，使弹性杠杆带动弹簧片伸缩，从而使固定在弹簧片中部的指针偏转，表盘上即指示出工件尺寸的变化，如图 6-10 所示。

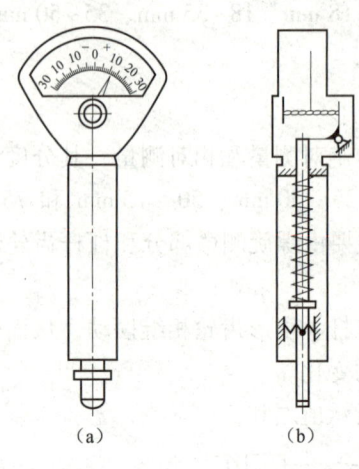

图 6-10　扭簧比较仪
(a) 外形；(b) 结构简图

扭簧比较仪的示值范围有±0.03 mm、±0.015 mm、±0.006 mm、±0.003 mm，相应的分度值为 0.001 mm、0.000 5 mm、0.000 2 mm、0.000 1 mm 等几种。扭簧比较仪结构简单，内部无相互摩擦的零件，因而灵敏度高，可用作精密比较测量。

6.1.5　光学量仪

光学量仪是利用光学原理制成的一种测量器具。

1. 光学计

光学计又称光学比较仪，有立式和卧式两种。

立式光学计主要用于测量外形尺寸，其外形如图 6-11 所示。调节螺母 10 可使投影筒 8 沿立柱 7 上下移动，可由调节螺母 9 紧固。光学计管 3 插入投影筒中，用微动手轮可调节光学计管做微量的上下移动，以控制测量杆与工件的接触程度，调节好后用调节螺母锁紧光学计管。工作台 2 的四个螺钉用于调整工作台的水平位置。

光学计管是光学计的主要部分，整个光学系统都安装在光学计管内。光学计管是利用光学的自准直原理及机械的正切杠杆机构进行工作的。

光学自准直原理：物镜焦点 O 发出的光束经物镜折射后成为与主光轴平行的光束，当遇到与主光轴垂直的平面反射镜后，则按原路返回，再次通过物镜仍会聚于物镜的焦点 O 上，即它的自准直像完全与物点 O 重合，如图 6-12 所示。

若平面反射镜偏转 α 角，则被平面反射镜反射回的光束将偏转 2α 角，这时自准直像相对于物点 O 在焦平面产生了偏移，如图 6-13 所示，其偏移量为

$$L = f\tan 2\alpha$$

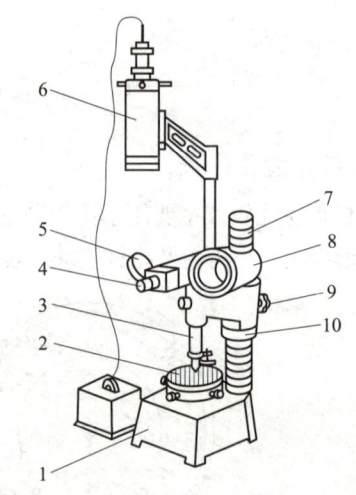

图 6-11　光学计
1—底座；2—工作台；3—光学计管；4—目镜；
5—进光反射镜；6—光源；7—立柱；
8—投影筒；9—调节螺母；10—螺母

第6章 孔轴尺寸测量

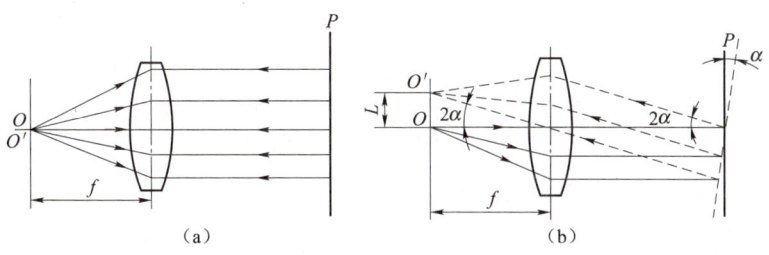

图 6-12 自准直原理图
（a）P 与主光轴垂直；（b）P 偏转 α 角

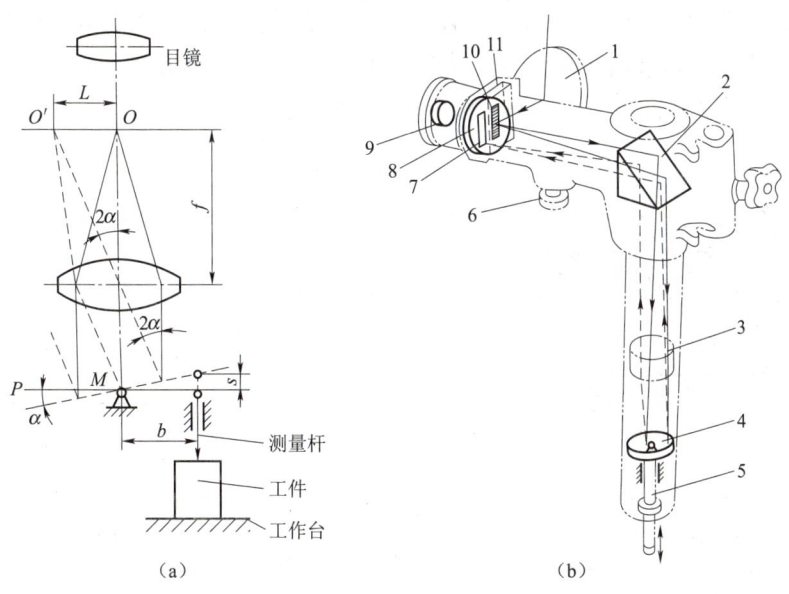

图 6-13 光学计管传动原理及光路系统
1—进光反射镜；2—转向棱镜；3—物镜；4—平面反射镜；5—测量杆；6—微调旋钮；
7—成像面；8—分划板；9—目镜；10—刻度尺；11—棱镜

如果在与主光轴平行的方向上安装一测量杆，见图 6-13（a），测量杆的上端与平面反射镜接触，同时平面反射镜可绕支点 M 摆动。当测量杆移动距离为 s 时，推动平面反射镜偏转 α 角，则这时 s 为

$$s = b\tan\alpha$$

式中，b 为测量杆到支点 M 的距离。这种机构称为正切杠杆机构。

利用平面反射镜将正切杠杆机构与自准直系统联系起来，当测量杆移动微小距离时，平面反射镜将偏转 α 角，于是像点 O' 将移动 L 距离。所以，只要将 L 测出，便可求出 s，从而得到工件尺寸的变化量。这就是光学计管的工作原理。

像的偏移距离 L 与测量杆移动距离 s 的比值称为光学计管的放大比，其计算公式为

$$K = \frac{L}{s} = \frac{f\tan 2\alpha}{b\tan\alpha}$$

由于 α 角一般很小，取 $\tan 2\alpha \approx 2\alpha$，$\tan\alpha \approx \alpha$，则

$$K \approx \frac{2f}{b}$$

一般光学计 $f = 200$ mm，$b = 5$ mm，则 $K = 80$ 倍。若目镜放大倍数为 12 倍，则光学计的总放大比为 $12K = 960$ 倍，即测量杆移动 1 μm，在目镜刻线尺上的像则移动将近 1 mm，放大了近千倍。

2. 万能测长仪

测长仪有立式和卧式两种。卧式测长仪也称万能测长仪，如图 6-14 所示。它由底座、测座、万能工作台、手轮、尾座等部件组成。仪器设计按阿贝原则（即被测工件的尺寸线与刻线尺的轴线在一条直线上或在其延长线上）。

仪器的工作原理如图 6-15 所示。测座由测量杆和读数显微镜 1 组成，测量杆可在沿轴向方向自由移动，在其沿轴线的位置上装有一根长度为 100 mm 的基准刻线尺 2，刻线尺的移动量可由读数显微镜读出。万能测长仪的直接测量范围为 0~100 mm。

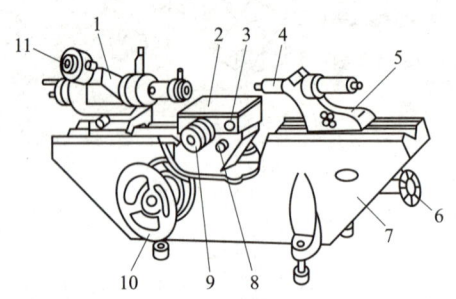

图 6-14 万能测长仪

1—测座；2—万能工作台；3—手柄；4—尾管；
5—尾座；6—手轮；7—底座；8—手柄；
9—微分筒；10—手轮；11—目镜

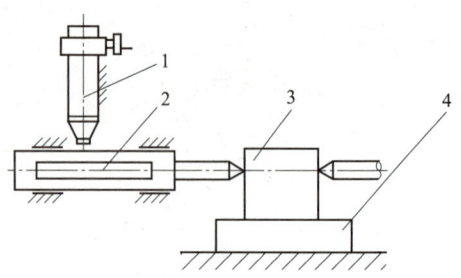

图 6-15 万能测长仪的工作原理

1—读数显微镜；2—基准刻线尺；
3—被测工件；4—万能工作台

相对测量时，用量块作基准件进行第一次测量读数，再将测量轴移开，然后装上工件进行第二次测量读数，两次读数之差即为工件的实际偏差，绝对测量时，先将测量轴与尾座上的测量砧接触，从读数显微镜中读数（一般调整为零）。然后装上被测工件，使之右侧与尾座测量砧接触，再将移开的测量轴与工件左侧接触，从读数显微镜中第二次读取数值，两次读数之差即为工件的尺寸。

读数显微镜的光学系统如图 6-16（a）所示。光线由光源 8 发出，经过绿色滤光片 7 和聚光镜 6 以绿色光照明了基准刻线尺 5，刻线尺 5 刻有分度值为 1 mm 的刻线 100 格，其刻线尺镶在测杆上，测量杆随被测尺寸的大小在测座内做相应的滑动。当测头接触被测部位后，测量轴就停止滑动。为满足精密测量的要求，测微目镜中有一个固定分划板 3，它的上面刻有 10 个间距相等的刻度，毫米刻度尺的一个间距成像在它的上面时正好和这 10 个间距的总长度相等，故其分度值为 0.1 mm。在它的附近，还有一块通过手轮可以旋转的平面螺旋线分划板 2，其上刻有 10 圈平面螺旋双刻线。螺旋双刻线的螺距恰与固定分划板上的刻度间距相等，其分度值也为 0.1 mm。在螺旋分划板 2 的中央，有一圈等分为 100 格的圆周刻度。当螺旋分划板 2 转动一格圆周分度时，其分度值为

$$\frac{0.1}{100} \times 1 = 0.001 \text{ (mm)}$$

仪器的读数方法如下：从目镜 1 中观察，可同时看到三种刻线，如图 6-16（b）所示。先读毫米数（53 mm），然后接毫米刻线在固定分划板 3 上的位置读出零点几毫米，读数（0.1 mm），再转动手轮，使毫米刻线在靠近零点几毫米刻度值的一圈平面螺旋双刻线中央，再从指示线对准的圆周刻线尺上读得微米数（0.086 mm），所以读数为 53.186 mm。

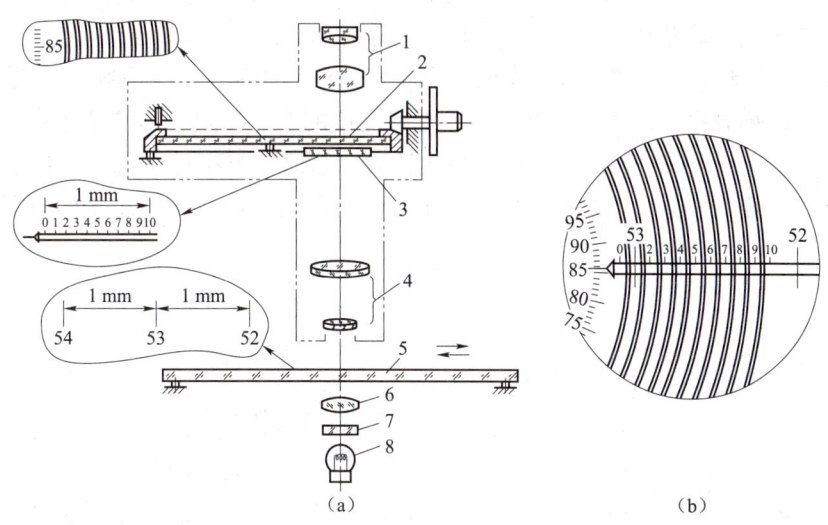

图 6-16 读数显微镜的光学原理

1—目镜；2—螺旋分划板；3—固定分划板；4—物镜；
5—基准刻线尺；6—聚光镜；7—滤光片；8—光源

6.1.6 气动量仪

气动量仪是利用喷嘴—挡板原理（气动测量头为喷嘴，被测工件表面为挡板），将被测工件尺寸的变化量转换成空气压力或流量变化，并由压力计或流量计显示的精密量仪。

常用的气动量仪有低压水柱式和高压浮标式两种。

1. 低压水柱式气动量仪

低压水柱式气动量仪的工作原理如图 6-17 所示。经过滤的压缩空气经进气管道 2、节流喷嘴 3、稳压管 4 及进气喷嘴 5 进入测量气室 6，再经测量喷嘴 9 和工件 10 之间的间隙流入大气。

当工件尺寸变化引起间隙 s 变化时，测量气室 6 内的压力随之发生变化，引起水柱差压计 7 的水柱高 h 的变化，即 h 的变化反映了工件尺寸的变化，再配以固定标尺 8 就可以读出被测尺寸的变化。

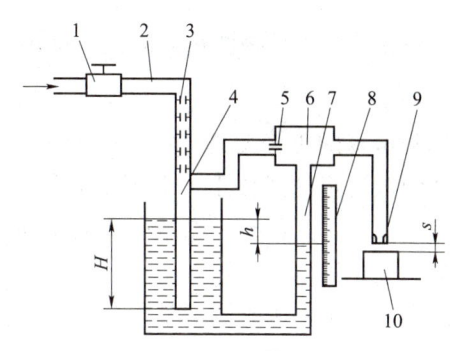

图 6-17 低压水柱式气动量仪

1—阀门；2—进气管道；3—节流喷嘴；4—稳压管；
5—进气喷嘴；6—测量气室；7—差压计；
8—固定标尺；9—测量喷嘴；10—工件

2. 高压浮标式气动量仪

高压浮标式气动量仪的工作原理如图6-18所示。压缩空气经过滤器1、稳压器3后分成两路，一路经倍率阀8、喷嘴9与工件10之间的间隙流入大气；另一路经锥形玻璃管5，分别从调零阀7和喷嘴9与工件之间的间隙流入大气。

当气流经过锥形玻璃管5时，管内的浮标4（浮子）因气流的作用而被托起并悬浮在管内某一高度位置。气流从浮标与玻璃管内壁之间的环形间隙流过，气流越大，浮标位置越高，环形间隙越大；反之越低。由锥形玻璃管、浮标与标尺6组成一流量计。

在倍率阀8和调零阀7的开度一定时，影响气流量大小的因素只有喷嘴与工件之间的间隙s。s变大，浮标升高，反之浮标变低。故浮标高度的变化反映了工件尺寸的变化。

气动量仪具有结构简单、维修方便、放大比大、示值稳定和对环境要求不高等特点。使用时要求配置压缩空气源和测量头，多用于比较法测量内形尺寸。图6-19是用气动量仪测量孔径的示意图。

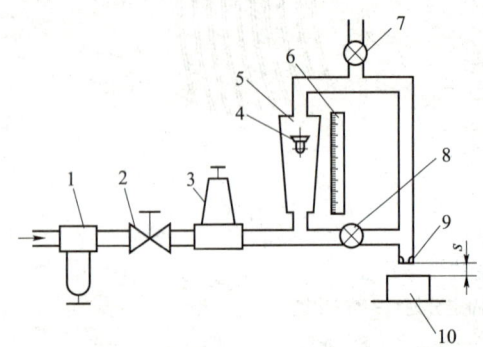

图6-18 高压浮标式气动量仪

1—过滤器；2—阀门；3—稳压器；4—浮标；
5—锥形玻璃管；6—标尺；7—调零阀；
8—倍率阀；9—喷嘴；10—工件

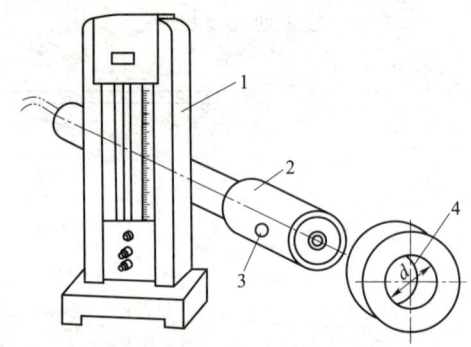

图6-19 气动量仪测量孔径示意图

1—外形；2—气动测量头；3—测量喷嘴；4—被测孔径

6.1.7 电动量仪

电动量仪是将工件被测尺寸的变化量转变为电量的变化，再由指示器显示的量仪。

1. 电感测微仪

电感测微仪的工作原理如图6-20所示。在电磁铁4线圈数一定的条件下，电感量L与空气隙δ近似成反比。当δ变化时，测量杆2的位移被转换成电感量的变化信号输出。

电感测微仪主要用于测量外形尺寸，具有精度高、灵敏度高、测量力小、使用方便等优点，应用极为广泛。电感测微仪的外形如图6-21所示。

2. 电接触式量仪

电接触式量仪用来检验工件的尺寸是否在公差

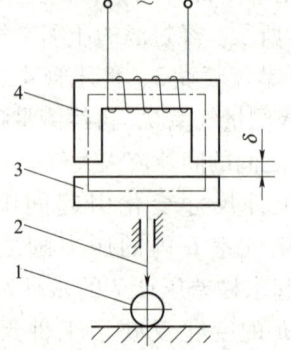

图6-20 电感测微仪原理

1—被测工件；2—测量杆；3—衔铁；4—电磁铁

带内，而不能测出具体数值，其工作原理如图 6-22 所示。

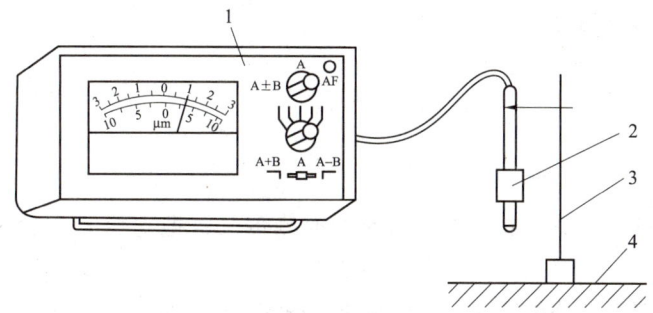

图 6-21　电感测微仪的外形及构成
1—电气箱；2—电感传感器；3—支架；4—工作台

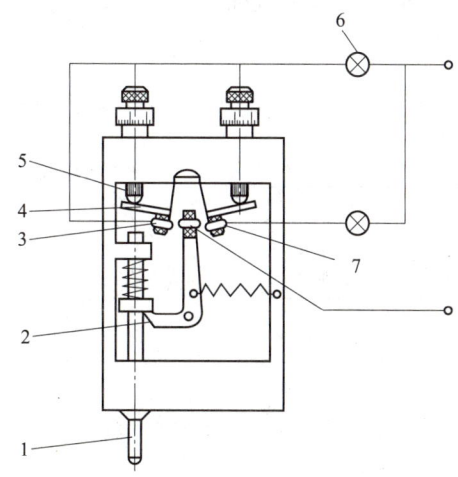

图 6-22　电接触式量仪
1—测量杆；2—杠杆；3，7—触点；4—弹簧片；5—千分螺杆；6—低压信号灯

使用前先用两个千分螺杆 5 分别调整触点 3 和 7 相对于中间触点的位置：当工件处于上极限尺寸时，中间触点与触点 7 接通；当工件处于下极限尺寸时，中间触点则与触点 3 接通。根据两低压信号灯的亮与不亮便可判断工件是否合格。

通用计量器具还有很多，如投影仪、工具显微镜、三坐标测量机等。它们的结构和原理都可从有关资料中查得，这里不再赘述。

6.2　实训项目——孔轴尺寸测量

6.2.1　内径百分表测量孔径

1. 实训目的

（1）了解内径百分表的构造和工作原理。

（2）熟悉用内径百分表测量零件孔径的方法。

2. 实训内容

用内径百分表测量内径。

3. 实训设备

内径百分表。

4. 测量步骤

（1）根据被测量孔的公称尺寸，选择可换测量头，把它旋入内径百分表的下端，并紧固。

（2）根据被测量孔的公称尺寸，选择量块，把它研合后放于量块夹中，调整百分表零位。

（3）将百分表放入被测孔中测量孔径。摆动百分表，找出指针所指最小数值的位置，读出该位置上的示值。

（4）在孔的三个不同横截面上、每个截面相互垂直的两个方向上各测量一次，共测量六个点，如图6-23所示。

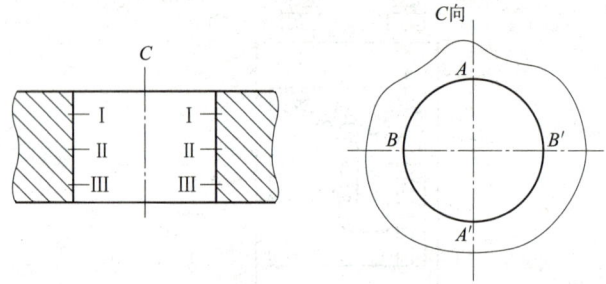

图6-23　内径百分表测量内径部位

（5）将测量结果填入实训报告中，根据被测孔的公差值，作出合格性结论。

6.2.2　比较仪测量塞规外径

1. 实训目的

（1）了解机械比较仪、光学比较仪的基本结构、测量原理。

（2）熟悉用比较仪测量外径的方法。

2. 实训内容

用机械比较仪、光学比较仪测量塞规外径。

3. 实训设备

机械比较仪、光学比较仪，如图6-24、图6-25所示。

4. 测量步骤

（1）擦净工作台、测头及工件表面。

（2）按被测工件的公称尺寸组合块规组。

（3）调整仪器零位。

① 将组合好的块规置于工作台中央，并使其测量面中部对准测量头；

第 6 章 孔轴尺寸测量

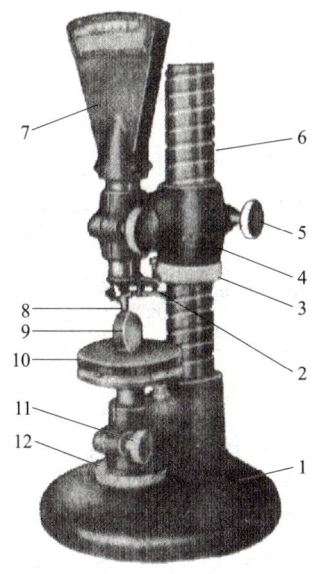

图 6-24 机械比较仪
1—底座；2—提升器；3—升降螺母；4—横臂；5—螺钉；
6—立柱；7—测微表；8—测量头；9—被测工件；
10—工作台；11—螺钉；12—微调升降螺母

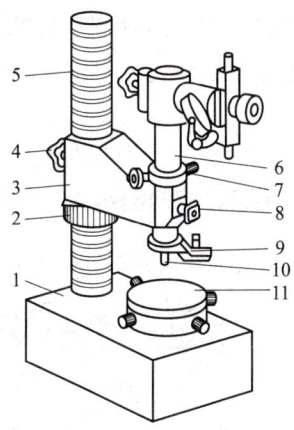

图 6-25 立式光学比较仪
1—底座；2—升降螺母；3—横臂；4，8—旋手；
5—立柱；6—光学计管；7—微动手轮；
9—提升器；10—测量杆；11—工作台

② 粗调：松开螺钉，转动升降螺母，使横臂缓慢下降至测头与量块上测量面轻微接触，将螺钉锁紧。

③ 微调：转动零位调节钮，直至机械比较仪中的指针与刻度尺的零刻线对准，光学比较仪中分划板刻尺线与 μ 指示线重合，然后按动提升器数次，检查零位稳定性。

④ 按动提升器将测头抬起，取下块规组。

（4）测量塞规：按规定在两个横截面上进行测量，每个截面都要在相互垂直的两个部位上各测一次，共测量 4 个点，如图 6-26 所示。测量时每一点都要读取指示表的最大示值。

（5）将测量结果填入实训报告中，根据被测塞规的公差值，做出合格性结论。

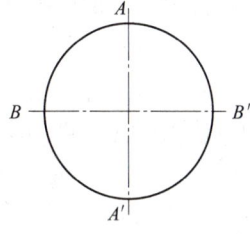

图 6-26 比较仪测量塞规部位

6.2.3 万能测长仪测量内径

1. 实训目的

（1）了解万能测长仪的结构。
（2）掌握用万能测长仪测内径的方法。

2. 实训内容

万能测长仪测量光滑极限量规。

3. 实训设备

万能测长仪。

4. 测量步骤

（1）接通电源，转动测微目镜的调节环以调节视度。

（2）松开紧固螺钉，转动手轮，使工作台下降到较低位置，然后在工作台上安放好标准调节环。

（3）将一对测钩分别装在测量杆和尾管上（图6-27），测钩方向垂直向下，沿轴向移动测量杆和尾管，使两测钩头部的楔槽对齐，然后锁紧测钩上的螺钉，将测钩固定。

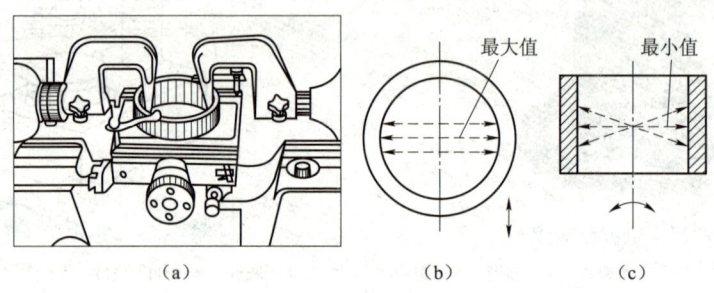

图6-27 测量示意图

（4）上升工作台到合适位置，并固紧，然后将测钩伸入标准环内。

（5）移动尾管，同时转动工作台横向手轮，使测钩的内测头在标准环端面上刻有标线的直线方向上接触，用紧固螺钉锁紧尾管。然后用手扶稳测量轴，挂上重锤，并使测量杆上的测钩内测头缓慢与标准环内侧接触。

（6）转动手轮，同时从目镜中寻找转折点[图6-27（b）中的最大值]。在此位置上，扳动手柄，再找转折点[图6-27（c）中的最小值]，此处即为直径的正确位置。这时将目镜中的读数调整成标准环规尺寸，即为零点。

（7）用手扶稳测量杆使其右移一个距离（尾管是定位基准，不能移动），取下标准环。然后安装被测工件，松开固紧测杆的螺钉，使测头与工件缓慢进行接触，按前述方法进行调整即可读出被测工件的实际值。

（8）按图样要求，对被测工件进行测量，根据测量结果和被测工件的公差要求，作出合格性结论。

习题六

6-1 为什么内径百分表调整零位和测量孔径时都要摆动量仪，找指针指示的最小数值？

6-2 用内径百分表测量孔径属哪一种测量方法？

6-3 用立式光学比较仪测量工件属于什么测量方法？绝对测量与相对测量各有何特点？

6-4 立式光学比较仪的工作台平面与测杆不垂直，对测量结果有何影响？

6-5 用机械比较仪测量时，有哪些误差影响到测量的精确性，如何减少这些影响？

第 7 章

几何误差检测

7.1 几何误差的评定、检测原则及方法

7.1.1 几何误差的评定

评定实际要素的形状误差时,理想要素相对于实际要素的位置,必须有一个统一的评定准则,这个准则就是"最小条件"。最小条件是指实际被测要素相对于理想要素的最大变动量为最小。此时,对实际被测要素评定的误差值为最小。由于符合最小条件的理想要素是唯一的,因此按此评定的形状误差值也将是唯一的。

评定形状误差的方法为最小包容区域法(简称最小区域法),最小区域法是指包容被测实际要素时,具有最小宽度 f 或直径 ϕf 的包容区域,形状与其公差带相同。形状误差值用最小区域的宽度或直径表示。

对于轮廓要素,符合最小条件的理想要素处于实体之外并与被测实际要素相接触,使被测实际要素对它的最大变动量为最小。如图 7-1(a)所示,h_1、h_2 和 h_3 分别是理想要素处于不同位置时实际要素的最大变动量。由于 $h_1 < h_2 < h_3$,h_1 为最小,因此符合最小条件的理想要素为Ⅰ—Ⅰ,最小宽度为 $f=h_1$。

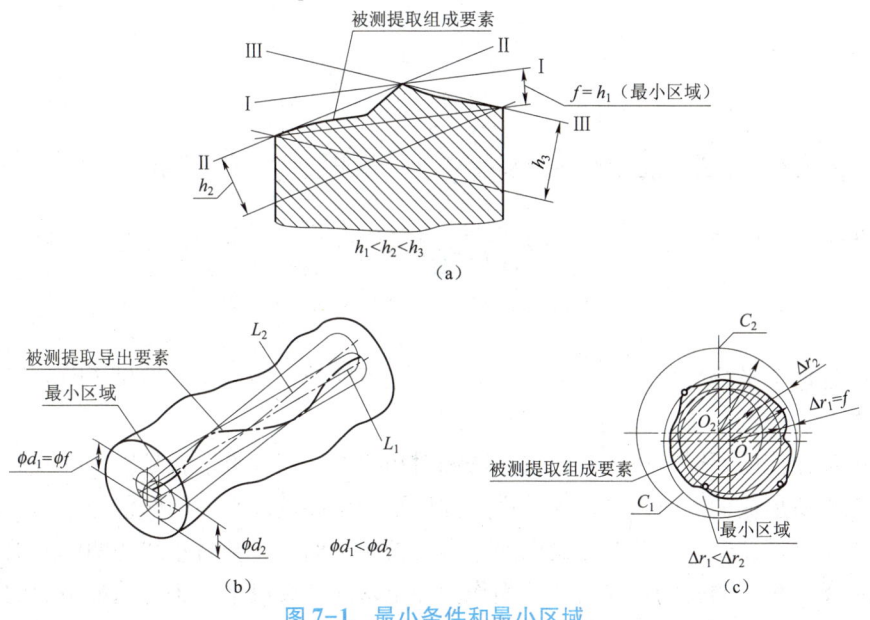

图 7-1 最小条件和最小区域

对于中心要素，符合最小条件的理想要素穿过实际中心要素，使实际要素对它的最大变动量为最小。如图 7-1（b）所示，符合最小条件的理想轴线为 L_1，最小直径为 $\phi f = \phi d_1$。又如图 7-1（c）所示，符合最小条件的理想圆为 C_1 组，其区域是最小区域，区域的宽度 Δr_1 就是圆度误差。

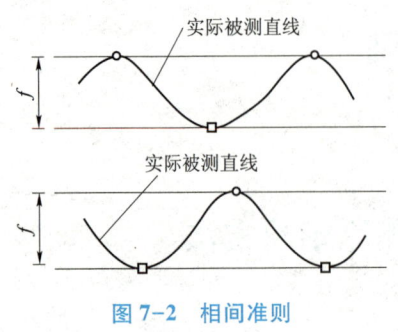

图 7-2 相间准则

1. 形状误差的评定

1）直线度误差值的评定

直线度误差用最小包容区域法来评定。如图 7-2 所示，由两条平行直线包容实际被测直线时，实际被测直线上至少有高、低相间三点分别与这两条平行直线接触，称为"相间准则"，这两条平行直线之间的区域即为最小包容区域，该区域的宽度 f 即为符合定义的直线度误差值。

直线度误差值还可以用两端点连线法来评定。

2）平面度误差值的评定

平面度误差值用最小包容区域法来评定。如图 7-3 所示，由两个平行平面包容实际被测平面时，实际被测平面上至少有四个极点或者三个极点分别与这两个平行平面接触，且具有下列形式之一：

（1）至少有三个高（低）极点与一个平面接触，有一个低（高）极点与另一个平面接触，并且这一个极点的投影落在上述三个极点连成的三角形内，称为"三角形准则"。

（2）至少有两个高极点和两个低极点分别与这两个平行平面接触，并且高极点连线与低极点连线在空间呈交叉状态，称为"交叉准则"。

（3）一个高（低）极点在另一个包容平面上的投影位于两个低（高）极点的连线上，称为"直线准则"。

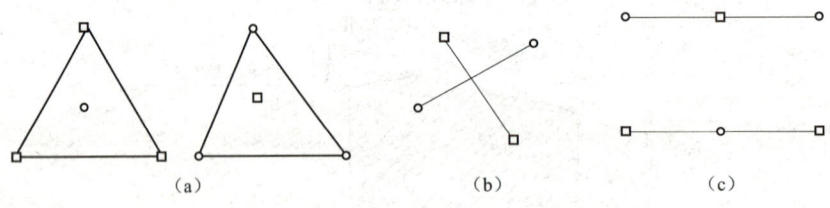

图 7-3 平面度误差最小包容区域判别准则
（a）三角形准则；（b）交叉准则；（c）直线准则

那么，这两个平行平面之间的区域即为最小包容区域，该区域的宽度 f 即为符合定义的平面度误差值。

平面度误差值的评定方法还有三远点法和对角线法。三远点法就是以实际被测平面上相距最远的三点所形成的平面作为评定基准，并以平行于此基准平面的两包容平面之间的最小距离作为平面度误差值；对角线法是以通过实际被测平面的一条对角线的两端点的连线、且平行于另一条对角线的两端点连线的平面作为评定基准，并以平行于此基准平面的两包容平面之间的最小距离作为平面度误差值。

3) 圆度误差值的评定

圆度误差值用最小包容区域法来评定。如图 7-4 所示,由两个同心圆包容实际被测圆时,实际被测圆上至少有四个极点内、外相间地与这两个同心圆接触,则这两个同心圆之间的区域即为最小包容区域,该区域的宽度 f 即这两个同心圆的半径差就是符合定义的圆度误差值。

圆度误差值还可以用最小二乘法、最小外接圆法或最大内接圆法来评定。

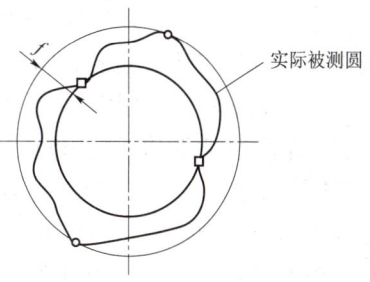

图 7-4　圆度误差最小包容区域判别准则

4) 圆柱度误差值的评定

圆柱度误差值可按最小包容区域法评定,即作半径差为最小的两同轴圆柱面包容实际被测圆柱面,构成最小包容区域,最小包容区域的径向宽度即为符合定义的圆柱度误差值。但是,按最小包容区域法评定圆柱度误差值比较麻烦,通常采用近似法评定。

采用近似法评定圆柱度误差值时,是将测得的实际轮廓投影于与测量轴线相垂直的平面上,然后按评定圆度误差的方法,用透明膜板上的同心圆去包容实际轮廓的投影,并使其构成最小包容区域,即内外同心圆与实际轮廓线投影至少有四点接触,内外同心圆的半径差即为圆柱度误差值。显然,这样的内外同心圆是假定的共轴圆柱面,而所构成的最小包容区域的轴线,又与测量基准轴线的方向一致,因而评定的圆柱度误差值略有增大。

最小条件是评定形状误差的基本原则,在满足零件功能要求的前提下,允许采用近似方法评定形状误差。当采用不同评定方法所获得的测量结果有争议时,应以最小区域法作为评定结果的仲裁依据。

2. 定向误差值的评定

如图 7-5 所示,评定定向误差时,理想要素相对于基准 A 的方向应保持图样上给定的几何关系,即平行、垂直或倾斜于某一理论正确角度,按实际被测要素对理想要素的最大变动量为最小构成最小包容区域。定向误差值用对基准保持所要求方向的定向最小包容区域的宽度 f 或直径 ϕf 来表示。定向最小包容区域的形状与定向公差带的形状相同,但前者的宽度或直径则由实际被测要素本身决定。

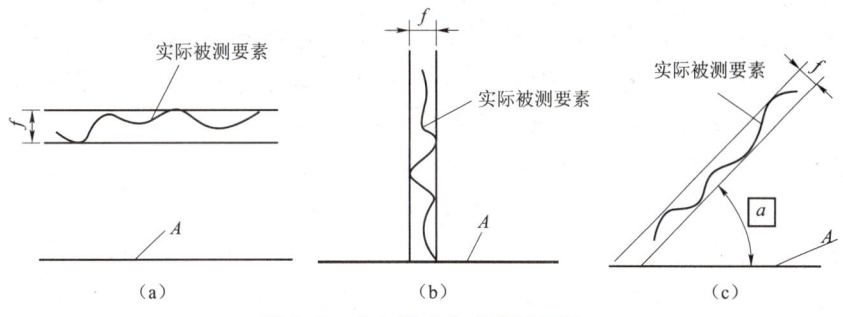

图 7-5　定向最小包容区域示例
(a) 平行度;(b) 垂直度;(c) 倾斜度

3. 定位误差值的评定

评定定位误差时，理想要素相对于基准的位置由理论正确尺寸来确定。以理想要素的位置为中心来包容实际被测要素时，应使之具有最小宽度或最小直径来确定定位最小包容区域。定位误差值的大小用定位最小包容区域的宽度 f 或直径 ϕf 来表示。定位最小包容区域的形状与定位公差带的形状相同。

如图 7-6 所示，评定零件上第一孔的轴线的位置度误差时，被测轴线可以用心轴来模拟体现，实际被测轴线用一个点表示，理想轴线的位置由基准 A、B 和理论正确尺寸 L_x、L_y 确定，用点 O 表示，以点 O 为圆心，以 OS 为半径作圆，则该圆内的区域就是定位最小包容区域，位置度误差值为

$$\phi f = 2 \times OS$$

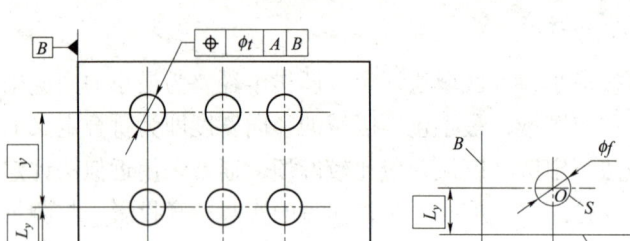

图 7-6　定位最小包容区域示例

7.1.2　几何误差的检测原则

由于被测零件的结构特点、尺寸大小和精度要求以及检测设备条件等不同，同一几何公差项目可以用不同的检测方法来检测。为了正确地测量几何误差，合理选择检测方案，GB/T 1958—2004《产品几何量技术规范（GPS）形状和位置公差 检测规定》中规定了以下 5 个检测原则。

1. 与理想要素比较原则

与理想要素比较原则是指测量时将实际被测要素与相应的理想要素作比较，在比较过程中获得测量数据，按这些数据来评定几何误差值。该检测原则应用最为广泛。

运用该检测原则时，必须要有理想要素作为测量时的标准。根据几何误差的定义，理想要素是几何学上的概念，测量时采用模拟法将其具体地体现出来。例如，刀口尺的刃口、平尺的轮廓线、一条拉紧的弦线、一束光线都可作为理想直线；平台和平板的工作面、水平面、样板的轮廓面等可作为理想平面，用自准仪和水平仪测量直线度和平面度误差时就是应用这样的要素。理想要素也可以用运动的轨迹来体现，例如纵向，横向导轨的移动构成了一个平面；一个点绕一轴线作等距回转运动构成了一个理想圆，由此形成了圆度误差的测量方案。

模拟理想要素是几何误差测量中的标准样件，它的误差将直接反映到测得值中，是测量总误差的重要组成部分。几何误差测量的极限测量总误差通常占给定公差值的 10% ~ 33%，因此，模拟理想要素必须具有足够的精度。

2. 测量坐标值原则

由于几何要素的特征总是可以在坐标系中反映出来,因此利用坐标测量机或其他测量装置,对被测要素测出一系列坐标值,再经数据处理,就可以获得几何误差值。测量坐标值原则是几何误差中的重要检测原则,尤其在轮廓度和位置度误差测量中的应用更为广泛。

3. 测量特征参数原则

特征参数是指被测要素上能直接反映几何误差变动的,具有代表性的参数。"测量特征参数原则"就是通过测量被测要素上具有代表性的参数来评定几何误差。例如,圆度误差一般反映在直径的变动上,因此,常以直径作为圆度的特征参数,即用千分尺在实际表面同一正截面内的几个方向上测量直径的变动量,取最大的直径差值的二分之一,来作为该截面内的圆度误差值。显然,应用测量特征参数原则测得的几何误差,与按定义确定的几何误差相比,只是一个近似值,因为特征参数的变动量与几何误差值之间一般没有确定的函数关系,但测量特征参数原则在生产中易于实现,是一种应用较为普遍的检测原则。

4. 测量跳动原则

此原则主要用于跳动误差的测量,因跳动公差就是按特定的测量方法定义的位置误差项目。其测量方法是:被测实际要素(圆柱面、圆锥面或端面)绕基准轴线回转过程中,沿给定方向(径向、斜向或轴向)测出其对某参考点或线的变动量(即指示表最大与最小读数之差),如图 7-7 所示。

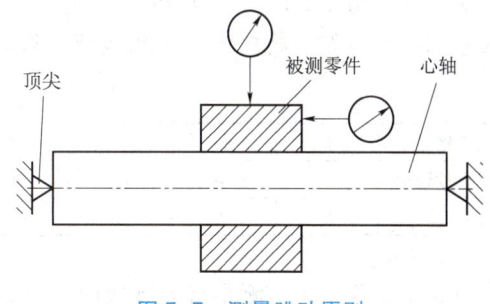

图 7-7 测量跳动原则

5. 控制实效边界原则

这个原则适用于采用最大实体要求的场合,按最大实体要求给出几何公差时,要求被测实际要素不得超越图样上给定的实效边界。判断被测实际要素是否超越实效边界的有效方法是综合量规检验法,亦即采用光滑极限量规或位置量规的工作表面来模拟体现图样上给定的边界和检测实际被测要素。若被测要素的实际轮廓能被量规通过,则表示合格,否则不合格。

7.1.3 几何误差的检测方法

1. 直线度误差检测

1)光隙法

光隙法适用于磨削或研磨的较短表面的直线度误差的检测。如图 7-8 所示,用刀口尺测量平面上给定平面内的直线度误差,刀口尺的刃口体现理想直线。检测时,转动刀口尺刃口与被测实际要素的接触位置,用肉眼观察透光量的变化情况,被测实际直线到刀口尺刃口间最大光隙为最小时(符合最小条件),估读出的最大光隙值就是被测平面内的直线度误差。

误差的大小根据光隙确定,当光隙较小时,可按标准光隙估读,蓝光:$f = 0.5 \sim 0.8 \ \mu m$,红光:$f = 1.25 \sim$

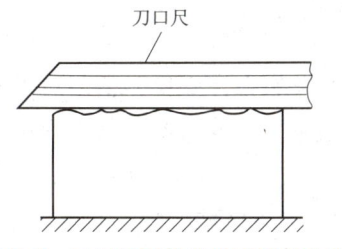

图 7-8 刀口尺测量直线度误差方法

1.7 μm，白光：$f=2\sim2.5$ μm。当光隙大时，用塞尺测量。

2）节距法

节距法适用于计量时对较长零件表面直线度误差的测量。

如图7-9所示，将水平仪放在桥板上，先调整被测零件，使被测要素大致处于水平位置。水平仪等间距沿被测要素线移动，同时记录水平仪读数；根据记录的读数用计算法（或图解法）按最小条件（或两端点连线法）计算误差值。

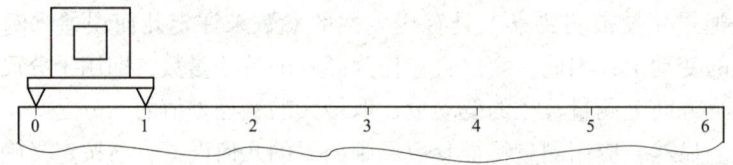

图7-9 水平仪测量直线度误差方法

例7-1 用分度值为0.02 mm/m的框式水平仪放在跨距为200 mm的桥板上，从工件被测要素的一端开始，将桥板首尾相接依次移动，分别读取水平仪上的数值，见表7-1。

表7-1 直线度测量数据 格

测点序号	0	1	2	3	4	5	6	7	8
水平仪读数值	0	+6	+6	0	-1.5	-1.5	+3	+3	+9
累加值	0	+6	12	+12	+10.5	+9	+12	+15	+24

首先将表7-1中被测要素的读数值进行累加，再用累加值作图，如图7-10所示，x轴为点序，横坐标按适当比例缩小。y轴为累加值，累加值按适当比例进行放大。两坐标间缩小、放大比例无必然联系，以作图方便、清晰为准。但是，为了使画出的图比较直观形象，横坐标应大于纵坐标上的分度为好。然后将各点进行连线，各点的连线为被测要素的实际直线。

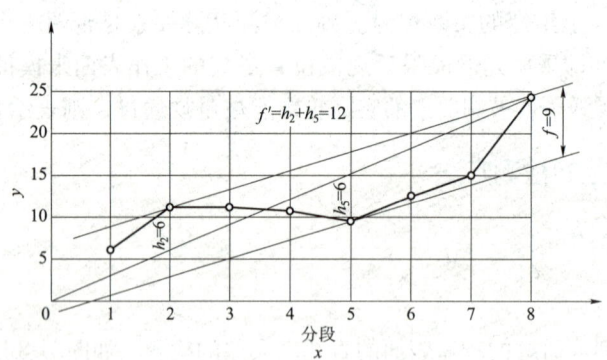

图7-10 用图解法与最小包容区域法求直线度误差

作被测要素的最小包容区域（相间准则）来评定实际要素的直线度误差值。只需在实际轮廓线上找出最高（2点、8点）和最低（5点）相间的三个点，通过两个高点（或两个低点）作一直线（理想直线），通过位于其间的最低点（或最高点）作另一平行线，将实际轮廓包容在内，两平行线间的区域为被测要素直线度误差的最小包容区域。按y坐标方向量得被测要素的直线度误差$f=9$格，为实际直线的直线度误差。水平仪的分度值是0.02 mm/m，工作长度为 200 mm，所以分度值为 0.02/1 000×200 mm = 0.004 mm/格。则直线度误差为：f = 9 格×0.004 mm/格 = 0.036 mm，此误差只要小于给定的直线度公差就合格。

注意，直线度误差是最小包容区域的宽度，一定要在平行于 y 轴方向度量，这样读出的误差值才准确。

按近似方法（两端点连线法）评定直线度误差值。将图 7-10 中的实际要素首尾相连成一条直线，该直线为这种评定方法的理想直线。点序 2 的测量点至该理想直线的距离为最大正值，而点序 5、6、7 三点至该理想直线的距离为最大负值。这里所指的距离也是按 y 轴方向度量，可在图上量得 h_2 = 6 格，h_5 = 6 格。因此，按两端点连线法评定的直线度误差为 f = 12 格×0.004 mm/格 = 0.048 mm。由此可见，近似法评定直线度误差方法简单，但误差值比最小包容区域法评定的直线度误差值大。

2. 平面度误差检测

（1）干涉法。适用于平面度要求较高的小平面。如图 7-11 所示，测量时，将平晶贴在工件的被测表面上，观察干涉条纹。封闭的干涉条纹数乘以光波波长之半即为平面度误差。干涉条纹越少则平面度越好。

（2）指示器法。指示器测量如图 7-12 所示，将被测零件支承在平板上，将被测平面上两对角线的角点分别调成等高，或将最远的三点调成距测量平面等高。按一定布点测量被测表面。指示器上最大与最小读数之差即为该平面的平面度误差近似值。

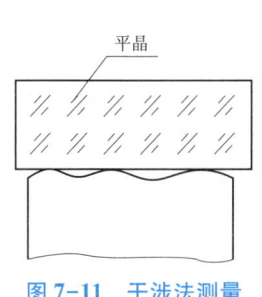

图 7-11 干涉法测量

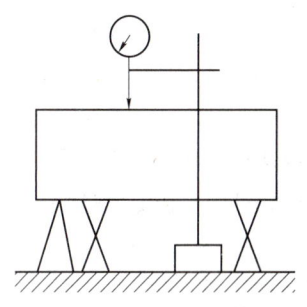

图 7-12 指示器测量

（3）水平仪法。如图 7-13 所示，水平仪通过桥板放在被测平面上，用水平仪按一定布点和方向逐点测量，经过计算得到平面度误差。

（4）自准直仪法。如图 7-14 所示，将自准直仪固定在平面外的一定位置，反射镜放在被测平面上，调整自准直仪，使其和被测表面平行，按一定布点和方向逐点测量。经过计算得到平面度误差。

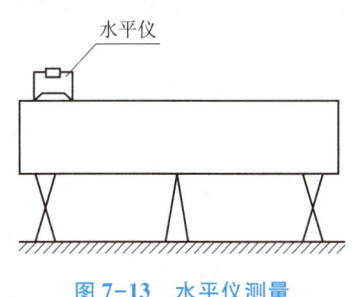

图 7-13 水平仪测量

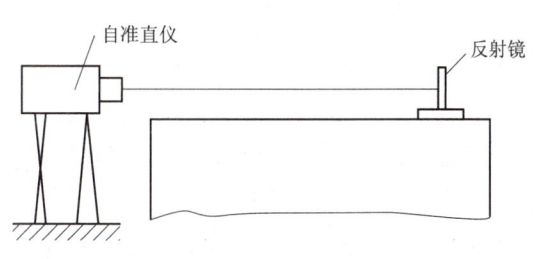

图 7-14 自准直仪测量

例 7-2　用指示器法测量平板的平面度误差，分别用三远点法、对角线法、最小包容区域法评定其误差值。

解：按米字形布线的方式布 9 个点，逐点测量，记录数据如图 7-15 所示。

0 a_1	+15 a_2	+7 a_3
−12 b_1	+20 b_2	+4 b_3
+5 c_1	−10 c_2	+2 c_3

图 7-15　平面度误差的测量数据

从所测数据分析看出，不符合任何一种平面度误差的评定方法，说明评定基准与测量基准不一致，可以用旋转法解决此问题。注意，平面旋转过程中，一定要保持实际平面不失真。

三远点法：如图 7-16 所示，把 a_1、a_3、c_3 三点旋转成了等高点。则平面度误差 $f=[(+19)-(-9.5)]$ μm = 28.5 μm。

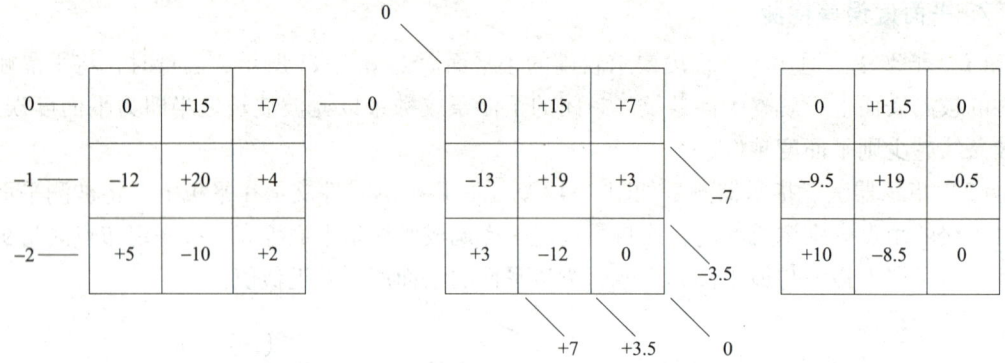

图 7-16　用三远点法评定平面度误差

对角线法：如图 7-17 所示，把 a_1 和 c_3、c_1 和 a_3 分别旋转成了等高点。则平面度误差 $f=[(+20)-(-11)]$ μm = +31 μm。

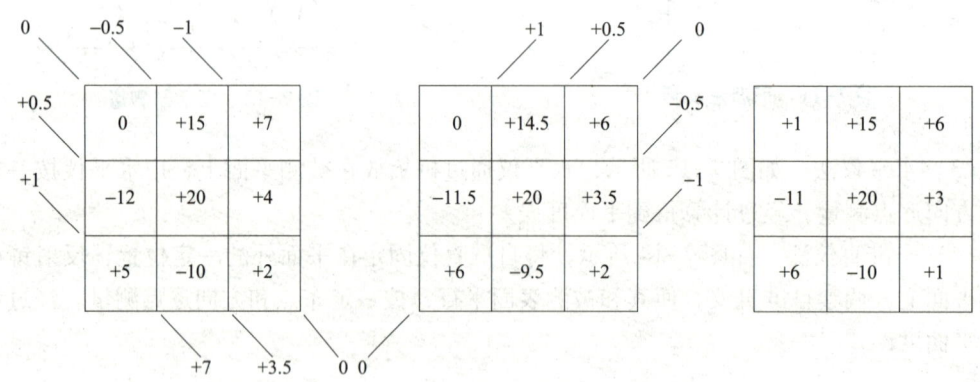

图 7-17　用对角线法评定平面度误差

最小区域法：如图 7-18 所示，把 a_3、b_1、c_2 三点旋转成了最低的三点，b_2 是最高点且投影落在了 a_3、b_1、c_2 三点之间，符合三角形准则，则平面度误差 $f=[(+20)-(-5)]$ μm = 25 μm。

从以上三种评定结果可以看出，最小区域法评定结果是最小的、唯一的。三远点法与对角线法计算简单，在生产中比较常用。

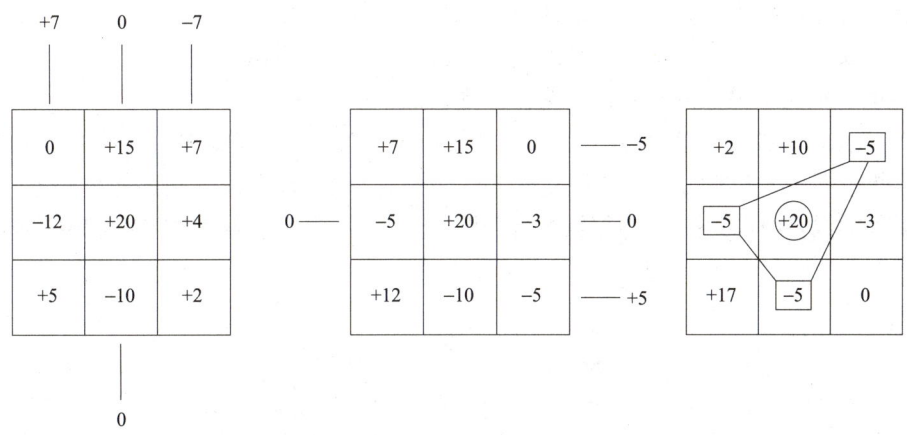

图 7-18 用最小区域法评定平面度误差

3. 圆度误差检测

常用的测量方法有两大类,一类是在专用仪器上进行测量,如圆度仪、坐标测量机等。另一类是用普通的常用仪器进行测量。

1) 圆度仪测量法

如图 7-19 示,圆度仪上回转轴带着传感器转动,使传感器上的测头沿被测表面回转一圈,测头的径向位移由传感器转变为电信号,经放大器放大,推动记录器描绘出实际轮廓线,通过计算机按选定的评定方法可得到所测截面的圆度误差值。按上述方法测量若干个截面,取其中最大的误差值作为该零件的圆度误差。

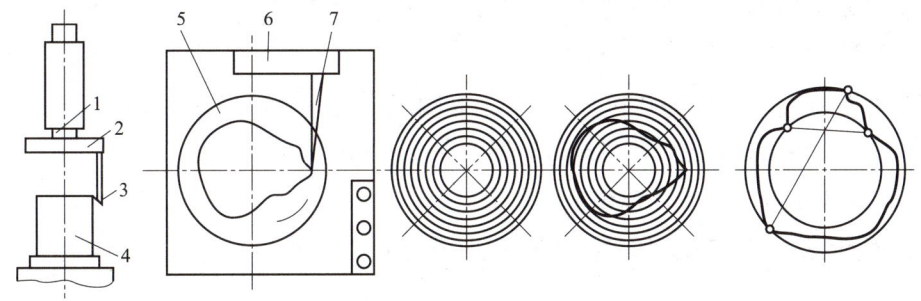

图 7-19 用圆度仪测量圆度

1—圆度仪回转轴;2—传感器;3—测量头;4—被测零件;5—转盘;6—放大器;7—记录笔

2) 通用仪器测量法(近似评定方法)

有两点法和三点法两种,测量原理是通过测量被测零件正截面直径的变化量来近似地评定圆度误差的。

(1) 两点法。如图 7-20 所示,将零件放置在支承上,并固定其轴向位置。被测零件回转一周,指示器最大差值的一半,即为该截面的圆度误差。按上述方法重复测量若干个截面,取其中最大的误差值作为被测零件的圆度误差。此方法适用于偶数棱圆的圆度误差的测量。

通常也可用游标卡尺、千分尺或比较仪测量，具体方法是测量被测零件同一正截面内不同方向上的实际直径，直径最大变动量的一半就是此截面的圆度误差。按上述方法重复测量若干个截面，取其中最大的误差值作为被测零件的圆度误差。

（2）三点法。如图 7-21 所示，将零件放置在 V 形块上，并固定其轴向位置。被测零件回转一周，指示器最大差值的一半，即为该截面的圆度误差。按上述方法重复测量若干个截面，取其中最大的误差值作为被测零件的圆度误差。此方法适用于奇数棱圆的圆度误差的测量。

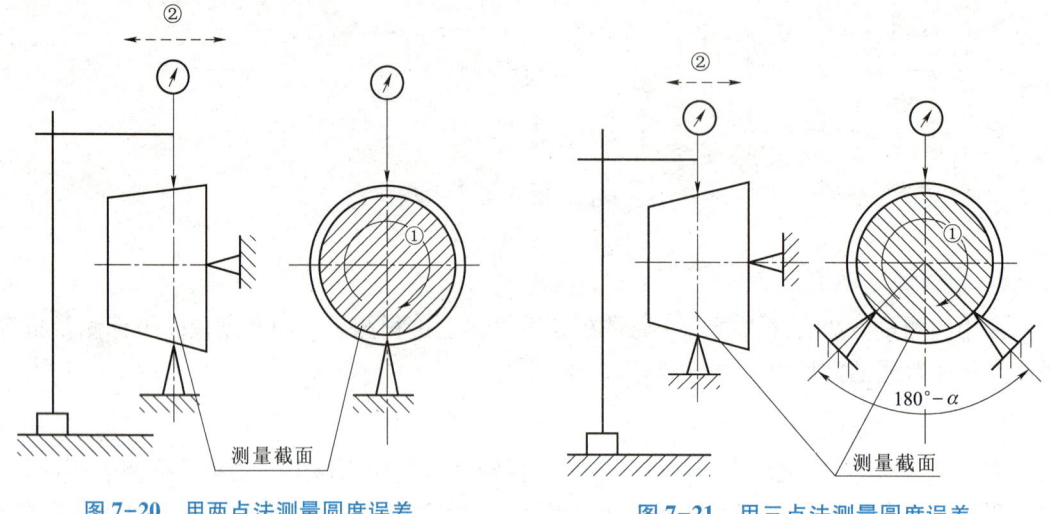

图 7-20　用两点法测量圆度误差　　　　图 7-21　用三点法测量圆度误差

4. 圆柱度误差检测

圆柱度误差的检测同圆度测量方法一样，常用的方法有两种。

1) 圆度仪测量法

可在图 7-19 测量圆度的基础上，测头沿被测圆柱面的轴向作精确地移动，即测头沿被测圆柱面作螺旋运动，通过计算机进行数据处理可得到其圆柱度误差值。

2) 通用仪器测量法（近似评定方法）

（1）两点法。如图 7-22 所示，此方法适用于偶数棱圆的圆柱度误差的测量。

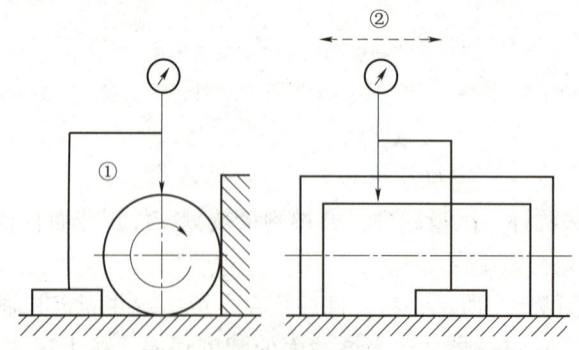

图 7-22　用两点法测量圆柱度误差

（2）三点法。如图 7-23 所示，此方法适用于奇数棱圆的圆柱度误差的测量。

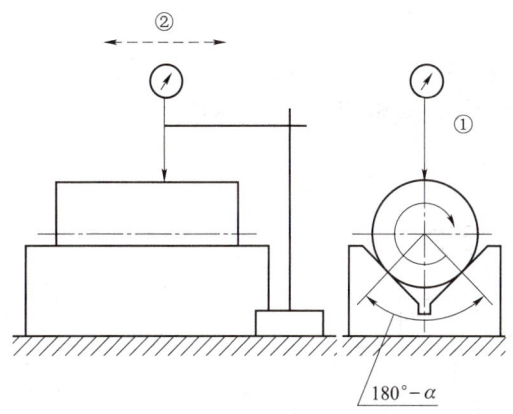

图 7-23 用三点法测量圆柱度误差

两点法与三点法测量时,均是将被测零件旋转一周,测量一个横截面上最大与最小读数,然后重复测量若干个横截面,取所有截面上的读数中最大值与最小值的一半作为被测实际要素的圆柱度误差。

5. 轮廓度误差检测

线轮廓度与面轮廓度的检测均可使用样板比较法和坐标测量法进行,也可以用三坐标测量机进行评价。

1) 样板比较法

如图 7-24 所示,用样板模拟理想曲线,与实际轮廓进行比较,根据样板与被测轮廓之间的光隙来评定线轮廓度误差。检验时,应使两轮廓之间的最大光隙为最小(最小条件),将这时的最大光隙作为线轮廓度误差。

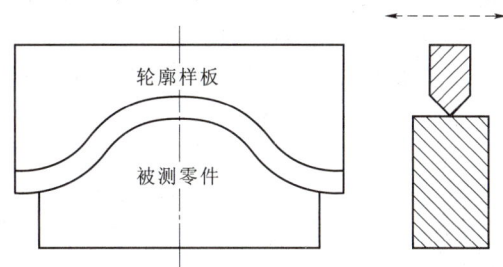

图 7-24 轮廓样板检测线轮廓度误差

2) 坐标测量法

如图 7-25 所示,将被测零件放置在仪器工作台上,并进行正确定位。测出实际曲面轮廓上若干个点的坐标值,并将测得的坐标值与理想轮廓的坐标值进行比较,取其中差值最大的绝对值的两倍作为该零件的面轮廓度误差。

6. 平行度误差检测

平行度误差的检测方法,经常是用平板、心轴或 V 形架来模拟平面、孔或轴做基准。然后测量被测线、面上各点到基准的距离之差,以最大相对差作为平行度误差。

1) 面对面的平行度误差检测

如图 7-26 所示，为测量零件上表面相对于下表面平行度误差的方法。将被测零件放置在平板上，在整个被测表面上按规定测量线进行测量，取指示器的最大与最小值之差作为该零件的平行度误差。

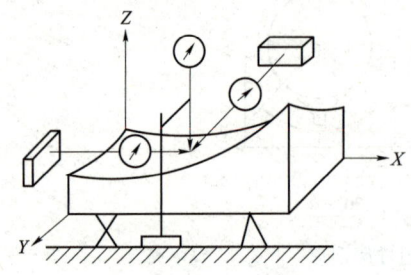

图 7-25　三坐标测量仪测量面轮廓度误差

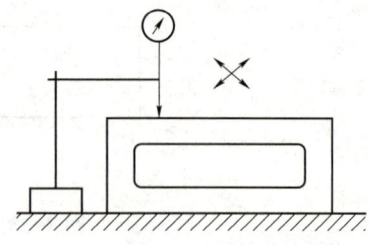

图 7-26　测量面对面的平行度

2) 线对面的平行度误差检测

如图 7-27 所示，为测量零件孔轴线相对于下表面平行度误差的方法。将零件放置在平板上，被测轴线由心轴（可胀式或与孔成无间隙配合）模拟。在测量距离为 L_2 的两个位置上测得的示值分别为 M_1 和 M_2。

平行度误差为

$$f = \frac{L_1}{L_2} | M_1 - M_2 |$$

式中　L_1——被测轴线的长度。

3) 面对线的平行度误差检测

如图 7-28 所示，为测量零件上表面相对于孔轴线平行度误差的方法。基准轴线用心轴模拟。将被测零件放在等高支承上，转动该零件使 $L_3 = L_4$，然后测量整个被测表面并记录示值。取整个测量过程中指示器的最大与最小读数之差作为该零件的平行度误差。同样，测量时应选用可胀式心轴或与孔无间隙配合的心轴。

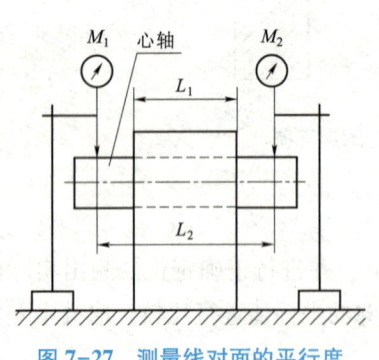

图 7-27　测量线对面的平行度

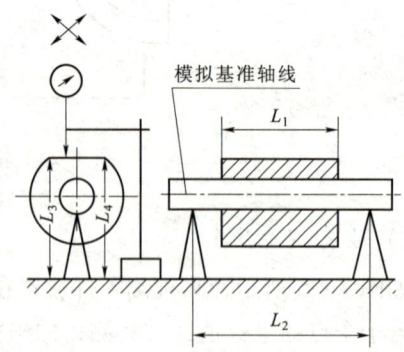

图 7-28　测量面对线的平行度

4) 线对线的平行度误差检测

如图 7-29 所示，为测量零件上孔轴线相对于下孔轴线在任意方向上平行度误差的方法。基准轴线和被测轴线由心轴模拟。将被测零件放在等高支承上,在测量距离为 L_2 的两个位置上测得的示值分别为 M_1 和 M_2。

平行度误差为

$$f=\frac{L_1}{L_2}|M_1-M_2|$$

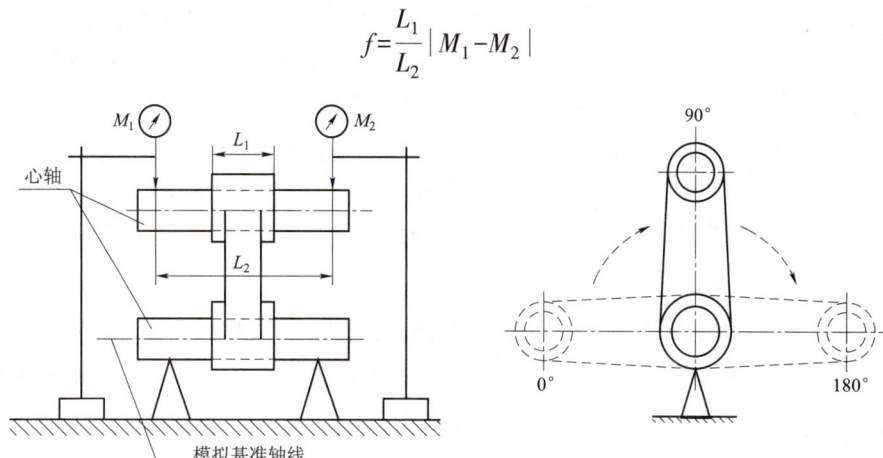

图 7-29 测量线对线的平行度

在 0°~180°范围内按上述方法测量若干个不同角度位置,取各测量位置所对应的 f 值中最大值,作为该零件的平行度误差。

也可仅在相互垂直的两个方向测量,此时平行度误差为

$$f=\frac{L_1}{L_2}\sqrt{(M_{1V}-M_{2V})^2+(M_{1H}-M_{2H})^2}$$

式中,V,H 为相互垂直的测位符号。测量时应选用可胀式心轴或与孔无间隙配合的心轴。

7. 垂直度误差检测

垂直度误差常采用转换成平行度误差的方法进行检测。如图 7-30 所示的零件,测量上面孔轴线相对于左侧面孔的垂直度误差。基准轴线和被测轴线由心轴模拟,转动基准心轴,在测量距离为 L_2 的两个位置上测得的数值分别是 M_1 和 M_2,则 L_1 长度上的垂直度误差为

$$f=\frac{L_1}{L_2}|M_1-M_2|$$

测量时被测心轴应选用可胀式心轴或与孔成无间隙配合的心轴,而基准心轴应选用可转动但配合间隙小的心轴。

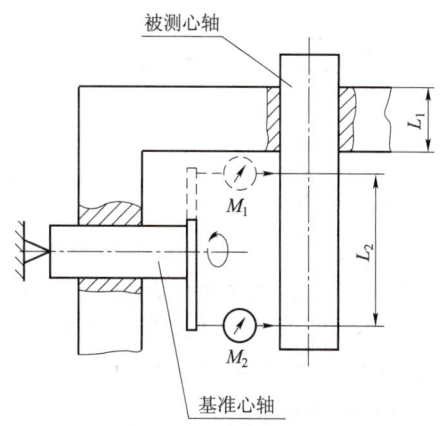

图 7-30 测量线对线的垂直度

8. 倾斜度误差检测

倾斜度误差检测也可转换成平行度误差检测,只要加一个定角座或定角套即可。如图 7-31 所示,将被测零件放置在定角座上,调整被测件,使指示器在整个被测表面的示值差为最小值,取指示器的最大与最小示值之差作为该零件的倾斜度误差。定角座可用正弦尺(或精

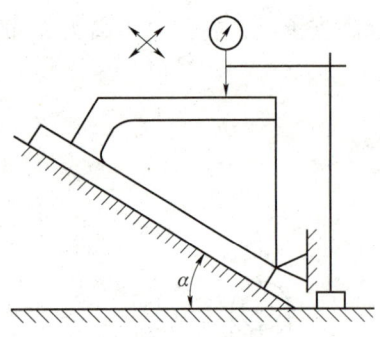

图 7-31 测量面对面的倾斜度

密转台）代替。

如图 7-32 所示，测量零件线对线的倾斜度误差。调整平板处于水平位置，并用心轴模拟被测轴线。调整被测零件，使心轴的右侧处于最高位置。用水平仪在心轴和平板上测得的示值分别为 A_1 和 A_2。

倾斜度误差为

$$f = |A_1 - A_2| \cdot i \cdot L$$

式中，i 为水平仪分度值。测量时应选用可胀式心轴或与孔成无间隙配合的心轴。

9. 位置度误差检测

位置度误差的检测有两种方法。一种是采用测量坐标的方法测出实际位置尺寸，与理论正确尺寸比较；第二种方法是用综合量规来检验被测要素合格与否。如图 7-33 所示，量规应能通过被测零件，并与被测零件的基准面相接触。

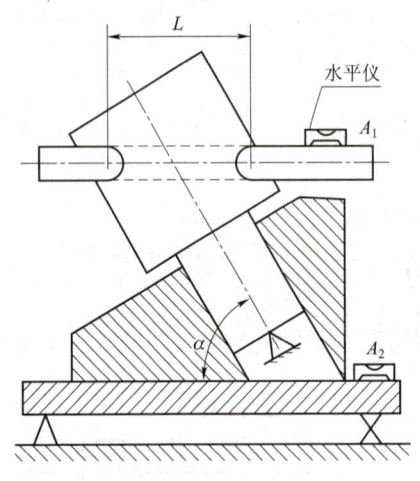

图 7-32 测量线对线的倾斜度

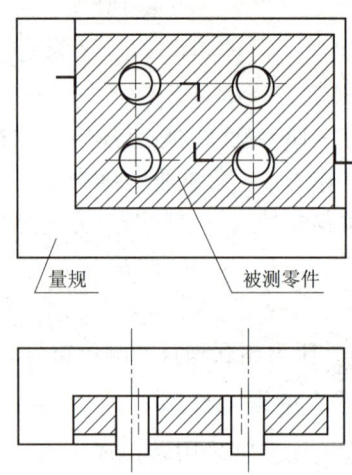

图 7-33 位置量规检验孔的位置度

10. 同轴度误差检测

此方法适用于测量形状误差较小的零件。如图 7-34 所示的零件，测量中间圆柱面轴线相对于两端公共基准轴线的同轴度误差。以两基准圆柱面中部的中心点连线作为公共基准轴线，将零件放置在两个等高的刃口状 V 形块上，将两指示器分别在铅垂轴截面调零。

（1）在轴向测量，取指示器在垂直基准轴线的正截面上测得各对应点的示值差值 $|M_a - M_b|$ 作为该截面上的同轴度误差。

（2）按上述方法在若干截面内测量，取各截面测得的示值之差中的最大值（绝对值）作为该零件的同轴度误差。

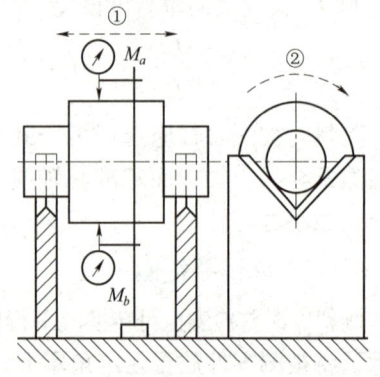

图 7-34 用两只指示器测量同轴度

11. 对称度误差检测

对称度误差的检测要找出被测中心要素离开基准中心要素的最大距离，以其两倍值定为对称度误差。

如图 7-35 所示，测量零件对称度误差。将零件放在平板上，测量被测表面与平板之间的距离。将零件翻转后，测量另一被测表面与平板之间的距离，取测量截面内对应两测点的最大差值作为对称度误差。

对称度误差是在被测要素全长上进行多对应点测量，取对应点差值的最大值作为对称度误差值。

12. 圆跳动误差检测

1) 径向圆跳动误差的检测

如图 7-36 所示，基准轴线由 V 形块模拟，被测零件支承在 V 形块上并轴向定位。

（1）在被测零件回转一周过程中，指示器示值的最大差值为单个测量平面上的径向圆跳动误差。

（2）按上述方法测量若干个截面，取各截面上测得的跳动量中的最大差值，作为该零件的径向圆跳动误差。

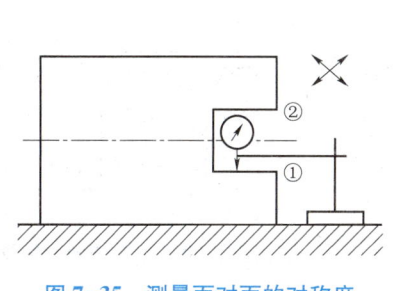

图 7-35 测量面对面的对称度

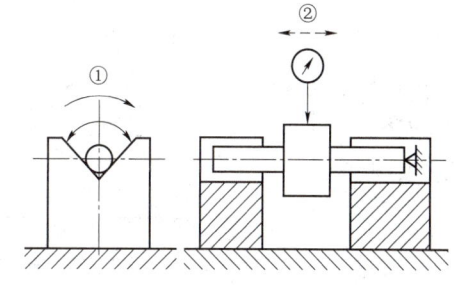

图 7-36 测量径向圆跳动

2) 轴向圆跳动误差的检测

如图 7-37 所示，将被测零件支承在 V 形块上，并在轴向固定。

（1）在被测零件回转一周过程中，指示器示值的最大差值为单个测量圆柱面上的轴向圆跳动误差。

（2）按上述方法测量若干个圆柱面，取各测量圆柱面上测得的跳动量中的最大差值，作为该零件的轴向圆跳动误差。

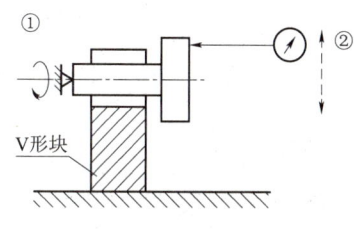

图 7-37 测量轴向圆跳动

3) 斜向圆跳动误差的检测

如图 7-38 所示，将被测零件固定在导向套筒内，并在轴向固定。

（1）在被测零件回转一周过程中，指示器示值的最大差值为单个测量圆锥面上的斜向圆跳动误差。

（2）按上述方法测量若干个圆锥面，取各测量圆锥面上测得的跳动量中的最大差值，作为该零件的斜向圆跳动误差。

13. 全跳动误差检测

1）径向全跳动误差的检测

如图 7-39 所示，将被测零件固定在两同轴导向套筒内，同时轴向固定并调整该对套筒，使其同轴并与平板平行。在被测零件连续回转过程中，同时让指示器沿基准轴线的方向作直线运动，在整个测量过程中指示器读数的最大差值为所测零件的径向全跳动误差。基准轴线也可以用一对 V 形块或一对顶尖的简单方法来体现。

2）轴向全跳动误差的检测

如图 7-40 所示，将被测零件支承在导向套筒内，并在轴向固定。导向套筒的轴线应与平板垂直。在被测零件连续回转的过程中，指示器沿其径向做直线移动，在整个测量过程中指示器读数的最大差值为所测零件的轴向全跳动误差。基准轴线也可以用 V 形块等简单方法来体现。

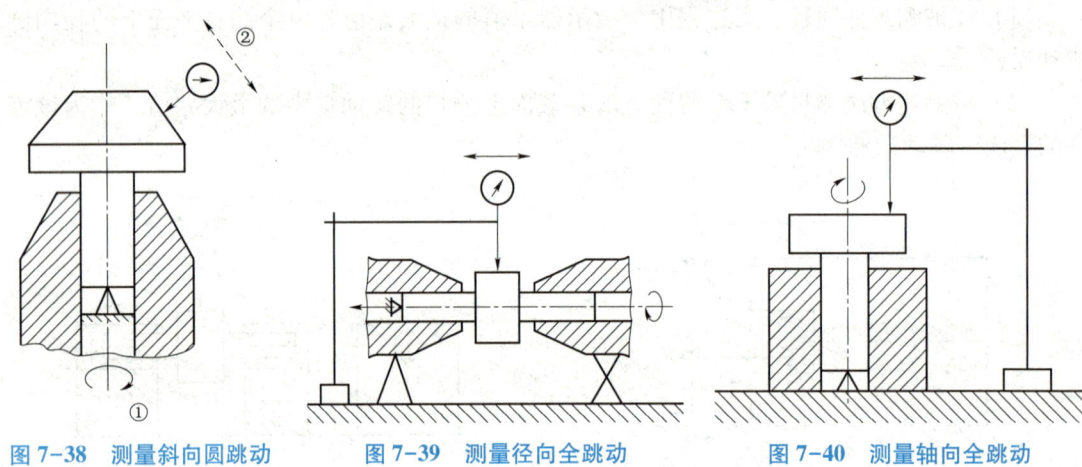

图 7-38　测量斜向圆跳动　　　图 7-39　测量径向全跳动　　　图 7-40　测量轴向全跳动

7.2　实训项目——几何误差检测

7.2.1　直线度误差测量

1. 实训目的

（1）了解框式水平仪的结构组成。

（2）掌握直线度误差的测量原理和数据处理方法。

2. 实训内容

用框式水平仪测量导轨的直线度误差

3. 实训设备

框式水平仪，外形如图 7-41 所示。

4. 测量步骤

（1）将被测件固定定位。

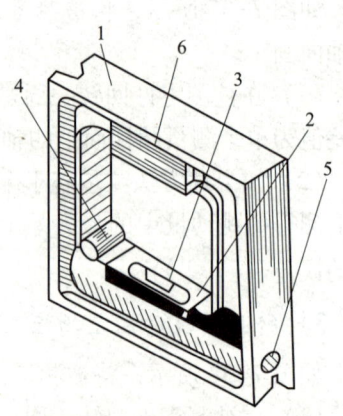

图 7-41　框式水平仪

1—主体；2—盖板；3—主水准器；
4—横水准器；5—调零装置；6—手把

（2）根据水平仪工作长度在被测件整个长度上均匀布点，将水平仪放在桥板上，按标记将水平仪首尾相接进行移动，逐段进行测量。

（3）测量时，后一点相对于前一点的读数差就会引起气泡的相应位移，由水准器刻度观其读数（后一点相对于前一点位置升高为正，反之为负）。正方向测量完后，用相同的方法反方向再测量一次，将读数填入实训报告中。

（4）将两次测量结果的平均值累加，用累积值作图，按最小包容区域法，求出直线度误差值 f。

（5）将计算结果与公差值比较，作出合格性结论。

7.2.2 平面度误差测量

1. 实训目的

（1）掌握平面度误差的测量及数据处理方法。

（2）加深对平面度误差概念的理解。

2. 实训内容

用指示器法测平板平面度。

3. 实训设备

平板、指示表及指示表架。

4. 测量步骤

（1）按"米"字形布线的方式进行布点，如图 7-42 所示。

（2）在 a_1 点将指示表调零，然后移动指示表架依次记录各点读数，将结果填入实训报告中。

（3）用最小区域包容法或用对角线法计算出平面度误差值，与其公差值比较，作出合格性结论。

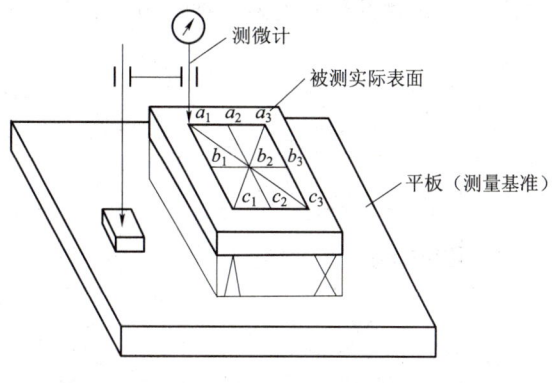

图 7-42 测量示意图

7.2.3 圆度误差测量

1. 实训目的

（1）了解圆度仪的结构和使用方法。

（2）掌握在圆度仪上测量圆度误差的方法及圆度误差的判断方法。

（3）掌握圆度仪测量系统的使用。

2. 实训内容

用圆度仪测轴圆度误差。

3. 实训设备

圆度仪。

4. 测量步骤

（1）用鼠标单击"开始"按钮，启动圆度仪测量软件。

（2）将被测量工件对中地放置在仪器转台上，先目测找正中心，移动传感器，使测端与被测表面留有适当间隙。当转台转动时，目测该间隙变化，并用校心杆敲拨工件，使其对中。再精确对中：使传感器测端接触工件表面，然后单击"开始调试"按钮，转动转台，表头指针在表头所示的范围内摆动，当指针处在转折点时，在测端所处的径向方位上用校心杆敲拨工件，以致指针的摆幅最小。

（3）单击停止调试按钮，退出调试过程。然后单击"开始测量"按钮，仪器即开始对工件进行测量并实时显示测量图形。当测量完成后，测量程序将自动进行圆度评定，并显示测量结果。

（4）单击"程序返回"按钮，程序退出。

7.2.4　位置误差测量

1. 实训目的

（1）熟悉箱体类零件平行度、垂直度、对称度误差的测量方法。

（2）加深对位置度、同轴度量规应用的理解。

2. 实训内容

测量箱体零件的位置误差，被测箱体的零件图如图 7-43 所示。

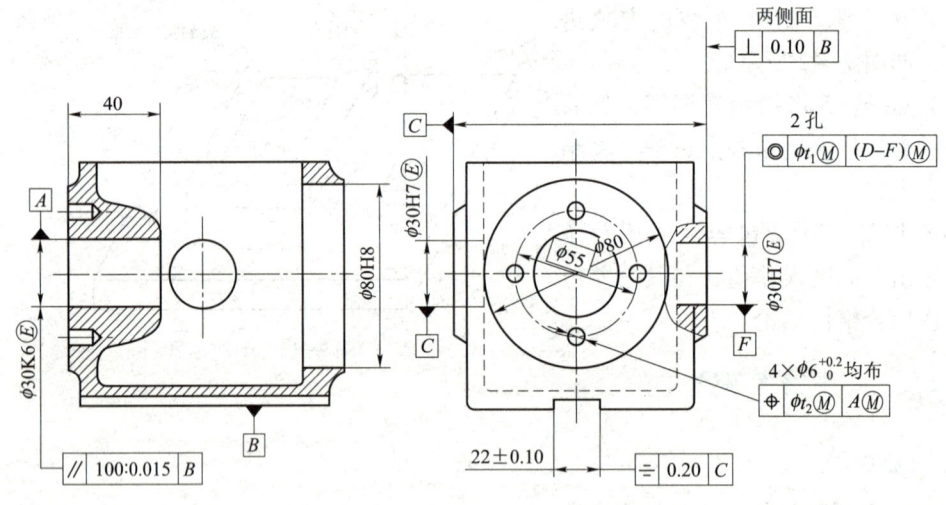

图 7-43　箱体零件图

3. 实训设备

平板、心轴、量规、杠杆百分表、钢板尺、直角尺等。

4. 测量步骤

（1）测量 ϕ30K6 孔相对于 B 面的平行度误差。将箱体置于平板上，被测孔中心线由心轴模拟，在距离为 L_2（用钢板尺测量）的 a、b 两点上分别用杠杆百分表测得读数 M_a 和

M_b,如图 7-44 所示,则平行度误差值为

$$f=\frac{L_1}{L_2}\times|M_a-M_b|$$

式中 L_1——被测孔的长度。

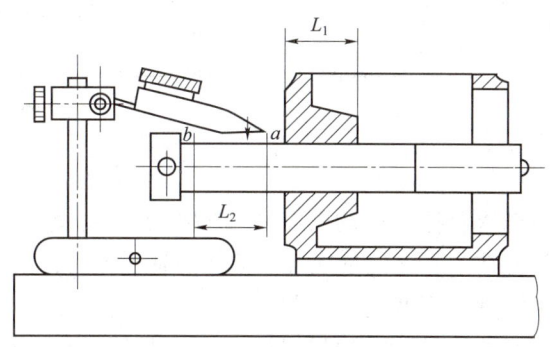

图 7-44 平行度误差的测量

(2)测量 ϕ30H7 两孔侧面相对于 B 面的垂直度误差。如图 7-45 所示,将表架置于垫铁上并放在平板上。用垂直放置于平板上的同轴度量规作圆柱角尺,使其测头和表座圆弧侧面与量规在同一素线上接触(或用直角尺、方箱等),转动表盘,将百分表调零,再将垫铁及平板上的表座圆弧侧面和百分表测头靠向箱体被测面,在表座圆弧侧面与箱体被测面保持接触的条件下,水平移动表座,取百分表读数最大差值作为垂直度误差。

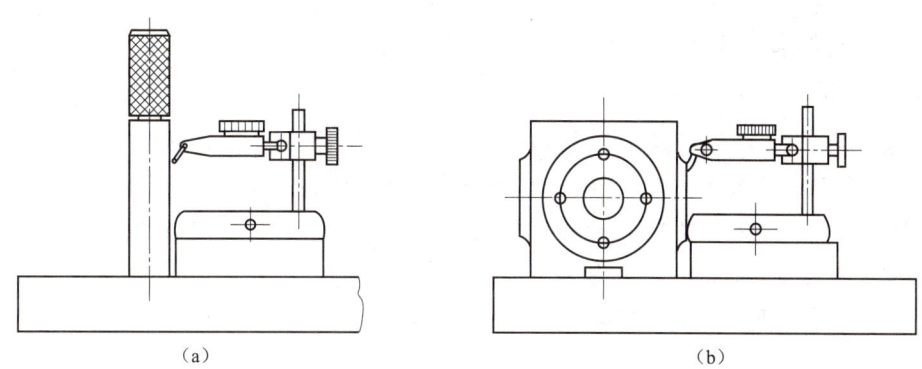

图 7-45 垂直度误差的测量

(3)测量 B 面槽的对称度误差。如图 7-46 所示,将箱体置于平板上,然后按如下步骤测量:

① 在等距的三个测位上分别测量槽面至平板的距离 a_1、b_1、c_1。记录指示表各点的读数值。

② 将箱体翻转 180°,再测量另一槽面至平板的距离 a_2、b_2、c_2。记录指示表各点的读数值。

③ 将各对应点所测数值相减,取其中差值最大者作为对称度误差。

(4)用同轴度量规检验两个 ϕ30H7 孔的同轴度,用位置度量规检验 4 个 ϕ6 孔的位置度。

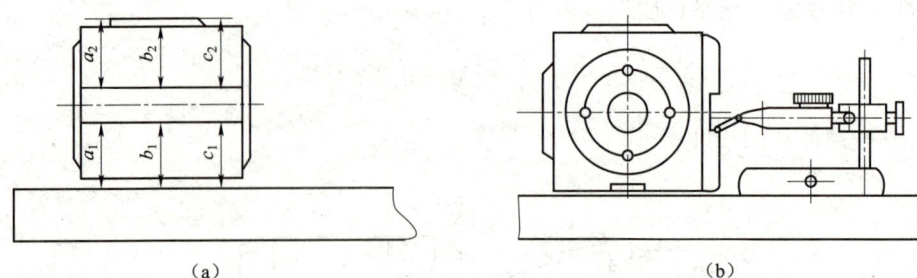

图 7-46 对称度误差的测量

若同轴度量规能同时进入箱体零件的两个 ϕ30H7 的孔中，则被测件的同轴度合格，反之，不合格；若位置度量规在中心定位量规进入箱体的基准孔后，四个小插销应能同时进入箱体上相应的四个小孔中，则被测件位置度合格，反之，不合格。

(5) 将测量结果填入实训报告中，根据零件公差，作出合格性结论。

7.2.5 跳动误差测量

1. 实训目的

(1) 熟悉百分表、偏摆仪的使用方法。
(2) 掌握轴类零件跳动的测量原理和方法。

2. 实训内容

用偏摆仪测轴跳动误差。

3. 实训设备

偏摆仪、指示表及指示表架，所用偏摆仪的外形及结构如图 7-47 所示。主要有底座 1、前顶尖座 2、后顶尖座 8 和支架 6 四个部分组成。二顶尖座和支架座可沿导轨面移动，并通过手柄 11 将其固定。两个顶尖分别装在固定套管 3 和活动套管 7 内，按动杠杆 10 可使活动套管后退，当松开杠杆时，活动套管 7 借弹簧作用前移，这可以方便更换零件。转动手柄 9 可紧固活动套管。支架座上可根据需要安装测微表。

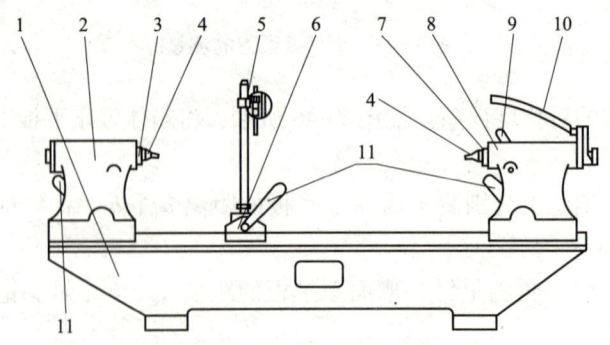

图 7-47 偏摆检查仪

1—底座；2—前顶尖座；3—固定套管；4—顶尖；5—测微表；6—支架；
7—活动套管；8—后顶尖座；9, 11—手柄；10—杠杆

4. 测量步骤

（1）被测工件及量具擦净，按说明安装在仪器的两顶尖上。
（2）按要求分别在三个截面上测量径向圆跳动误差。
（3）转动被测工件，同时让指示表沿基准轴线方向做直线运动，测量径向全跳动误差。
（4）调整指示表位置，按要求测量轴向圆跳动误差。
（5）将测量结果填入实训报告中，根据被测零件的公差值，作出合格性结论。

习题七

7-1 平面度误差评定有哪三种接触形式？

7-2 测量平面度误差应如何布点？

7-3 比较圆度公差带与径向圆跳动公差带的区别。

7-4 比较圆柱度公差带与径向全跳动公差带的区别。

第 8 章

典型机械产品质量检测

8.1 圆锥的公差配合与检测

圆锥结合是一种常用的典型配合,在机械、仪器和工具中应用广泛。锥度与锥角的标准化,对保证圆锥配合的互换性具有重要意义。圆锥公差与配合现行的国家标准主要有:GB/T 157—2001《产品几何量技术规范(GPS)圆锥的锥度与锥角系列》、GB 11334—2005《产品几何量技术规范(GPS)圆锥公差》、GB 12360—2005《产品几何量技术规范(GPS)圆锥配合》。

8.1.1 概述

1. 圆锥配合的特点

与圆柱配合相比较,圆锥配合具有如下特点:

(1)相配合的内、外两圆锥在轴向力的作用下,能自动对准中心,保证内、外圆锥体轴线具有较高的同轴度,且装拆方便。

(2)圆锥配合的间隙和过盈,可随内、外圆锥体的轴向相互位置不同而得到调整,而且能补偿零件的磨损,延长配合的使用寿命。

(3)圆锥的配合具有较好地自锁性和密封性。

圆锥配合虽然有以上优点,但它与圆柱体配合相比,影响互换性的参数比较复杂,加工和检验也较麻烦,故应用不如圆柱配合广泛。

2. 圆锥的几何参数

圆锥的几何参数有圆锥角、圆锥直径、圆锥长度和锥度,如图 8-1 所示。

(1)圆锥角 α。它是指在通过圆锥轴线的截面内,两条素线间的夹角。

(2)圆锥直径。它是指与圆锥轴线垂直截面内的直径。常用的圆锥直径有:最大圆锥直径 D、最小圆锥直径 d 和给定截面圆锥直径 d_x。

(3)圆锥长度 L。它是最大圆锥直径截面与最小圆锥直径截面之间的轴向距离。

(4)锥度 C。两个垂直圆锥轴线截面的

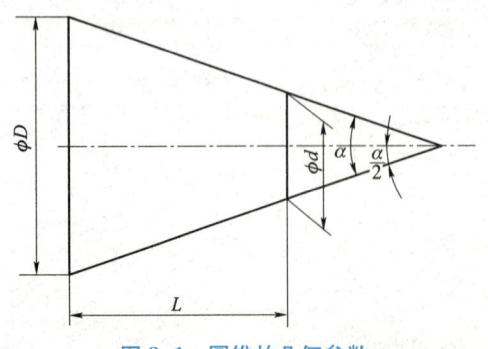

图 8-1 圆锥的几何参数

第8章 典型机械产品质量检测

圆锥直径 D 和 d 之差与这两截面间的轴向距离 L 之比,如图 8-2 所示,即

$$C = \frac{D-d}{L} \tag{8-1}$$

锥度 C 与圆锥角 α 的关系为

$$C = 2\tan\frac{\alpha}{2} \tag{8-2}$$

锥度一般用比例或分数表示,例如:$C=1:20$ 或 $1/20$。

3. 锥度、锥角系列

国标中,规定了一般用途圆锥的锥度与锥角系列见表 8-1。为便于圆锥件的设计、生产和控制,表中给出了圆锥角或锥度的推算值,其有效位数可按需要确定。为保证产品的互换性,减少生产中所需的专用刀具、量具种类与规格,在选用时应当优先选用第一系列。

特殊用途圆锥的锥度与锥角系列见表 8-2。它仅适用于某些特殊行业,在机床、工具制造中,广泛使用莫氏锥度。常用的莫氏锥度共有 7 种,从 0~6 号,使用时只有相同号的莫氏内、外锥才能配合。

表 8-1 一般用途圆锥的锥度与锥角(摘自 GB/T 157—2001)

基本值		推算值			
		圆锥角 α			锥度 C
系列 1	系列 2	(°)(′)(″)	(°)	rad	
120°		—	—	2.094 395 10	1:0.288 675 1
90°		—	—	1.570 796 33	1:0.500 000 0
	75°			1.308 996 94	1:0.651 612 7
60°		—	—	1.047 197 55	1:0.866 025 4
45°		—	—	0.785 398 16	1:1.207 106 8
30°		—	—	0.523 598 78	1:1.866 025 4
1:3		18°55′28.719 9″	18.924 644 42°	0.33.297 35	
	1:4	14°15′0.117 7″	14.250 032 70°	0.248 709 99	—
1:5		11°25′16.270 6″	11.421 186 27°	0.199 337 30	—
	1:6	9°31′38.220 2″	9.527 283 38°	0.166 282 46	—
	1:7	8°10′16.440 8″	8.171 233 56°	0.142 614 93	—
	1:8	7°9′9.607 5″	7.152 668 75°	0.124 837 62	—
1:10		5°43′29.317 6″	5.724 810 45°	0.099 916 79	—
	1:12	4°46′18.797 0″	4.771 888 06°	0.083 285 16	—
	1:15	3°49′5.897 5″	3.818 304 87°	0.066 641 99	—
1:20		2°51′51.092 5″	2.864 192 37°	0.049 989 59	—
1:30		1°54′34.857 0″	1.909 682 51°	0.033 330 25	—

续表

基本值		推算值			锥度 C
系列1	系列2	圆锥角 α			
		(°) (′) (″)	(°)	rad	
1:50		1°8′45.158 6″	1.145 877 40°	0.019 999 33	—
1:100		34′22.630 9″	0.572 953 02°	0.009 999 92	—
1:200		17′11.321 9″	0.286 478 30°	0.004 999 99	—
1:500		6′52.529 5″	0.114 591 52°	0.002 000 00	—

表 8-2 特殊用途圆锥的锥度与锥角（摘自 GB/T 157—2001）

基本值	推算值			锥度 C	标准号 GB/T（ISO）	用途
	圆锥角 α					
	(°) (′) (″)	(°)	rad			
11°54′	—	—	0.207 694 18	1:4.797 451 1	(5237) (8489-5)	纺织机械和附件
8°40′	—	—	0.151 261 87	1:6.598 441 5	(8489-3) (8489-4) (324.575)	
7°	—	—	0.122 173 05	1:8.174 927 7	(8489-2)	
1:38	1°30′27.708 0″	1.507 696 67°	0.026 314 27	—	(368)	
1:64	0°53′42.822 0″	0.895 228 34°	0.015 624 68	—	(368)	
7:24	16°35′39.444 3″	16.594 290 08°	0.289 625 00	1:3.428 571 4	3 837.3 (297)	机床主轴 工具配合
1:12.262	4°40′12.151 4″	4.670 042 05°	0.081 507 61	—	(239)	贾氏锥 No.2
1:12.972	4°24′52.903 9″	4.414 695 52°	0.077 050 97	—	(239)	贾氏锥 No.1
1:15.748	3°38′13.442 9″	3.637 067 47°	0.063 478 80	—	(239)	贾氏锥 No.33
6:100	3°26′12.177 6″	3.436 716 00°	0.059 982 01	1:16.666 666 7	1 962 (594-1) (595-1) (595-2)	医疗设备
1:18.779	3°3′1.207 0″	3.050 335 27°	0.053 238 39	—	(239)	贾氏锥 No.3
1:19.002	3°0′52.395 6″	3.014 554 34°	0.052 613 90	—	1 443（296）	莫氏锥 No.5
1:19.180	2°95′11.725 8″	2.986 590 50°	0.052 125 84	—	1 443（296）	莫氏锥 No.6
1:19.212	2°58′53.825 5″	2.981 618 20°	0.052 039 05	—	1 443（296）	莫氏锥 No.0
1:19.254	2°58′30.421 7″	2.975 117 13°	0.052 559	—	1 443（296）	莫氏锥 No.4
1:19.264	2°58′24.864 4″	2.973 573 43°	0.051 898 65	—	(239)	贾氏锥 No.6
1:19.922	2°52′31.446 3″	2.875 401 76°	0.050 185 23	—	1 443（296）	莫氏锥 No.3

续表

基本值	推算值			锥度 C	标准号 GB/T (ISO)	用途
	圆锥角 α					
	(°)(′)(″)	(°)	rad			
1:20.020	2°51′40.796 0″	2.861 332 23°	0.049 939 67	—	1 443（296）	莫氏锥 No. 2
1:20.047	2°51′26.928 3″	2.857 480 08°	0.049 872 44	—	1 443（296）	莫氏锥 No. 1
1:20.288	2°49′24.780 2″	2.823 550 06°	0.049 280 25	—	（239）	贾氏锥 No. 0
1:23.904	2°23′47.624 4″	2.396 562 32°	0.041 827 90	—	1 443（296）	布朗夏锥度 No. 1 至 No. 3
1:28	2°2′45.817 4″	2.046 060 38°	0.035 710 49	—	（8382）	复苏器（医用）
1:36	1°35′29.209 6″	1.591 447 11°	0.027 775 99	—	（5356-1）	麻醉器具
1:40	1°25′56.351 6″	1.432 319 89°	0.024 998 70	—		

在零件图样上，锥度用特定的图形符号和比例（或分数）来标注，如图 8-2 所示。图形符号配置在平行于圆锥轴线的基准线上，并且其方向与圆锥方向一致，在基准线的上面标注锥度的数值，用指引线将基准线与圆锥素线相连。在图样上标注了锥度，就不必标注圆锥角，两者不应重复标注。

8.1.2 圆锥公差与配合

1. 圆锥公差的术语及定义

（1）公称圆锥。它是指设计给定的理想形状的圆锥。
如图 8-3 所示，公称圆锥可以用以下两种方式确定。

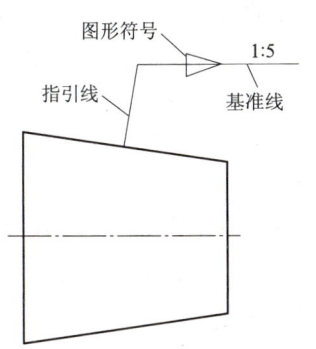

图 8-2 锥度的标注方法

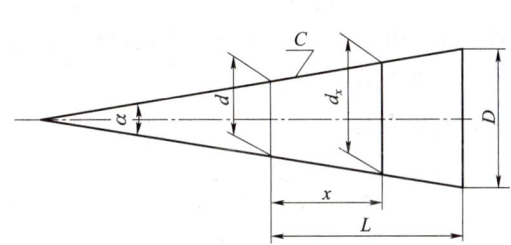

图 8-3 公称圆锥的确定

① 一个公称圆锥直径（最大圆锥直径 D、最小圆锥直径 d、给定截面圆锥直径 d_x）、公称圆锥长度 L、公称圆锥角 α 或公称锥度 C。
② 两个公称圆锥直径和公称圆锥长度 L。

（2）极限圆锥。它是指实际圆锥允许变动的界限，分为最大、最小极限圆锥。极限圆锥与公称圆锥共轴且圆锥角相等，直径分别为上极限直径和下极限直径的两个圆锥。在垂直圆锥轴线的任一截面上,这两个圆锥的直径差都相等。合格的实际圆锥必须在两个极限圆锥限定的空间区域内。

(3) 圆锥直径公差 T_D。它是指圆锥直径的允许变动量。如图 8-4 所示,其数值等于允许的上极限圆锥直径与下极限圆锥直径之差,即

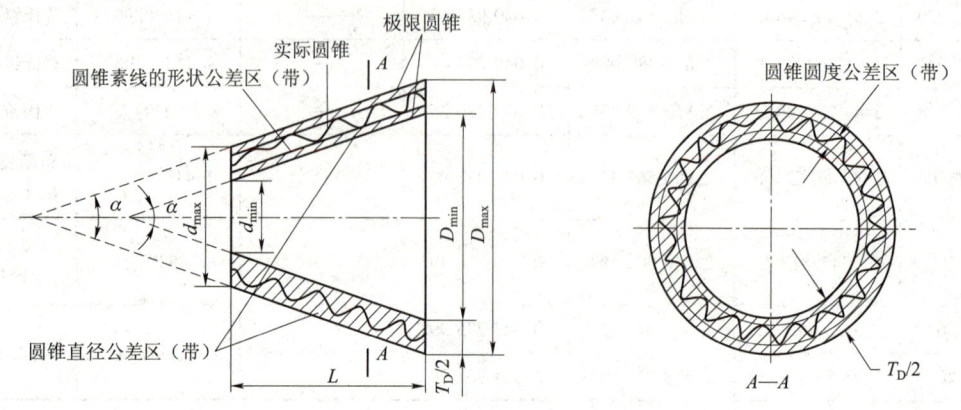

图 8-4　圆锥直径公差与公差区（带）

$$T_D = D_{max} - D_{min} = d_{max} - d_{min}$$

(4) 圆锥直径公差区（带）。它是指两个极限圆锥所限定的区域,如图 8-4 所示。

(5) 给定截面圆锥直径公差 T_{DS}。它是指在垂直于圆锥轴线的给定截面内,圆锥直径允许的变动量,如图 8-5 所示。

(6) 给定截面圆锥直径公差区。它是指在给定的圆锥截面内,由两个同心圆所限定的区域,如图 8-5 所示。

(7) 极限圆锥角。极限圆锥角是指允许的上极限或下极限圆锥角,它们分别用符号 α_{max} 和 α_{min} 表示。

(8) 圆锥角公差 AT （AT_α、AT_D）。它是指圆锥角的允许变动量。

AT_α 以角度单位（微弧度、度、分、秒）表示圆锥角公差值（1 μrad 等于半径为 1 m、弧长为 1 μm 所产生的角度,5 μrad ≈ 1″,300 μrad ≈ 1′）。$AT_\alpha = (\alpha_{max} - \alpha_{min})$。

AT_D 以线值单位（μm）表示圆锥角公差值。在同一圆锥长度内,AT_D 值有两个,分别对应于 L 的最大值和最小值。

(9) 圆锥角公差区（带）。它是指两个极限圆锥角所限定的区域,如图 8-6 所示。

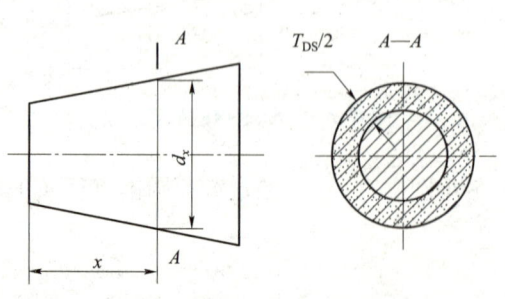

图 8-5　给定截面圆锥直径公差与公差区（带）

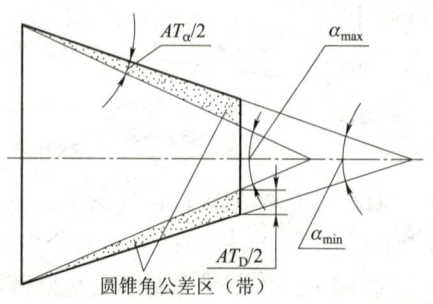

图 8-6　圆锥角公差区（带）

（10）圆锥的形状公差 T_F。

① 圆锥素线直线度公差。它是指在圆锥轴向平面内，允许实际素线形状的最大变动量。其公差区（带）是在给定截面上，距离为公差值 T_F 的两条平行直线间的区域。

② 截面圆度公差。它是指在圆锥轴线法向截面上，允许截面形状的最大变动量。其公差区（带）是半径差为公差值 T_F 的两同心圆间的区域。

2. 圆锥公差项目

为了满足圆锥联结功能和使用要求，国家标准 GB/T 11334—2005《圆锥公差》规定了 4 项公差项目。

1）圆锥公差

（1）圆锥直径公差 T_D。T_D 的公差等级和数值及以公差带的代号以公称圆锥直径（一般取最大圆锥直径 D）为公称尺寸按圆柱公差 GB/T 1800.3 标准规定选取。其数值适用于圆锥长度范围内的所有圆锥直径。

（2）给定截面圆锥直径公差 T_{DS}。T_{DS} 是以给定截面圆锥直径 d_x 为公称尺寸，按 GB/T 1800.3 中规定的标准公差选取。它仅适合给定截面的圆锥直径。

（3）圆锥角公差 AT。圆锥角公差 AT 共分 12 个公差等级，用 AT1、AT2…AT12 表示，其中 AT1 精度最高，其余依次降低。表 8-3 列出了 AT4~AT9 圆锥角公差值。

表 8-3　圆锥角公差数值（摘自 GB/T 11334—2005）

公称圆锥长度 L/mm		圆锥角公差等级							
		AT4			AT5			AT6	
		AT_α		AT_D	AT_α		AT_D	AT_α		AT_D
大于	至	μrad	(′)(″)	μm	μrad	(′)(″)	μm	μrad	(′)(″)	μm
6	10	200	41″	>1.3~2.0	315	1′05″	>2.0~3.2	500	1′43″	>3.2~5.0
10	16	160	33″	>1.6~2.5	250	52″	>2.5~4.0	400	1′22″	>4.0~6.3
16	25	125	26″	>2.0~3.2	200	41″	>3.2~5.0	315	1′05″	>5.0~8.0
25	40	100	21″	>2.5~4.0	160	33″	>4.0~6.3	250	52″	>6.3~10.0
40	63	80	16″	>3.2~5.0	125	26″	>5.0~8.0	200	41″	>8.0~12.5
63	100	63	13″	>4.0~6.3	100	21″	>6.3~10.0	160	33″	>10.0~16.0
100	160	50	10″	>5.0~8.0	80	16″	>8.0~12.5	125	26″	>12.5~20.0
160	250	40	8″	>6.3~10.0	63	13″	>10.0~16.0	100	21″	>16.0~25.0
250	400	31.5	6″	>8.0~12.5	50	10″	>12.5~20.0	80	16″	>20.0~32.0
400	630	25	5″	>10.0~16.0	40	8″	>16.0~25.0	63	13″	>25.0~40.0

续表

公称圆锥长度 L/mm		圆锥角公差等级								
		AT7			AT8			AT9		
		AT_α		AT_D	AT_α		AT_D	AT_α		AT_D
大于	至	μrad	(′)(″)	μm	μrad	(′)(″)	μm	μrad	(′)(″)	μm
6	10	800	2′45″	>5.0~8.0	1 250	4′18″	>8.0~12.5	2 000	6′52″	>12.5~20
10	16	630	2′10″	>6.3~10.0	1 000	3′26″	>10.0~16.0	1 600	5′30″	>16~25
16	25	500	1′43″	>8.0~12.5	800	2′45″	>12.5~20.0	1 250	4′18″	>20~32
25	40	400	1′22″	>10.0~16.0	630	2′10″	>16.0~20.5	1 000	3′26″	>25~40
40	63	315	1′05″	>12.5~20.0	500	1′43″	>20.0~32.0	800	2′45″	>32~50
63	100	250	52″	>16.0~25.0	400	1′22″	>25.0~40.0	630	2′10″	>40~63
100	160	200	41″	>20.0~32.0	315	1′05″	>32.0~50.0	500	1′43″	>50~80
160	250	160	33″	>25.0~40.0	250	52″	>40.0~63.0	400	1′22″	>63~100
250	400	125	26″	>32.0~50.0	200	41″	>50.0~80.0	315	1′05″	>80~125
400	630	100	21″	>40.0~63.0	160	33″	>63.0~100.0	250	52″	>100~160

为了加工和检测方便，圆锥角公差可用角度值 AT_α 或线性值 AT_D 给定。

AT_α 和 AT_D 的关系为

$$AT_D = AT_\alpha \times L \times 10^{-3}$$

式中，AT_α 单位 μrad；AT_D 单位为 μm；L 的单位为 mm。

例如，当 $L=100$，AT_α 为 9 级时，查表 8-3 得 $AT_\alpha=630$ μrad 或 2′10″，$AT_D=63$ μm。若 $L=50$ mm，仍为 9 级，则 $AT_D = 630 \times 50 \times 10^{-3} \approx 32$ μm。

圆锥角的极限偏差，可以按单向或双向取值。双向取值时，可以是对称的，也可以是不对称的，见图 8-7。

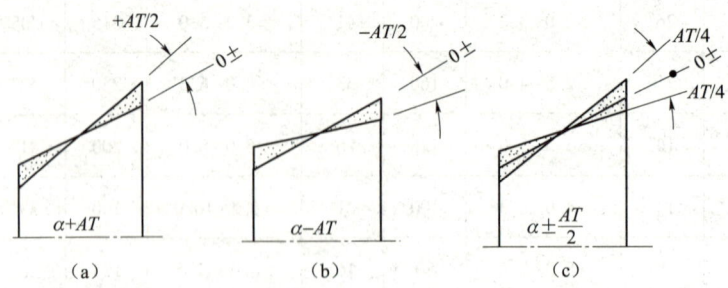

图 8-7 圆锥角的极限偏差

（4）圆锥形状公差 T_F。T_F 在一般情况下不单独给出，而是由圆锥直径公差带限制；当对形状精度有更高要求时，应单独给出相应的形状公差。其数值可从国标中选取，但应不大于圆锥直径公差值的一半。

2) 圆锥公差的给定方法

对于各具体的圆锥工件，并不都需要给定上述 4 项公差，而是根据工件使用要求来提出公差项目。圆锥公差的给定及标注方法有以下 3 种。

（1）面轮廓度法。面轮廓度法是指给出圆锥的理论正确圆锥角（或锥度 C）、理论正确圆锥直径（D 或 d）和圆锥长度 L，标注面轮廓度公差，如图 8-8 所示。

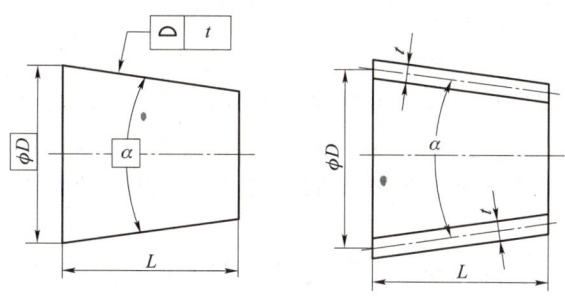

图 8-8　面轮廓度法

（2）基本锥度法。基本锥度法是指给出圆锥的公称圆锥角和圆锥直径公差 T_D，标注公称圆锥直径（D 或 d）及其极限偏差（按相对于该直径对称分布取值），如图 8-9 所示。基本锥度法通常适用于有配合要求的结构型内、外圆锥。

（3）公差锥度法。公差锥度法是指同时给出圆锥直径（最大或最小圆锥直径）极限偏差和圆锥角极限偏差，并标注圆锥长度，它们各自独立，分别满足各自的要求，可以按独立原则解释，如图 8-10 所示。

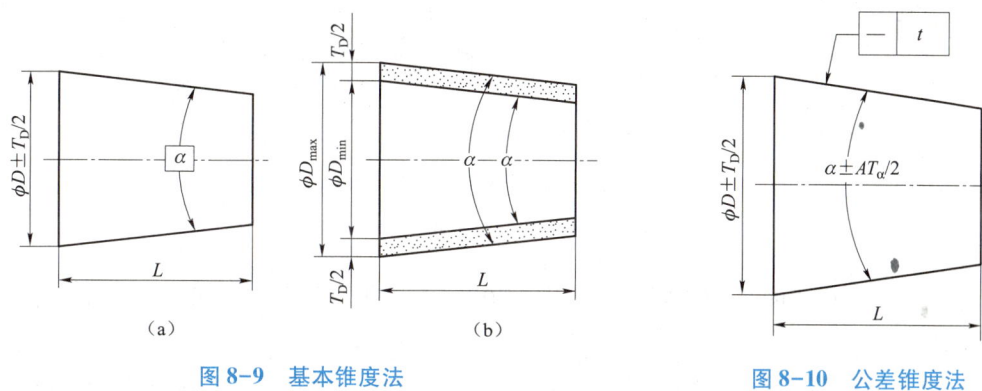

图 8-9　基本锥度法　　　　　　　　图 8-10　公差锥度法

3. 圆锥配合

1）圆锥配合的定义

圆锥配合是指基本圆锥相同的内、外圆锥直径之间，由于连接不同所形成的相互关系。

2）圆锥配合的种类

（1）间隙配合。这类配合具有间隙，而且在装配和使用过程中间隙大小可以调整。常用于有相对运动的机构中。如某些车床主轴的圆锥轴颈与圆锥滑动轴承衬套的配合。

（2）过盈配合。这类配合具有过盈，它能借助于相互配合的圆锥面间的自锁，产生较大的摩擦力来传递转矩。例如钻头（或铰刀）的圆锥柄与机床主轴圆锥孔的配合、圆锥形摩擦离合器中的配合等。

(3) 过渡配合。这类配合很紧密，间隙为零或略小于零。主要用于定心或密封场合，如锥形旋塞、发动机中的气阀与阀座的配合等。通常要将内、外锥成对研磨，故这类配合一般没有互换性。

3) 圆锥配合的形成

圆锥配合的配合性质是通过规定相结合的内、外锥的轴向相对位置形成的。《圆锥配合》国家标准（GB/T 12360—2005）适用于锥度从 1∶3～1∶500、圆锥长度 L 从 6～630 mm 的光滑圆锥。

按内、外圆锥相对位置的确定方法，圆锥配合的形成有以下两种方式。

(1) 结构型圆锥配合

用适当的结构，使内、外圆锥保持固定的相对轴向位置，并因此形成指定配合性质的圆锥配合。

如图 8-11（a）所示，为结构型配合的第一种，这种配合要求外圆锥的台阶面与内圆锥的端面相贴紧，配合的性质就可确定。图 8-11（a）所示是获得间隙配合的例子。图 8-11（b）是第二种由结构形成配合的例子，它要求装配后，内、外圆锥的基准面间的距离（基面距）为 a，则配合的性质就能确定。图 8-11（b）所示是获得过盈配合的例子。

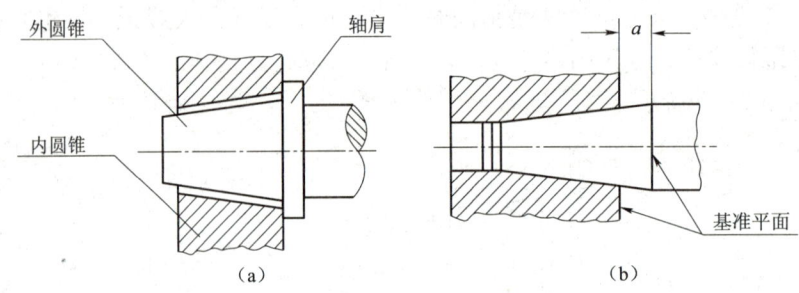

图 8-11　结构型圆锥配合
(a) 由结构形成的圆锥间隙配合；(b) 由基面距形成的圆锥过盈配合

由圆锥的结构形成的两种配合，选择不同的内、外圆锥直径公差带就可以获得间隙、过盈或过渡配合。

(2) 位移型圆锥配合。位移型圆锥配合是指由规定内、外圆锥在装配时做一定的相对轴向位移（E_a）或施加一定的装配力产生轴向位移而获得的圆锥配合。

例如，如图 8-12（a）所示，内、外圆锥表面接触位置（不施加力）称实际初始位置（P_a），从这位置开始让内、外圆锥相对做一定的轴向位移（E_a），到达终止位置（P_f）而获得的间隙配合。第二种则从实际初始位置（P_a）开始，施加一定的装配力 F_S 而产生轴向位移（E_a），到达终止位置（P_f）而获得的过盈配合，如图 8-12（b）所示。

4) 圆锥直径公差带（公差区）的选择

(1) 结构型圆锥配合的内、外圆锥直径公差带的选择。结构型圆锥配合也分基孔制配合和基轴制配合，可按光滑圆柱体公差配合标准选取基准制和公差带，推荐优先选用基孔制

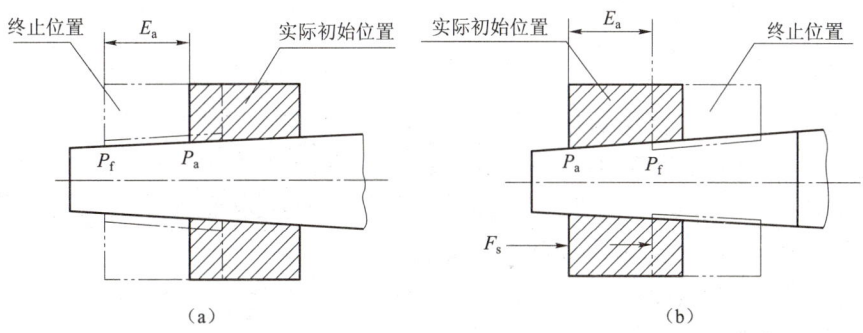

图 8-12 位移型圆锥配合

配合。

（2）位移型圆锥配合的内、外圆锥直径公差带的选择。位移型圆锥配合的内、外圆锥直径公差带的基本偏差采用 H/h 或 JS/js。其轴向位移的极限值按 GB/T 1801—2009 规定的极限间隙或极限过盈来计算。

8.1.3 圆锥的检测

1. 圆锥量规检验法

大批量生产条件下，圆锥的检验多用圆锥量规。圆锥量规用来检验实际内、外圆锥工件的锥度和直径偏差。检验内圆锥用圆锥塞规，检验外圆锥用圆锥环规，如图 8-13 所示。

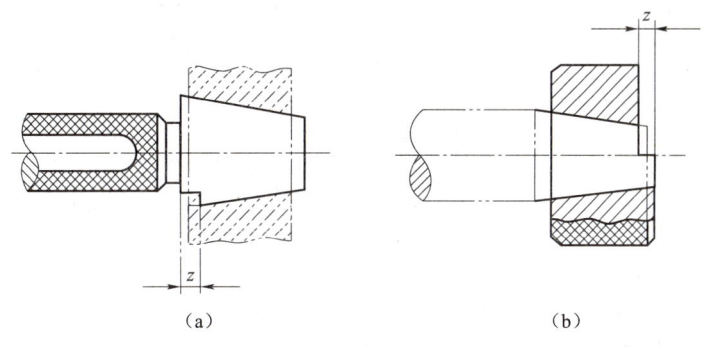

图 8-13 圆锥量规
（a）圆锥塞规；（b）圆锥环规

用圆锥量规可以综合检验圆锥体的圆锥角、圆锥直径、圆锥表面形状的要求是否合格。在塞规的大端，有两条刻线，距离为 z；在环规的小端，也有一个由端面和一条刻线所代表的距离 z（有的用台阶表示），该距离值 z 代表被检圆锥的直径公差 T_D 在轴向的量。被检的圆锥件，若直径合格，其端面（外圆锥为小端，内圆锥为大端）应在距离为 z 的两条刻线之间，然后在圆锥面上均匀地涂上 2~3 条极薄的涂层（红丹或蓝油），使被检圆锥与量规接触后转动 1/3~1/2 周，视涂层被擦掉的情况来判断圆锥角误差与圆锥表面形状误差合格与否。若涂层被均匀地擦掉，表明锥角误差和表面形状误差都较小；反之，则表明存在误差。如用圆锥塞规检验内圆锥时，若塞规小端的涂层被擦掉，则表明被检内圆锥的锥角大了；若塞规的大端涂层被擦掉，则表明被检内圆锥的锥角小了，但不能测出具体的误差值。

2. 圆锥的锥角测量法

1) 用正弦规测量

正弦规是锥度测量中常用的计量器具,其结构形式如图 8-14 所示,测量精度可达 $\pm 3' \sim \pm 1'$,但适宜测量小于 $40°$ 的角度。

用正弦规测量外圆锥的锥度如图 8-15(a) 所示。在正弦规的一个圆柱下面垫上高度为 h 的一组量块,已知两圆柱的中心距为 L,正弦规工作面和平板的夹角为 α,则 $h = L\sin\alpha$。用百分表测量圆锥面上相距为 l 的 a、b 两点,由 a、b 两点的读数之差 n 和 a、b 两点的距离 l 之比,即可求出锥度误差 ΔC,即

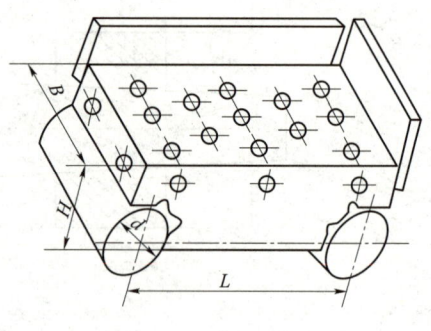

图 8-14 正弦规

$$\Delta C = \frac{n}{l} \quad (\text{rad})$$

相应的锥角误差为

$$\Delta\alpha = 2\Delta C \times 10^5$$

具体测量时,须注意 a、b 两点测值的大小。若 a 点值大于 b 点值,则实际锥角大于理论锥角 α,算出的 $\Delta\alpha$ 为正,反之 $\Delta\alpha$ 为负。

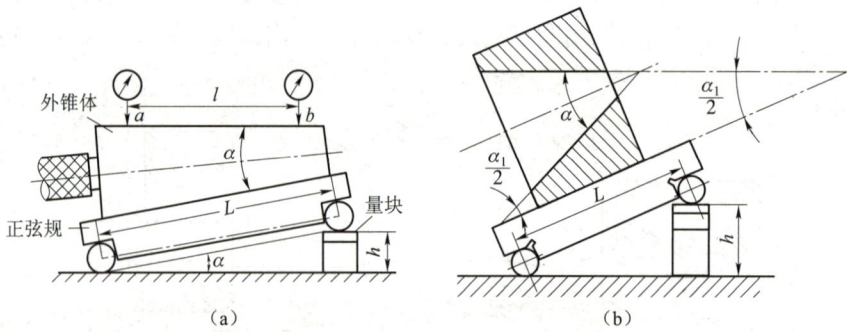

图 8-15 正弦规测量锥角

图 8-15(b) 为用正弦规测内锥角的示意图,其原理与测外锥角相类似。

2) 用钢球或圆柱测量锥角

用精密的钢球或精密量柱(滚柱)也可以间接测量圆锥角。图 8-16 为用两球测内锥角的示例。已知大小两球的直径为 D 和 d,测量时,先将小球放入,测出 H 值,再将大球放入,测出 h 值,则内锥角 α 值可按以下公式求得

$$\sin\alpha/2 = \frac{(D/2 - d/2)}{(H-h) + d/2 - D/2}$$

图 8-17 为用滚珠和量块组测外圆锥的示例。先将两尺寸相同的滚珠夹在圆锥的小端处,测得 m 值,再将这两个滚柱放在尺寸组合相同的量块上,测得 M 值,则外锥角值可按下面公式求得

$$\tan\alpha/2 = \frac{M-m}{2h}$$

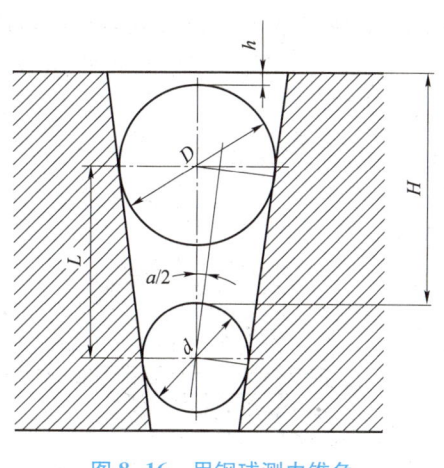

图 8-16 用钢球测内锥角

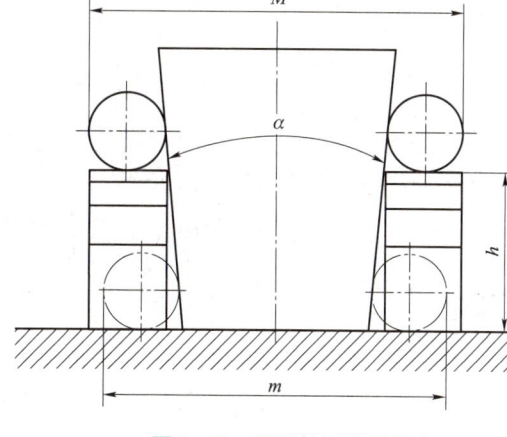

图 8-17 用圆柱测外圆锥角

8.2 键、花键的公差配合与检测

8.2.1 概述

键和花键都是机械传动中的标准件,广泛应用于轴与齿轮、链轮、皮带轮或联轴器等可拆卸传动件之间的联结,以传递扭矩、运动兼作导向。例如变速箱中变速齿轮与轴之间通过平键联结,如图 8-18(a)所示,通过花键孔与花键轴的联结如图 8-18(b)所示。

（a） （b）

图 8-18 键联结示意图
(a) 平键联结；(b) 花键联结

1. 单键联结

单键按其结构形状不同分为平键、半圆键和楔键等几种,如图 8-19 所示。

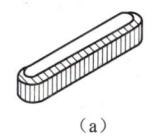 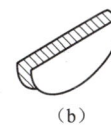 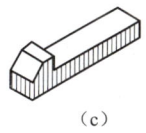

（a） （b） （c）

图 8-19 单键
(a) 平键；(b) 半圆键；(c) 钩头楔键

单键联结中，以普通平键和半圆键应用最为广泛。平键又分为普通平键和导向平键，如图 8-20 所示，普通平键一般用于固定联结，导向平键用于可移动的联结。普通平键对中性好，制造、装配均较方便；如图 8-21 所示，半圆平键用于传递较小转矩的轻载联结，常用于圆锥配合。

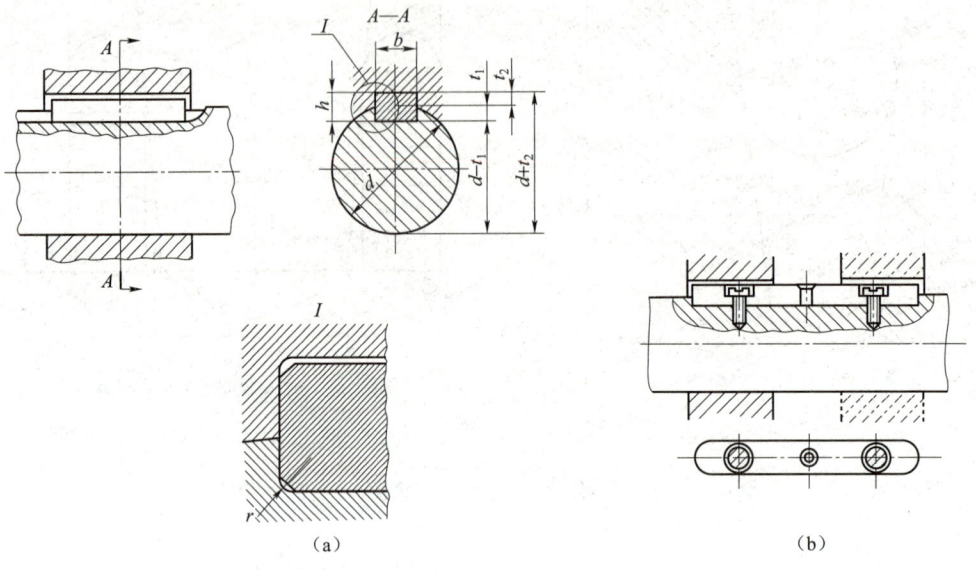

图 8-20　平键联结

(a) 普通平键结构及其主要尺寸；(b) 导向平键

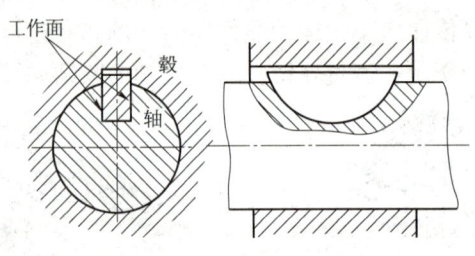

图 8-21　半圆键联结

如图 8-22 所示，普通平键根据其两端形状又有 A 形（两端圆）、B 形（两端平）、C 形（一端圆、一端平）之分。

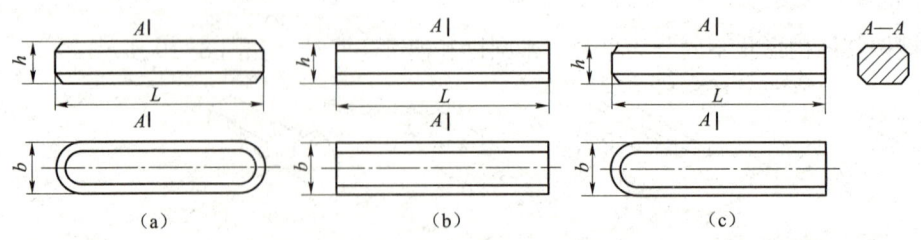

图 8-22　普通平键

(a) 普通 A 形平键；(b) 普通 B 形平键；(c) 普通 C 形平键

2. 花键联结

当需要传递较大扭矩时，单键联结已不能满足要求，因而单键联结发展为花键联结。与单键联结相比，花键联结具有许多优点，定心精度高、导向性好、承载能力强。花键联结可固定联结也可滑动联结，在机床、汽车等机械行业中得到广泛运用。

花键分为内花键（花键孔）和外花键（花键轴），按截面形状又有矩形花键、渐开线花键、三角形花键等，如图 8-23 所示。其中矩形花键应用最广。

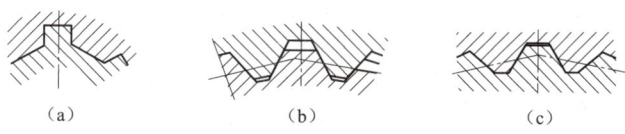

图 8-23 花键联结

（a）矩形花键联结；（b）渐开线花键联结；（c）三角形花键联结

本节主要讨论普通平键和矩形花键的公差配合及精度检测。

8.2.2 平键联结的公差与配合

1. 平键的几何参数

平键联结由键、轴上键槽和轮毂上键槽三部分组成，通过键的侧面分别与轴槽、轮毂槽的侧面接触来传递运动和转矩。联结时，键的上表面与轮毂键槽底面间留有一定的间隙。其结构及其主要尺寸如图 8-20（a）所示（图示为减速器的输出轴与带轮之间的联结，输出的动力及转矩通过平键来传递）。图中 h 表示键的高度；t_1 表示轴槽深度；t_2 表示轮毂槽深度；b 为平键的配合尺寸；应规定较严格的公差，其他为非配合尺寸，规定了较大的公差。

2. 平键联结的公差配合及选用

键为标准件（由型钢制成），在键宽与键槽宽的配合中，键宽是"轴"，键槽宽是"孔"，所以键宽和键槽宽的配合采用基轴制。通过改变轴槽宽和轮毂宽的公差带来实现不同配合，便于键作为标准件集中生产。平键、键槽的尺寸与公差已标准化，见表 8-4。国家标准 GB/T 1095—2003 对平键联结规定了三种联结类型，即正常联结、紧密联结、松联结，三种不同配合与主要应用场合见表 8-5，其公差带如图 8-24 所示。

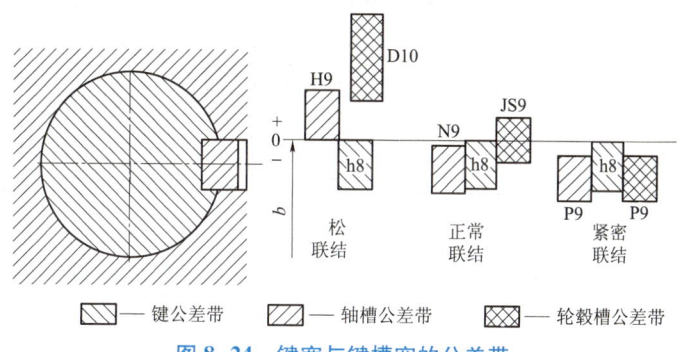

图 8-24 键宽与键槽宽的公差带

由于键槽几何误差的影响，键联结配合的实际松紧程度要比理论上要紧。

表 8-4　普通平键键槽的尺寸与公差（GB/T 1095—2003）　　　　　mm

键尺寸 $b×h$	键槽 宽度 b					键槽 深度				半径 r	
	基本尺寸	极限偏差				轴 t_1		毂 t_2			
		正常联结		紧密联结	松联结	基本尺寸	极限偏差	基本尺寸	极限偏差	min	max
		轴 N9	毂 JS9	轴和毂 P9	轴 H9	毂 D10						
2×2	2	−0.004 −0.029	±0.012 5	−0.006 −0.031	+0.025 0	+0.060 +0.020	1.2	+0.1 0	1.0	+0.1 0	0.08	0.16
3×3	3						1.8		1.4			
4×4	4	0 −0.030	±0.015	−0.012 −0.042	+0.030 0	+0.078 +0.030	2.5		1.8			
5×5	5						3.0		2.3		0.16	0.25
6×6	6						3.5		2.8			
8×7	8	0 −0.036	±0.018	−0.015 −0.051	+0.036 0	+0.098 +0.040	4.0		3.3			
10×8	10						5.0		3.3			
12×8	12	0 −0.043	±0.021 5	−0.018 −0.061	+0.043 0	+0.120 +0.050	5.0		3.3		0.25	0.40
14×9	14						5.5		3.8			
16×10	16						6.0	+0.2 0	4.3	+0.2 0		
18×11	18						7.0		4.4			
20×12	20	0 −0.052	±0.026	−0.022 −0.074	+0.052 0	+0.149 +0.065	7.5		4.9			
22×14	22						9.0		5.4		0.40	0.60
25×14	25						9.0		5.4			
28×16	28						10.0		6.4			
32×18	32	0 −0.062	±0.031	−0.026 −0.088	+0.062 0	+0.180 +0.080	11.0		7.4			
36×20	36						12.0		8.4			
40×22	40						13.0		9.4		0.70	1.00
45×25	45						15.0		10.4			
50×28	50						17.0		11.4			
56×32	56	0 −0.074	±0.037	−0.032 −0.106	+0.074 0	+0.220 +0.100	20.0	+0.3 0	12.4	+0.3 0	1.20	1.60
63×32	63						20.0		12.4			
70×36	70						22.0		14.4			
80×40	80						25.0		15.4			
90×45	90	0 −0.087	±0.043 5	−0.037 −0.124	+0.087 0	+0.260 +0.120	28.0		17.4		2.00	2.50
100×50	100						31.0		19.5			

表 8-5　平键联结的三种配合及应用

配合种类	尺寸 b 的公差带			应　用
	键	轴槽	轮毂槽	
松联结	h8	H9	D10	键在轴上及轮毂中均能滑动，主要用于导向平键，轮毂可在轴上移动
正常联结		N9	JS9	键在轴槽中和轮毂槽中均固定，用于荷载不大的场合

续表

配合种类	尺寸b的公差带			应　用
	键	轴槽	轮毂槽	
紧密联结	h8	P9	P9	键在轴槽中和轮毂槽中均牢固地固定，比一般键联结配合更紧。用于荷载较大、有冲击和双向传递扭矩的场合

3. 键槽的几何公差和表面粗糙度

键与键槽配合的松紧程度不仅取决于其配合尺寸的公差带，还与配合表面的几何误差有关，同时，为保证键侧与键槽侧面之间有足够的接触面积，避免装配困难，还需规定键槽两侧面的中心平面对轴的基准轴线、轮毂槽两侧面的中心平面对孔的基准轴线的对称度公差。根据不同的功能要求和键宽的基本尺寸b，该对称度公差与键槽宽度公差的关系以及与孔、轴尺寸公差的关系可以采用独立原则。对称度公差等级可按国家标准《形状和位置公差未注公差值》一般取7~9级。

当键长L与键宽b之比大于或等于8时，应对键宽b的两工作侧面在长度方向上规定平行度公差，其公差值应按《形状和位置公差》的规定选取。当$b \leqslant 6$时，平行度公差选7级；当$6 < b < 36$时，平行度公差选6级；当$b \geqslant 37$时，平行度公差选5级。

键和键槽配合面的粗糙度参数Ra一般为1.6~6.3 μm，非配合面Ra值一般为12.5 μm。

轴槽和轮毂槽的剖面尺寸，几何公差及表面粗糙度在图样上的标注见图8-25。考虑检测方便，在工作图中，轴槽深t_1用$d-t_1$标注，其极限偏差与t_1相反；轮毂槽深t_2用$d+t_2$标注，其极限偏差与t_2相同。

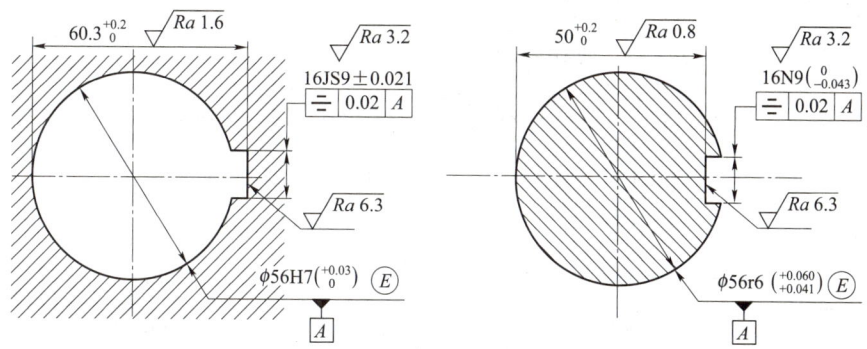

图8-25　键槽的几何公差和表面粗糙度标注示例

8.2.3　矩形花键联结的公差与配合

花键联结是由内花键（花键孔）和外花键（花键轴）两个零件组成的。其作用是将轴与轴上零件联为一体共同传递扭矩。

1. 矩形花键的主要尺寸及定心方式

1）矩形花键的主要尺寸

GB/T 1144—2001规定了矩形花键的基本尺寸为键数N、大径D、小径d、键宽和键槽宽 B，如图 8-26 所示。

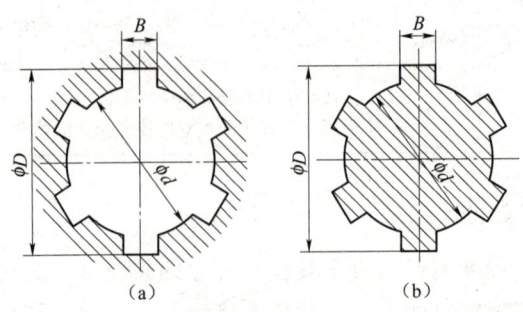

图 8-26 矩形花键的主要尺寸
（a）内花键；（b）外花键

键数 N 规定为偶数，有 6、8、10 三种，以便于加工和测量。按承载能力不同，将尺寸分为轻系列、中系列两种规格。同一小径的轻系列和中系列的键数相同、键宽（键槽宽）也相同，仅大径不同。中系列的键高尺寸较大，承载能力强；轻系列的键高尺寸较小，承载能力较低。矩形花键的基本尺寸系列见表 8-6。

花键的标记为：键数×小径×大径×键宽（键槽宽），即 N×d×D×B，如 6×23×26×6。

需要标注公差时，各自公差带代号紧跟其后。

例如：矩形花键数为 6，小径 d 的配合为 $23\frac{H7}{f7}$，大径 D 的配合为 $28\frac{H10}{a11}$，键宽 B 的配合为 $6\frac{H11}{d10}$，标记如下。

花键规格　　　　　　　$N×d×D×B$，即 6×23×28×6

花键副　　　　　　　$6×23\frac{H7}{f7}×28\frac{H10}{a11}×6\frac{H11}{d10}$　（GB/T 1144—2001）

内花键　　　　　　　6×23H7×28H10×6H11　（GB/T 1144—2001）

外花键　　　　　　　6×23f7×28a11×6d10　（GB/T 1144—2001）

表 8-6 矩形花键的基本尺寸系列（摘自 GB/T 1144—2001）　　　　　　　mm

d	轻系列				中系列			
	标记	N	D	B	标记	N	D	B
23	6×23×26	6	26	6	6×23×28	6	28	6
26	6×26×30	6	30	6	6×26×32	6	32	6
28	6×28×32	6	32	7	6×28×34	6	34	7
32	8×32×36	8	36	6	8×32×38	8	38	6
36	8×36×40	8	40	7	8×36×42	8	42	7
42	8×42×46	8	46	8	8×42×48	8	48	8
46	8×46×50	8	50	9	8×46×54	8	54	9

续表

d	轻系列				中系列			
	标记	N	D	B	标记	N	D	B
52	6×52×58	8	58	10	8×52×60	8	60	10
56	8×56×62	8	62	10	8×56×65	8	65	10
62	8×62×67	8	68	12	8×62×72	8	72	12
72	10×72×78	10	78	12	10×72×82	10	82	12

2) 矩形花键联结的定心方式

花键联结主要保证内、外花键联结后具有较高的同轴度并能传递扭矩。矩形花键联结的主要配合尺寸有大径 D、小径 d 和键（或槽）宽 B 参数。其定心方式如图 8-27 所示有按小径定心、按大径定心和按键宽定心。

在矩形花键联结中，要保证三个配合面同时达到高精度的配合是非常困难的，并且也没必要。因此，为了保证满足使用要求，同时便于加工，只要选择其中一个结合面作为主要配合面，对其按较高的精度制造，以保证配合性质和定心精度，该表面称为定心表面。非定心直径表面之间留有一定的间隙，以保证它们不接触。GB/T 1144—2001 中规定矩形花键联结采用小径定心，见图 8-27（a）。从加工工艺性看，小径便于磨削（内花键可磨内圆，外花键可磨外圆）并且定心精度高，定心稳定性好，而且使用寿命长，更有利于产品质量的提高，采用小径定心，更容易达到精度要求。而内花键的大径和键侧则难于进行磨削，标准规定内、外花键在大径处留有较大的间隙，见图 8-27（b）、图 8-27（c）。

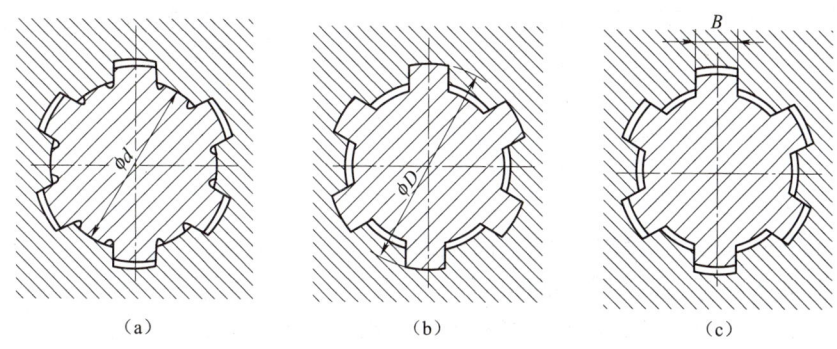

图 8-27 矩形花键联结的定心方式
(a) 小径定心；(b) 大径定心；(c) 键宽定心

2. 矩形花键联结的公差与配合

1) 矩形花键的尺寸公差

内、外花键定心小径、非定心大径和键宽（键槽宽）的尺寸公差带分一般传动和精密传动两类。其内、外花键的尺寸公差带见表 8-7。为减少专用刀具和量具的数量，花键联结采用基孔制配合。

表 8-7 矩形花键的尺寸公差带（摘自 GB/T 1144—2001）

内花键				外花键			装配形式
小径 d	大径 D	键槽宽 B		小径 d	大径 D	键宽 B	
		拉削后不热处理	拉削后热处理				
一般用							
H7	H10	H9	H11	f7	a11	d10	滑动
				g7		f9	紧滑动
				h7		h10	固定
精密传动用							
H5	H10	H7、H9		f5	a11	d8	滑动
				g5		f7	紧滑动
				h5		h8	固定
H6				f6		d8	滑动
				g6		f7	紧滑动
				h6		h8	固定

注：① 精密传动用的内花键，当需要控制键侧配合间隙时，槽宽可选用 H7，一般情况可选用 H9。
② 当内花键公差带为 H6 和 H7 时，允许与高一级的外花键配合。

从表 8-7 可以看出，对一般用的内花键槽宽规定了两种公差带，加工后不再热处理的，公差带为 H9；加工后需要进行热处理，为修正热处理变形，公差带为 H11；对于精密传动用内花键，当连接要求键侧配合间隙较小时，槽宽公差带选用 H7，一般情况选用 H9。定心直径 d 的公差带，在一般情况下，内、外花键取相同的公差等级，且比相应的大径 D 和键宽 B 的公差等级都高。但在有些情况下，内花键允许与高一级的外花键配合，如公差带为 H7 的内花键可以与公差带为 f6、g6、h6 的外花键配合，公差带为 H6 的内花键可以与公差带为 f5、g5、h5 的外花键配合；而大径只有一种配合，为 $\dfrac{H10}{a11}$。

2）矩形花键公差与配合的选择

（1）矩形花键尺寸公差带的选择。传递扭矩大或定心精度要求高时，应选用精密传动用的尺寸公差带；否则，可选用一般用的尺寸公差带。

（2）矩形花键的配合形式及其选择。内、外花键的装配形式（即配合）分为滑动、紧滑动和固定三种。其中，滑动连接的间隙较大；紧滑动连接的间隙次之；固定连接的间隙最小。表 8-8 列出了几种配合应用情况。

表 8-8 矩形花键配合应用

应用	固 定 联 结		滑 动 联 结	
	配合	特征及应用	配合	特征及应用
精密传动用	$\dfrac{H5}{h5}$	紧固程度较高，可传递大扭矩	$\dfrac{H5}{g5}$	滑动程度较低，定心精度高，传递扭矩大
	$\dfrac{H6}{h6}$	传递中等扭矩	$\dfrac{H6}{f6}$	滑动程度中等，定心精度较高，传递中等扭矩

续表

应用	固定联结		滑动联结	
	配合	特征及应用	配合	特征及应用
一般用	$\dfrac{H7}{h7}$	紧固程度较低,传递扭矩较小,可经常拆卸	$\dfrac{H7}{f7}$	移动频率高,移动长度大,定心精度要求不高

3. 矩形花键的几何公差和表面粗糙度

1) 矩形花键的几何公差

内、外花键加工时,不可避免地会产生几何误差。为防止装配困难并保证键和键槽侧面接触均匀,除用包容原则控制定心表面的形状误差外,还应控制花键(或花键槽)在圆周上分布的均匀性(即分度误差),当花键较长时,还可根据产品性能要求进一步控制各个键或键槽侧面对定心表面轴线的平行度。

为保证花键(或花键槽)在圆周上分布的均匀性,应规定位置度公差,并采用相关要求。其在图样上的标注如图 8-28 所示,位置度的公差值见表 8-9。

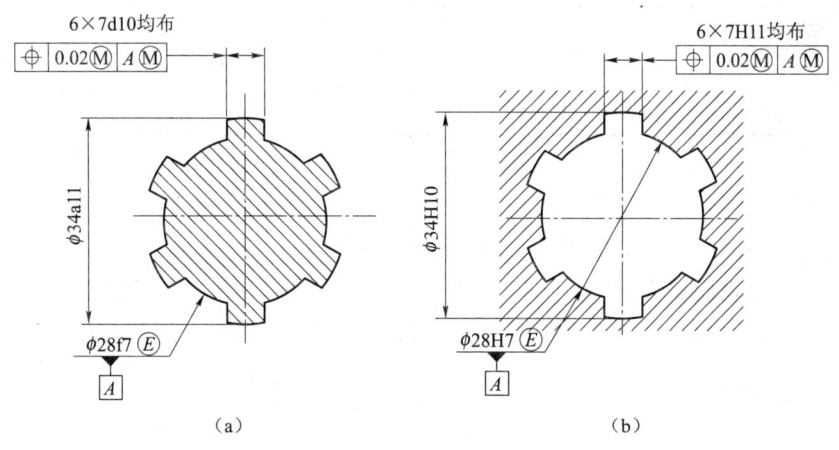

图 8-28 花键位置公差的标注
(a) 外花键;(b) 内花键

表 8-9 矩形花键的位置度公差(摘自 GB/T 1144—2001)　　　　　　　　mm

键槽宽或键宽 B			3	3.5~6	7~10	12~18
t_1	键槽宽		0.010	0.015	0.020	0.025
	键宽	滑动、固定	0.010	0.015	0.020	0.025
		紧滑动	0.006	0.010	0.013	0.016

当单件、小批生产时,采用单项测量,可规定对称度和等分度公差。键和键槽的对称度公差和等分度遵守独立原则。国家标准规定,花键的等分度公差等于花键的对称度公差值。

对称度公差在图样上的标注如图 8-29 所示，花键的对称度公差见表 8-10。

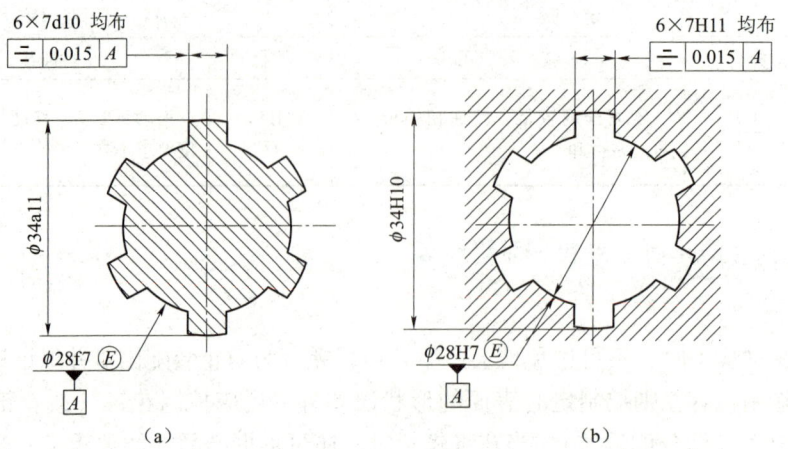

图 8-29　花键对称度公差标注示例

(a) 外花键；(b) 内花键

表 8-10　矩形花键的对称度公差（摘自 GB/T 1144—2001）　　　　　　　　　mm

键槽宽或键宽 B		3	3.5~6	7~10	12~18
t_2	一般用	0.010	0.015	0.020	0.025
	精密传动用	0.010	0.015	0.020	0.025

2）矩形花键的表面粗糙度

矩形花键的表面粗糙度参数 Ra 的上限值推荐如下：

内花键：小径表面不大于 0.8 μm，键槽侧面不大于 3.2 μm，大径表面不大于 6.3 μm。

外花键：小径表面不大于 0.8 μm，键槽侧面不大于 0.8 μm，大径表面不大于 3.2 μm。

8.2.4　键和花键的检测

1. 单键及其键槽的测量

键和键槽尺寸的检测比较简单，在单件、小批量生产中，键的宽度、高度和键槽宽度、深度等一般用游标卡尺、千分尺等通用计量器具来测量。

1）键和键宽

在单件小批量生产时，一般采用通用计量器具（如千分尺、游标卡尺等）测量；在大批量生产时，用极限量规控制，如图 8-30（a）所示。

2）轴槽和轮毂槽深

在单件小批量生产时，一般用游标卡尺或外径千分尺测量轴槽尺寸（$d-t_1$），用游标卡尺或内径千分尺测量轮毂尺寸（$d+t_2$）。在大批量生产时，用专用量规，如轮毂槽深度极限量规和轴槽深极限量规，如图 8-30（b）、图 8-30（c）所示。

3）键槽对称度

在单件小批量生产时，可用如图 8-31 所示方法进行检测；在大批量生产时一般用综合

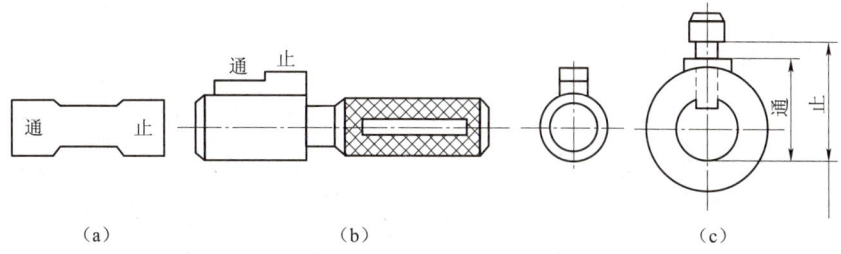

图 8-30　用极限量规测量

（a）槽宽极限量规；（b）轮毂槽深量规；（c）轴槽深量规

量规检测，如对称度极限量规，只要量规通过即为合格。如图 8-32（a）所示为轮毂槽对称度量规，图 8-32（b）为轴槽对称度量规。

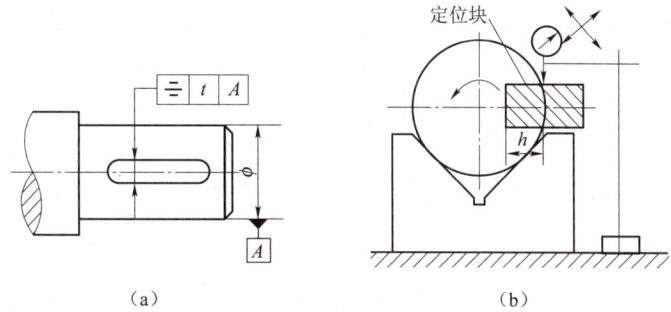

图 8-31　对称度误差测量

（a）轮毂槽对称度误差测量；（b）轴槽对称度误差测量

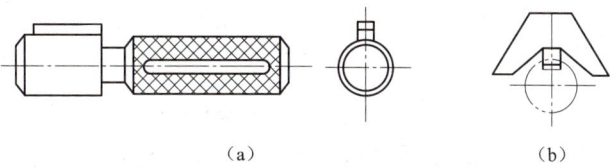

图 8-32　轴槽对称度误差测量

（a）轮毂槽对称度量规；（b）轴槽对称度量规

2. 花键的测量

花键的测量分为单项测量和综合检验，也可以说对于定心小径、键宽和大径的三个参数检验，而每个参数都有尺寸、位置和表面粗糙度的检验。

1）单项测量

单项测量就是对花键的单个参数小径、键宽（键槽宽）、大径等尺寸、位置、表面粗糙度的检验。单项测量的目的是控制各单项参数小径、键宽（键槽宽）、大径等的精度。在单件、小批生产时，花键的单项测量通常用千分尺等通用计量器具来测量。在成批生产时，花键的单项测量用极限量规检验，如图 8-33 所示。

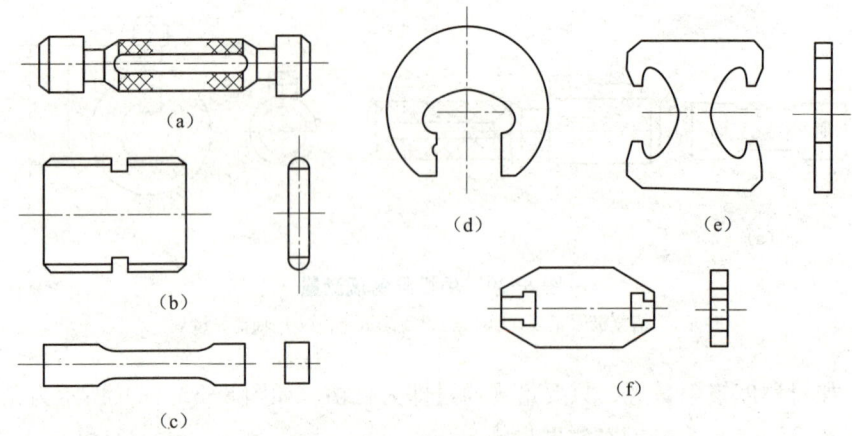

图 8-33 花键的极限塞规和卡规

(a) 内花键小径的光滑极限量规；(b) 内花键大径的板式塞规；(c) 内花键槽宽的塞规；
(d) 外花键大径的卡规；(e) 外花键小径的卡规；(f) 外花键键宽的卡规

2) 综合测量

综合检验就是对花键的尺寸、几何误差按控制最大实体实效边界要求，用综合量规进行检验，如图 8-34 所示。

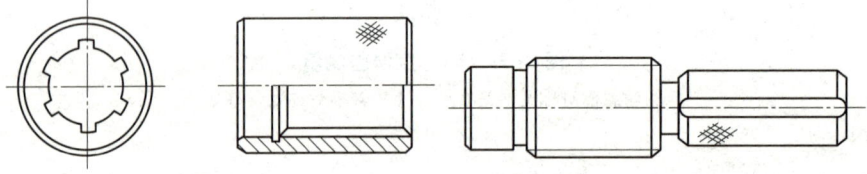

图 8-34 花键综合量规

花键的综合量规（内花键为综合塞规，外花键为综合环规）均为全形通规，作用是检验内、外花键的实际尺寸和几何误差的综合结果，即同时检验花键的小径、大径、键宽（键槽宽）实际尺寸和几何误差以及各键（键槽）的位置误差，大径对小径的同轴度误差等综合结果，对小径、大径和键宽（键槽宽）的实际尺寸是否超越各自的最小实体尺寸，则采用相应的单项止端量规（或其他计量器具）来检测。

综合检测内、外花键时，若综合量规通过，单项止端量规不通过，则花键合格。当综合量规不通过，花键为不合格。

8.3 螺纹结合的公差及检测

8.3.1 概述

螺纹连接是利用螺纹零件构成的可拆联结，在机器制造和仪器制造中应用十分广泛。螺纹的互换程度很高，几何参数较多，国家标准对螺纹的牙型、参数、公差与配合等都作了规定，以保证其几何精度。螺纹主要用于紧固连接、密封、传递动力和运动等。

螺纹的种类繁多，常用螺纹按用途分为普通螺纹、传动螺纹和紧密螺纹。按牙型可分为三角形螺纹、梯形螺纹和矩形螺纹等。本章主要介绍普通螺纹及其公差标准。

1. 普通螺纹

普通螺纹通常又称为紧固螺纹。其作用是使零件相互连接或紧固成一体，并可拆卸。普通螺纹牙型是将原始三角形的顶部和底部按一定比例截取而得到的，有粗牙和细牙螺纹之分。

2. 传动螺纹

传动螺纹用于传递动力和精确位移，它要求具有足够的强度和保证位移精度。

传递螺纹有梯形、三角形、锯齿形和矩形等，机床中的丝杆、螺母常采用梯形牙型。

3. 紧密螺纹

紧密螺纹主要用于对气体和液体的密封。如管螺纹的连接，在管道中不得漏气、漏水、漏油。对这类螺纹结合的主要要求是具有良好的旋合性及密封性。

本节主要介绍使用最广泛的普通螺纹的公差、配合及其应用。

8.3.2 普通螺纹的基本几何参数

普通螺纹的基本牙型如图 8-35 所示。

1. 基本牙型

按 GB/T 192—2003 规定，普通螺纹是在螺纹轴剖面上，将高度为 H 的原始等边三角形的顶部截去 $H/8$ 和底部截去 $H/4$ 后形成的。内、外螺纹的大径、中径、小径和螺距等基本几何参数都在基本牙型上定义。

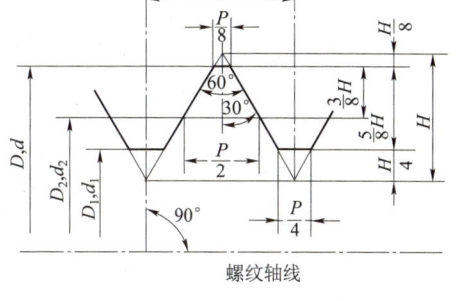

图 8-35　普通螺纹的基本牙型示意图

2. 几何参数

（1）大径 D 或 d。大径是指与外螺纹牙顶或与内螺纹牙底相重合的假想圆柱面的直径。国家标准规定，大径的基本尺寸作为螺纹的公称直径。

（2）小径 D_1 或 d_1。小径是指与外螺纹牙底或内螺纹牙顶相重合的假想圆柱面的直径。外螺纹的大径和内螺纹的小径统称为顶径，外螺纹的小径和内螺纹的大径统称为底径。

（3）中径 D_2 或 d_2。中径是一个假想圆柱面的直径，该圆柱面的母线位于牙体和牙槽宽度相等处，即 $H/2$ 处。

（4）单一中径 D_{2a} 或 d_{2a}。单一中径是一个假想圆柱面的直径，该圆柱面的母线位于牙槽宽度等于螺距基本尺寸一半处。如图 8-36 所示，单一中径用三针法测得，用来表示螺纹中径的实际尺寸。当无螺距偏差时，单一中径与中径相等；有螺距偏差时，其单一中径与中径数值不相等。

（5）螺距 P 和导程 L。螺距是指螺纹相邻两牙在中径线上对应两点间的轴向距离；导程是指同一条螺旋线上相邻两牙在中径线上对应两点间的轴向距离，螺距和导程的关系是

$$L = nP$$

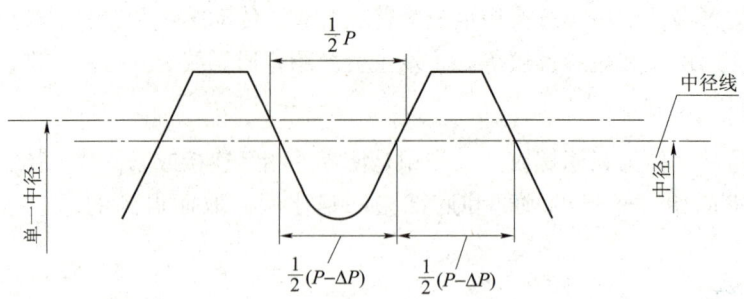

图 8-36 螺纹的单一中径与中径

式中　n——螺纹的头数或线数。

（6）牙型角 α 和牙型半角 $\dfrac{\alpha}{2}$。牙型角是指螺纹牙型上相邻两侧间的夹角；如图 8-37（a）所示，公制普通螺纹的牙型角为 60°。牙型半角 $\dfrac{\alpha}{2}$ 是指牙型角的一半，公制普通螺纹的牙型角为 30°。

（7）牙侧角（α_1、α_2）。牙侧角是在螺纹牙型上牙侧与螺纹轴线的垂线之间的夹角。如图 8-37（b）中的 α_1 和 α_2。对于普通螺纹，在理论上，$\alpha = 60°$，$\dfrac{\alpha}{2} = 30°$，$\alpha_1 = \alpha_2 = 30°$。

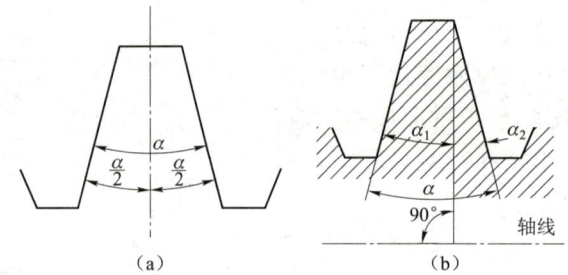

图 8-37　牙型角、牙型半角和牙侧角
（a）牙型角和牙型半角；（b）牙侧角

（8）原始三角形高度 H。其是指原始三角形顶点到底边的垂直距离。原始三角形为一等边三角形，H 与螺纹螺距 P 的几何关系为 $H = \dfrac{\sqrt{3}}{2}P$。

（9）螺纹旋合长度 L。其是指两个相配合螺纹沿螺纹轴线方向相互旋合部分的长度，如图 8-38 所示。

在实际工作中，如需要求某螺纹（已知公称直径即大径和螺距）中径、小径尺寸时，可根据基本牙型进行计算，即

$$D_2\,(d_1) = D\,(d) - 2 \times \dfrac{3}{8}H = D\,(d) - 0.649\,5P$$

$$D_1\,(d_1) = D\,(d) - 2 \times \dfrac{5}{8}H = D\,(d) - 1.082\,5P$$

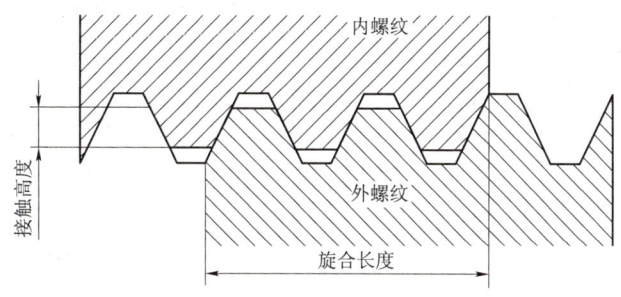

图 8-38 螺纹的旋合长度

如有资料，则不必计算，可直接查螺纹表格。GB/T 196—2003 规定了普通螺纹的基本尺寸，见表 8-11。

表 8-11 普通螺纹的基本尺寸（摘自 GB/T 196—2003） mm

公称直径（大径）D、d			螺距 P	中径 D_2，d_2	小径 D_1，d_1	公称直径（大径）D、d			螺距 P	中径 D_2，d_2	小径 D_1，d_1
第一系列	第二系列	第三系列				第一系列	第二系列	第三系列			
10			1.5 1.25 1 0.75 (0.5)	9.026 9.188 9.350 9.513 9.675	8.376 8.647 8.917 9.188 9.459	20			2.5 2 1.5 1 (0.75) (0.5)	18.376 18.701 19.026 19.350 19.613 19.675	17.294 17.835 18.376 18.917 19.188 19.459
12			1.75 1.5 1.25 1 (0.75) (0.5)	10.863 11.026 11.188 11.350 11.513 11.675	10.106 10.376 10.647 10.917 11.188 11.459		24		3 2 1.5 1 (0.75)	22.051 22.701 23.026 23.350 23.513	20.752 21.835 22.376 22.917 23.188
16			2 1.5 1 (0.75) (0.5)	14.701 15.026 15.350 15.513 15.675	13.835 14.376 14.917 15.188 15.459	30			3.5 (3) 2 1.5 1 (0.75)	27.727 28.051 28.701 29.026 29.350 29.513	26.211 26.752 27.835 28.376 28.917 29.188

注：带括号的螺距尽量不用。

8.3.3 普通螺纹的公差与配合

1. 普通螺纹的公差带

国家标准《普通螺纹》（GB/T 197—2003）将螺纹公差带的两个基本要素：公差带大小

（公差等级）和公差带位置（基本偏差）进行标准化，组成各种螺纹公差带。螺纹配合由内、外螺纹公差带组合而成。考虑到旋合长度对螺纹精度的影响，由螺纹公差带与螺纹旋合长度构成螺纹精度，从而形成了比较完整的螺纹公差体制，如图 8-39 所示。

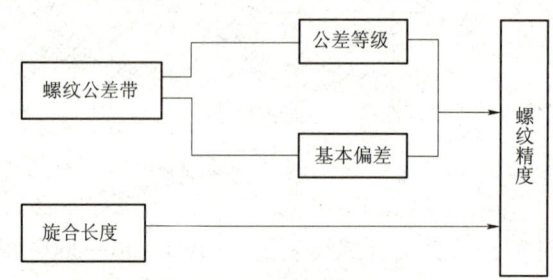

图 8-39　普通螺纹公差制结构

国家标准规定了内、外螺纹的公差等级，其值和孔、轴公差值不同，有螺纹公差的系列和数值。普通螺纹公差带的大小由公差值确定，公差值又与螺距和公差等级有关。

GB/T 197—2003 规定的普通螺纹公差等级如表 8-12 所示。各公差等级中 3 级最高，9 级最低，6 级为基本级。

表 8-12　普通螺纹的公差等级

螺纹直径	公差等级	螺纹直径	公差等级
内螺纹中径 D_2	4，5，6，7，8	外螺纹中径 d_2	3，4，5，6，7，8，9
内螺纹小径 D_1	4，5，6，7，8	外螺纹大径 d_1	4，6，8

由于外螺纹的小径 d_1 与中径 d_2、内螺纹的大径 D 和中径 D_2 是同时由刀具切出的，其尺寸在加工过程中自然形成，由同刀具保证，因此国家标准中对内螺纹的大径和外螺纹的小径均没有规定具体的公差值，只规定内、外螺纹牙底实际轮廓的任何点均不能超过基本偏差所确定的最大实体牙型。同时内螺纹较难加工，因此同样公差等级的内螺纹中径公差比外螺纹中径公差约大 32%，以满足工艺等价原则。

螺纹的公差值是由经验公式计算而来，普通螺纹的中径和顶径公差如表 8-13 和表 8-14 所示。

表 8-13　普通螺纹的中径公差（摘自 GB/T 197—2003）

公差直径 D/mm		螺距 P/mm	内螺纹中径公差 T_{D_2}/μm					外螺纹中径公差 T_{d_2}/μm					
			公差等级					公差等级					
>	≤		4	5	6	7	8	3	4	5	6	7	8	9
5.6	11.2	0.75	85	106	132	170	—	50	63	80	100	125	—	—
		1	95	118	150	190	236	56	71	90	112	140	180	224
		1.25	100	125	160	200	250	60	75	95	118	150	190	236
		1.5	112	140	180	224	280	67	85	106	132	170	212	295

续表

公差直径 D/mm		螺距 P/mm	内螺纹中径公差 T_{D_2}/μm					外螺纹中径公差 T_{d_2}/μm					
>	≤		公差等级					公差等级					
			4	5	6	7	8	3	4	5	6	7	8	9
11.2	22.4	1	100	125	160	200	250	60	75	95	118	150	190	236
		1.25	112	140	180	224	280	67	85	106	132	170	212	265
		1.5	118	150	190	236	300	71	90	112	140	180	224	280
		1.75	125	160	200	250	315	75	95	118	150	190	236	300
		2	132	170	212	265	335	80	100	125	160	200	250	315
		2.5	140	180	224	280	355	85	106	132	170	212	265	335
22.4	45	1	106	132	170	212	—	63	80	100	125	160	200	250
		1.5	125	160	200	250	315	75	95	118	150	190	236	300
		2	140	180	224	280	355	85	106	132	170	212	265	335
22.4	45	3	170	212	265	335	425	100	125	160	200	250	315	400
		3.5	180	224	280	355	450	106	132	170	212	265	335	425
		4	190	236	300	375	415	112	140	180	224	280	355	450
		4.5	200	250	315	400	500	118	150	190	236	300	375	475

表 8-14 普通螺纹的顶径公差（摘自 GB/T 197—2003）

螺距 P/mm	内螺纹小径公差 T_{D_1}/μm					外螺纹大径公差 T_d/μm		
公差等级	4	5	6	7	8	4	6	8
0.75	118	150	190	236	—	90	140	—
0.8	125	160	200	250	315	95	150	236
1	150	190	236	300	375	112	180	280
1.25	170	212	265	335	425	132	212	335
1.5	190	236	300	375	475	150	236	375
1.75	212	265	335	425	530	170	265	425
2	236	300	375	475	600	180	280	450
2.5	280	355	450	560	710	212	335	530
3	315	400	500	630	800	236	375	600

2. 螺纹公差带的位置和基本偏差

普通螺纹公差带是以基本牙型为零线布置的，所以螺纹的基本牙型是计算螺纹偏差的基准。内、外螺纹的公差带相对于基本牙型的位置，与圆柱体的公差带位置一样，由基本偏差来确定。对于外螺纹，基本偏差是上极限偏差 es，对于内螺纹，基本偏差是下极限偏差 EI，则外螺纹下极限偏差 ei＝es－T，内螺纹上极限偏差 ES＝EI＋T（T 为螺纹公差）。

国标对内螺纹的中径和小径规定了 G、H 两种公差带位置，以下极限偏差 EI 为基本偏差，由这两种基本偏差所决定的内螺纹的公差带均在基本牙型之上，如图 8-40 所示。

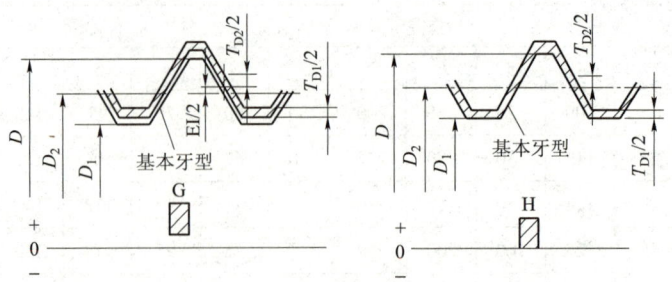

图 8-40 内螺纹的基本偏差

国标对外螺纹的中径和大径规定了 e、f、g、h 四种公差带位置，如图 8-41 所示，以上极限偏差 es 为基本偏差，由这四种基本偏差所决定的外螺纹的公差带均在基本牙型之下。

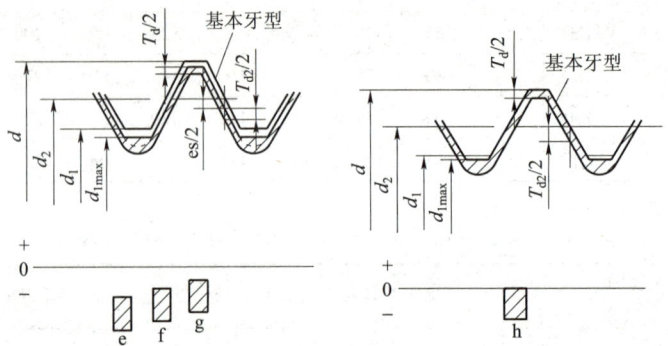

图 8-41 外螺纹的基本偏差

内、外螺纹基本偏差的含义和代号取自《公差与配合》标准中相对应的孔和轴，其值见表 8-15。标准中对内螺纹的中径和小径规定采用 G、H 两种公差带位置，对外螺纹大径和中径规定了 e、f、g、h 四种公差带位置。

表 8-15 普通螺纹的基本偏差（摘自 GB/T 197—2003）

基本偏差	内螺纹		外螺纹			
	G	H	e	f	g	h
螺距 P/mm	EI/μm		es/μm			
0.75	+22		−56	−38	−22	
0.8	+24		−60	−38	−24	
1	+26		−60	−40	−26	
1.25	+28		−63	−42	−28	
1.5	+32	0	−67	−45	−32	0
1.75	+34		−71	−48	−34	
2	+38		−71	−52	−38	
2.5	+42		−80	−58	−42	
3	+48		−85	−63	−48	

3. 螺纹旋合长度及其配合精度

1)螺纹旋合长度

国家标准以螺纹公称直径和螺距为基本尺寸,对螺纹连接规定了三组旋合长度:短旋合长度(S)、中等旋合长度(N)和长旋合长度(L),其值可从表 8-16 中选取。一般情况采用中等旋合长度,其值往往取螺纹公称直径的 0.5~1.5 倍。

螺纹的旋合长度与螺纹精度有关,当公差等级一定时,螺纹旋合长度越长,螺距累积偏差越大,加工就越困难。因此公差相同而旋合长度不同的螺纹精度等级就不相同。

2)配合精度

GB/T 197—2003 将普通螺纹的配合精度分为精密级、中等级和粗糙级三个等级,见表 8-17。螺纹精度等级的高低代表着螺纹加工的难易程度不同。精密级用于配合性质要求稳定的螺纹;中等级用于一般用途的螺纹;粗糙级用于精度要求不高(即不重要的结构)或制造较困难的螺纹(如在较深的盲孔中加工螺纹),也用于工作环境恶劣的场合。一般以中等旋合长度下的 6 级公差等级为中等精度的基准。

表 8-16 螺纹的旋合长度(摘自 GB/T 197—2003) mm

公称直径 D,d		螺距 P	旋合长度			
			S	N		L
>	≤		≤	>	≤	>
5.6	11.2	0.75	2.4	2.4	7.1	7.1
		1	2	2	9	9
		1.25	4	4	12	12
		1.5	5	5	15	15
11.2	22.4	0.75	2.7	2.7	8.1	8.1
		1	3.8	3.8	11	11
		1.25	4.5	4.5	13	13
		1.5	5.6	5.6	16	16
		1.75	6	6	18	18
		2	8	8	24	24
		2.5	10	10	30	30

表 8-17 普通螺纹推荐公差带(摘自 GB/T 197—2003)

公差精度	公差带位置 G			公差带位置 H		
	S	N	L	S	N	L
精密	—	—	—	4H	5H	6H
中等	(5G)	6G*	(7G)	5H*	6H*	7H*
粗糙	—	(7G)	(8G)	—	7H	8H

公差精度	公差带位置 e			公差带位置 f			公差带位置 g			公差带位置 h		
	S	N	L	S	N	L	S	N	L	S	N	L
精密	—	—	—	—	—	—	—	(4g)	(5g4g)	(3h4h)	4h*	(5h4h)
中等	—	6e*	(7efe)	—	6f*	—	(5g6g)	6g*	(7g6g)	(5h6h)	6h	(7h6h)

续表

公差精度	公差带位置 e			公差带位置 f			公差带位置 g			公差带位置 h		
	S	N	L	S	N	L	S	N	L	S	N	L
粗糙	·	(8e)	(9e8e)	—	—	—	—	8g	(9g8g)	—	—	—

注：其中大量生产的精制紧固螺纹，推荐采用带方框的公差带；带"＊"的公差带应优先选用，其次是不带"＊"的公差带；括号内的公差带尽量不用。

3) **配合精度的选用**

由表 8-17 所示的内、外螺纹的公差带组合可得到多种供选用的螺纹配合，螺纹配合的选用主要根据使用要求来确定。为了保证螺母、螺栓旋合后的同轴度及连接强度，一般选用最小间隙为零的 H/h 配合。为了便于装拆、提高效率及改善螺纹的疲劳强度，可以选用 H/g 或 G/h 配合。对单件、小批量生产的螺纹，可选用最小间隙为零的 H/h 配合。对需要涂镀或在高温下工作的螺纹，通常选用 H/g、H/e 等较大间隙的配合。

4. **螺纹标注**

普通螺纹的完整标记由螺纹代号、螺纹公差带代号和旋合长度代号组成。螺纹公差带代号包括中径公差带代号和顶径（外螺纹大径和内螺纹小径）公差带代号。公差带代号是由表示其大小的公差等级数字和表示其位置的基本偏差代号组成。当中径和顶径不同时，应分别注出，前者为中径，如 5g6g，当中径和顶径公差带相同时，合并标注即可，如 6H、6g。对细牙螺纹还需要标注出螺距。

1) **普通螺纹标记示例**

外螺纹标记示例如下所示：

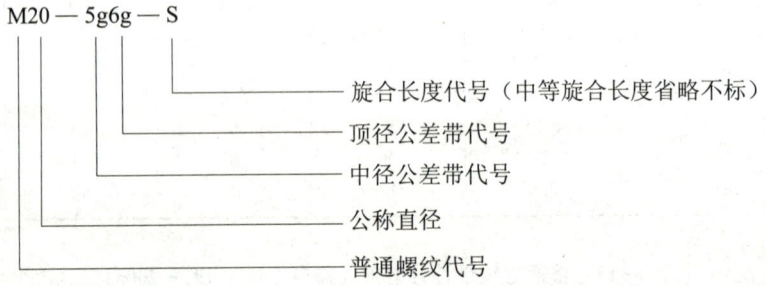

内螺纹标记示例如下所示：

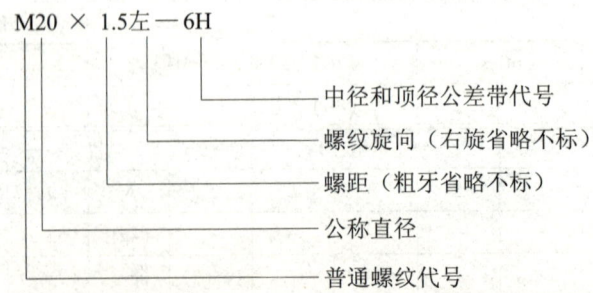

必要时，在螺纹公差带代号之后加注旋合长度代号 S 或 L（中等旋合长度不标注）。

例 8-1　M30×2—5g6g 表示：公称直径为 30 mm，螺距为 2 mm，中径和顶径公差带分别为 5g、6g 的短旋合长度的普通细牙外螺纹。

例 8-2　M20×2LH—5H—L 表示：公称直径为 20 mm，螺距为 2 mm，中径和顶径公差带都为 5H 的长旋合长度的左旋普通细牙内螺纹。

例 8-3　M16×P_h3P1.5 表示：公称直径为 16 mm，导程为 3 mm，螺距为 1.5 mm 普通细牙螺纹。

2）螺纹配合的标记示例

在装配图上，内、外螺纹公差带代号用斜线分开，左内右外，如 M20×2—6H/5g6g。

例 8-4　M20×2—5H/5g6g 表示：公称直径为 20 mm，螺距为 2 mm，中径和顶径公差带都为 5H 的内螺纹与中径和顶径公差带分别为 5g、6g 的外螺纹旋合。

（3）螺纹在图样上的标注，见图 8-42 和图 8-43。

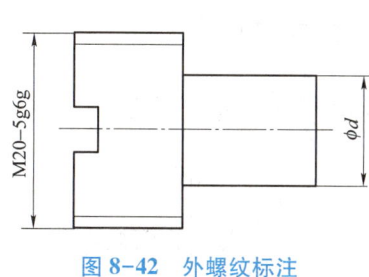

图 8-42　外螺纹标注

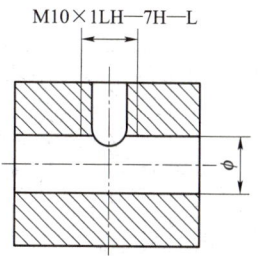

图 8-43　内螺纹标注

8.3.4　螺纹的检测

螺纹的测量方法可分为综合检验和单项测量两类。

1. 综合检验

综合检验主要用于检验只要求保证可旋合性的螺纹，用按泰勒原则设计的螺纹量规对螺纹进行检验，适用于成批生产。

螺纹量规有塞规和环规（或卡规）之分，塞规用于检验内螺纹，环规（或卡规）用于检验外螺纹。螺纹量规的通端用来检验被测螺纹的作用中径，控制其不得超出最大实体牙型中径，因此它应模拟被测螺纹的最大实体牙型，并具有完整的牙型，其螺纹长度等于被测螺纹的旋合长度。螺纹量规的通端还用来检验被测螺纹的底径。螺纹量规的止端用来检测被测螺纹的实际中径，控制其不得超出最小实体牙型中径。为了消除螺距误差和牙型半角误差的影响，其牙型应做成截短牙型，而且螺纹长度只有 2~3.5 牙。

内螺纹的小径和外螺纹的大径分别用光滑极限量规检验。

图 8-44 和图 8-45 分别表示用螺纹量规检验外螺纹和内螺纹的情况。

2. 单项测量

螺纹的单项测量是指分别测量螺纹的各项几何参数，主要是中径、螺距和牙型半角。螺纹量规、螺纹刀具等高精度螺纹和丝杠螺纹均采用单项测量方法，对普通螺纹做工艺分析时

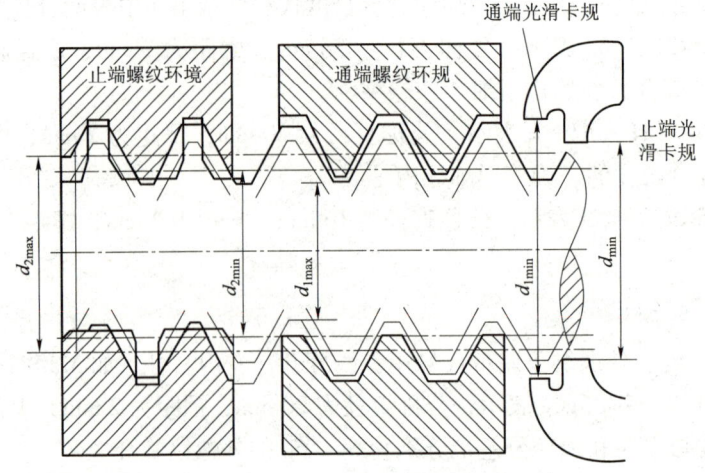

图 8-44 用螺纹量规检验外螺纹

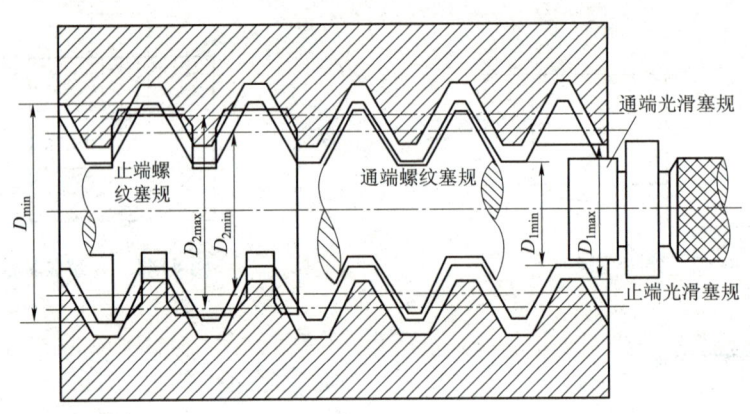

图 8-45 用螺纹量规检验内螺纹

也常进行单项测量。

单项测量螺纹参数的方法很多,应用最广泛的是三针法和影像法。

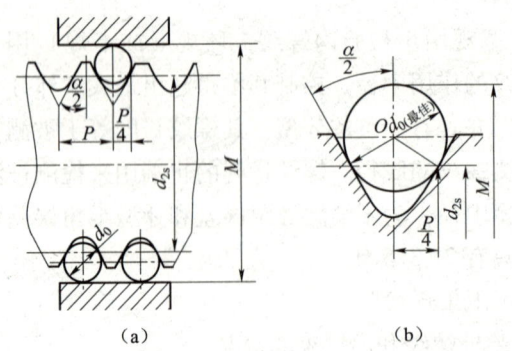

图 8-46 用三针法测量外螺纹的单一中径

1) 三针法

三针法主要用于测量精密外螺纹的单一中径(如螺纹塞规、丝杠螺纹等)。测量时,将三根直径相同的精密量针分别放在被测螺纹的沟槽中,然后用光学或机械量仪测出针距 M,如图 8-46(a)所示。根据被测螺纹已知的螺距 P、牙型半角 $\frac{\alpha}{2}$ 和量针直径 d_0,按下式算出被测螺纹的单一中径 d_{2a}。

$$d_{2a} = M - d_0\left(1 + \frac{1}{\sin\frac{\alpha}{2}}\right) + \frac{P}{2}\cdot\cot\frac{\alpha}{2}$$

式中，螺距 P，牙型半角 $\frac{\alpha}{2}$ 和量针直径 d_0 均按理论值代入。

对普通螺纹 $\frac{\alpha}{2}=30°$，则 $d_{2s}=M-3d_0+0.866P$

为了消除牙型半角误差对测量结果的影响，应使量针在中径线上与牙侧接触，必须选择量针的最佳直径，使量针与被测螺纹沟槽接触的两个切点间的轴向距离等于 $\frac{P}{2}$，如图 8-46 所示。

量针的最佳直径 $d_{0\text{最佳}}$ 为

$$d_{0\text{最佳}} = \frac{P}{2\cos\frac{\alpha}{2}}$$

2）影像法

影像法测量螺纹是用工具显微镜将被测螺纹的牙型轮廓放大成像，按被测螺纹的影像测量其螺距、牙型半角和中径。各种精密螺纹，如螺纹量规、丝杠等，均可在工具显微镜上测量。

8.4 圆柱齿轮公差及检测

齿轮传动是机械传动中的一个重要组成部分，它起着传递动力和运动的作用。由于其传动的可靠性好、承载能力强、制造工艺成熟等优点，该传动齿轮广泛应用于机器和仪器制造业。

8.4.1 概述

1. 对齿轮传动的使用要求

由于齿轮传动的类型很多，应用又极为广泛，对不同工况、不同用途的齿轮传动，其应用要求也是多方面的。归纳起来，应用要求可分为传动精度和齿侧间隙两个方面。而传动精度要求按齿轮传动的作用特点，又可分为传递运动的准确性、传递运动的平稳性和荷载分布的均匀性三个方面。因此，一般情况下，齿轮传动的应用要求可分为以下四个方面。

1）传递运动的准确性

要求从动轮和主动轮运动协调，限制齿轮在一转范围内传动比的变化幅度。

理论上，两轮间的传动比是恒定的，如图 8-47（a）所示。但实际上由于齿轮的制造和安装误差，在从动轮转过一周的过程中，两轮间的传动比呈周期变化，如图 8-47（b）所示，使从动轮在一转过程中，其实际转角不同于理论转角，发生转角误差，导致传递运动不准确。转角误差影响产品的使用性能，必须加以限制。

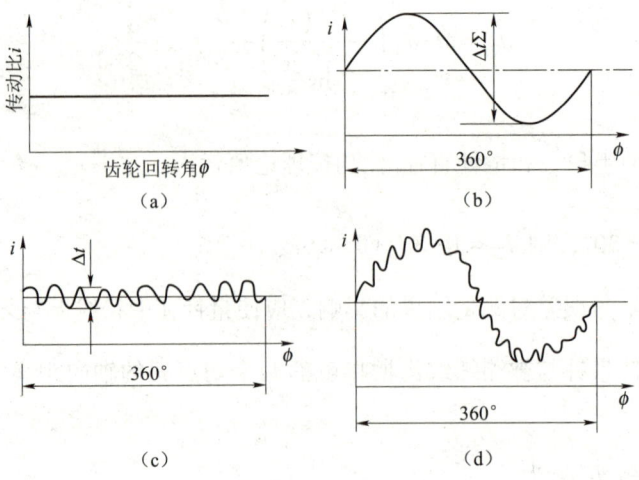

图 8-47 齿轮传动比的误差

2) 传递运动的平稳性

要求瞬时传动比的变化幅度小。由于齿轮轮廓制造有误差，在一对轮齿啮合过程中，传动比发生高频的瞬时突变，如图 8-47（c）所示。传动比的这种小周期的变化将引起齿轮传动产生冲击、振动和噪声等现象，影响平稳传动的质量，必须加以控制。

实际传动过程中，上述两种传动比变化同时存在，如图 8-47（d）所示。

3) 荷载分布均匀性

要求传动时工作齿面接触良好，在全齿宽上承载均匀，避免荷载集中于局部区域引起过早磨损，以提高齿轮的使用寿命。

4) 合理的齿侧间隙

要求齿轮副的非工作齿面要有一定的侧隙，用以补偿齿轮的制造误差、安装误差和热变形，从而防止齿轮传动发生卡死现象；侧隙还用于储存润滑油，以保持良好的润滑。但对工作时有正反转的齿轮副，侧隙会引起回程误差和冲击。

不同用途和不同工作条件下的齿轮，对上述四项要求的侧重点是不同的。

读数装置和分度机构的齿轮，转速低、荷载小、分度要求高。所以对传递运动的准确性要求高，对接触均匀性的要求低。如果需要正反转，还要求较小的侧隙。

对于低速重载齿轮（如起重机械、重型机械），工作荷载大。所以对荷载分布均匀性要求较高，对传递运动准确性则要求不高。

对于高速重载下工作的齿轮（如汽轮机减速器齿轮），要求工作时振动、冲击和噪声小，所以对运动准确性、传动平稳性和载荷分布均匀性的要求都很高，而且要求有较大的侧隙以满足润滑需要。

一般汽车、拖拉机及机床的变速齿轮主要保证传动平稳性要求，使振动、噪声减小。

2. 齿轮加工误差的来源与分类

1) 齿轮加工误差的来源

齿轮的加工方法很多，按齿廓形成原理可分为仿形法和展成法。仿形法可用成形铣刀在铣床上铣齿；展成法可用滚刀或插齿刀在滚齿机、插齿机上与齿坯做啮合滚切运动，加工出渐开线齿轮。齿轮通常采用展成法加工。

齿轮在各种加工方法中，齿轮的加工误差都来源于组成工艺系统的机床、夹具、刀具、齿坯本身的误差及其安装、调整等误差。现以滚刀在滚齿机上加工齿轮为例（见图 8-48），来分析加工误差的主要原因。

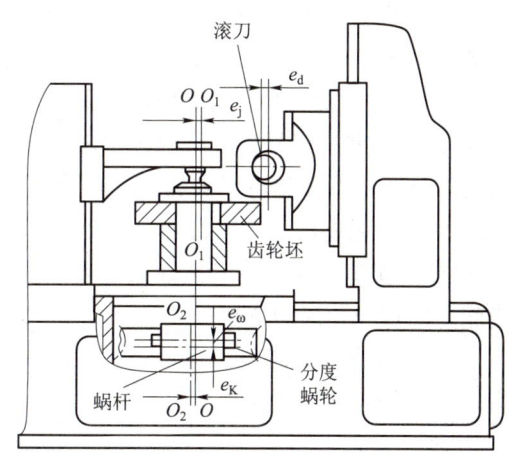

图 8-48　滚切齿轮

（1）几何偏心 e_j。加工时，齿坯基准孔轴线 O_1 与滚齿机工作台旋转轴线 O 不重合而发生偏心，其偏心量为 e_j。几何偏心的存在使得齿轮在加工工程中，齿坯相对于滚刀的距离发生变化，切出的齿一边短而肥，另一边瘦而长。当以齿轮基准孔定位进行测量时，在齿轮一转内产生周期性的齿圈径向跳动误差，同时齿距和齿厚也产生周期性变化。

有几何偏心的齿轮装在传动机构中之后，就会引起每转为周期的速比变化，产生时快时慢的现象。对于齿坯基准孔较大的齿轮，为了消除此偏心带来的加工误差，工艺上有时采用液性塑料可胀心轴安装齿坯。设计上，为了避免由于几何偏心带来的径向误差，齿轮基准孔和轴的配合一般采用过渡配合或过盈量不大的过盈配合。

（2）运动偏心 e_y。运动偏心是由于滚齿机分度蜗轮加工误差和分度蜗轮轴线 O_2 与工作台旋转轴线 O 有安装偏心 e_k 引起的。运动偏心的存在使齿坯相对于滚刀的转速不均匀，忽快忽慢，破坏了齿坯与刀具之间的正常滚切运动，而使被加工齿轮的齿廓在切线方向上产生了位置误差。这时，齿廓在径向位置上没有变化。这种偏心，一般称为运动偏心，又称为切向偏心。

（3）机床传动链的高频误差。加工直齿轮时，受分度传动链的传动误差（主要是分度蜗杆的径向跳动和轴向窜动）的影响，使蜗轮（齿坯）在一周范围内转速发生多次变化，加工出的齿轮产生齿距偏差、齿形误差。加工斜齿轮时，除了分度传动链误差外，还受差动传动链的传动误差的影响。

（4）滚刀的安装误差和加工误差。滚刀的安装偏心 e_d 使被加工齿轮产生径向误差。滚刀刀架导轨或齿坯轴线相对于工作台旋转轴线的倾斜及轴向窜动，使滚刀的进刀方向与轮齿的理论方向不一致，直接造成齿面沿轴向方向歪斜，从而产生齿向误差。

滚刀的加工误差主要指滚刀的径向跳动、轴向窜动和齿型角误差等，它们将使加工出来的齿轮产生基节偏差和齿形误差。

2）齿轮加工误差的分类

（1）齿轮误差按其表现特征可分为以下 4 类。

① 齿廓误差。其是指加工出来的齿廓不是理论的渐开线。其原因主要有刀具本身的切削刃轮廓误差及齿形角偏差、滚刀的轴向窜动和径向跳动、齿坯的径向跳动以及在每转一齿

距角内转速不均等。

② 齿距误差。其是指加工出来的齿廓相对于工件的旋转中心分布不均匀。其原因主要有齿坯安装偏心、机床分度蜗轮齿廓本身分布不均匀及其安装偏心等。

③ 齿向误差。其是指加工后的齿面沿齿轮轴线方向的形状和位置误差。其原因主要有刀具进给运动的方向偏斜、齿坯安装偏斜等。

④ 齿厚误差。其是指加工出来的轮齿厚度相对于理论值在整个齿圈上不一致。其原因主要有刀具的铲形面相对于被加工齿轮中心的位置误差、刀具齿廓的分布不均匀等。

(2) 齿轮误差按其方向特征可分为以下 3 类。

① 径向误差。其是指沿被加工齿轮直径方向（齿高方向）的误差。由切齿刀具与被加工齿轮之间径向距离的变化引起。

② 切向误差。其是指沿被加工齿轮圆周方向（齿厚方向）的误差。由切齿刀具与被加工齿轮之间分齿滚切运动误差引起。

③ 轴向误差。其是指沿被加工齿轮轴线方向（齿向方向）的误差。由切齿刀具沿被加工齿轮轴线移动的误差引起。

(3) 齿轮误差按其周期或频率特征可分为以下两类。

① 长周期误差。其是指在被加工齿轮转过一周的范围内，误差出现一次最大值和最小值，如由偏心引起的误差。长周期误差也称低频误差。

② 短周期误差。其是指在被加工齿轮转过一周的范围内，误差曲线上的峰、谷多次出现，如由滚刀的径向跳动引起的误差。短周期误差也称高频误差。

当齿轮只有长周期误差时，其误差曲线如图 8-49（a）所示，将产生运动不均匀，是影响齿轮运动准确性的主要误差；但在低速情况下，其传动还是比较平稳的。当齿轮只有短周期误差时，其误差曲线如图 8-49（b）所示，这种在齿轮一转中多次重复出现的高频误差将引起齿轮瞬时传动比的变化，使齿轮传动不平稳，在高速运转中，将产生冲击、振动和噪声。因而，对这类误差必须加以控制。实际上，齿轮运动误差是一条复杂的周期函数曲线，如图 8-49（c）所示，它既包含有短周期误差，也包含有长周期误差。

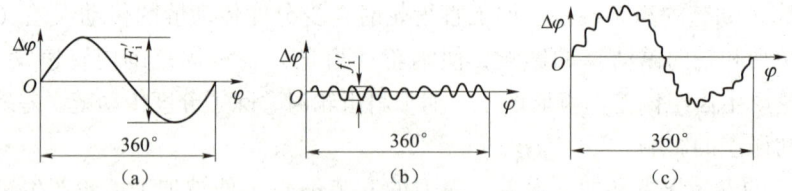

图 8-49 齿轮的周期性误差

(a) 只有长周期误差时的曲线；(b) 只有短周期误差时的曲线；(c) 两者均有的误差曲线

齿轮误差的存在会使齿轮的各设计参数发生变化，影响传动质量。为此，国家出台和实施了新标准：GB/T 10095.1—2008《渐开线圆柱齿轮精度 第 1 部分：轮齿同侧齿面偏差的定义和允许值》和 CB/T 10095.2—2008《渐开线圆柱齿轮精度 第 2 部分：径向综合偏差与径向跳动的定义和允许值》。并把有关齿轮检验方法的说明和建议以指导性技术文件的形式，与 GB/T 10095 的第 1 部分和第 2 部分一起，组成了一个标准和指导性技术文件的体系。

8.4.2 单个齿轮的精度指标

1. 影响传递运动准确性的误差项目

1) 切向综合误差 $\Delta F_i'$ 和切向综合公差 F_i'

$\Delta F_i'$ 是指被测齿轮与理想精确测量齿轮单面啮合时，在被测齿轮一转内，实际转角与公称转角之差的总幅度值。该误差以分度圆弧长计值，见图 8-50。

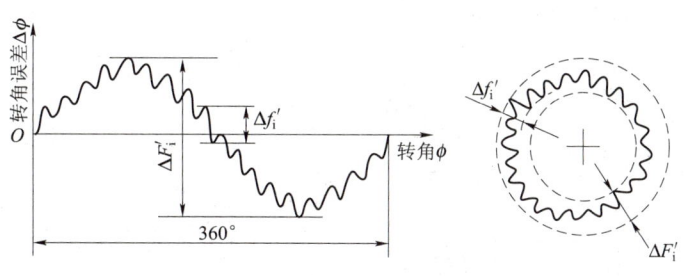

图 8-50　切向综合误差

F_i' 是指切向综合误差 $\Delta F_i'$ 的最大允许值。

2) 齿距累积误差 ΔF_p、齿距累积公差 F_p 和 K 个齿距累积误差 ΔF_{pk}、K 个齿距累积公差 F_{pk}

ΔF_p 是分度圆上任意两个同侧齿面间的实际弧长与公称弧长之差的最大绝对值，如图 8-51 所示。

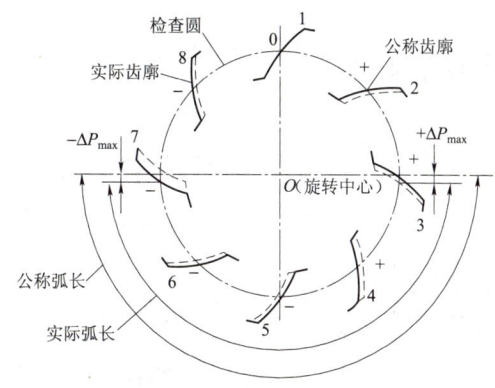

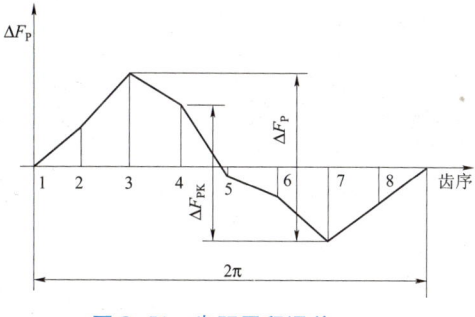

图 8-51　齿距累积误差

F_p 是齿距累积误差 ΔF_p 的最大允许值。

K 个齿距累积误差 ΔF_{pk} 是在分度圆上，K 个齿距的实际弧长与公称弧长之差的最大绝对值，K 为 2 到小于 $z/2$ 的整数（z 为齿轮的齿数）。

F_{pk} 是 K 个齿距累积误差 ΔF_{pk} 的最大允许值。

3) 齿圈径向跳动误差 ΔF_r 和齿圈径向跳动公差 F_r

ΔF_r 是在齿轮一转范围内，测头在齿槽内于齿高中部与齿廓双面接触，测头相对于齿轮轴线的最大变动量，如图 8-52 所示。

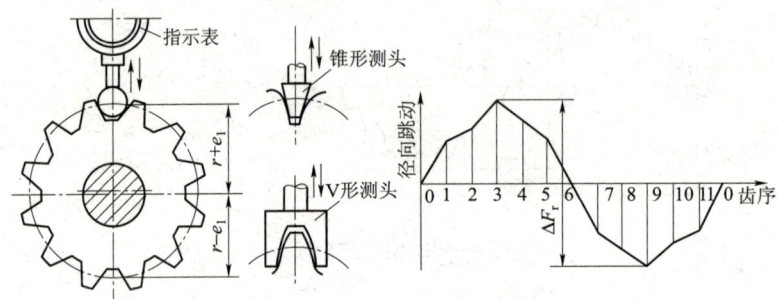

图 8-52 齿圈径向跳动

F_r 是齿圈径向跳动误差 ΔF_r 的最大允许值。

4) 径向综合误差 $\Delta F_i''$ 和径向综合公差 F_i''

$\Delta F_i''$ 是被测齿轮与理想精确测量齿轮双面啮合时，在被测齿轮一转内双啮中心距的最大变动量，如图 8-53 所示。

F_i'' 是径向综合误差 $\Delta F_i''$ 的最大允许量。

5) 公法线长度变动误差 ΔF_w 和公法线长度公差 F_w

ΔF_w 是指在齿轮一周范围内，实际公法线长度的最大值 W_{max} 与最小值 W_{min} 之差，$\Delta F_w = W_{max} - W_{min}$，如图 8-54 所示。

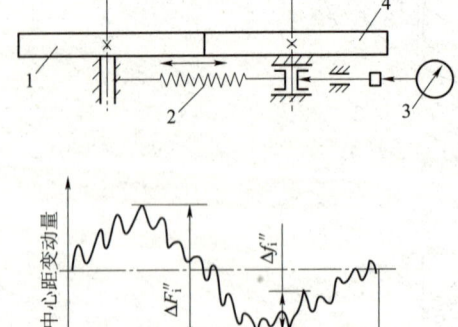

图 8-53 径向综合误差

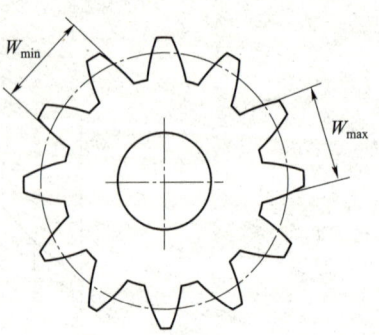

图 8-54 公法线长度变动误差

F_w 是公法线长度变动误差 ΔF_w 的最大允许值。

2. 影响传动平稳性的误差项目

1) 一齿切向综合误差 $\Delta f_i'$ 和一齿切向综合公差 f_i'

$\Delta f_i'$ 是指被测齿轮与理想精确测量齿轮单面啮合时,在被测齿轮一个齿距角内的实际转角与公称转角之差的最大幅度值(以分度圆弧长计值)。它是切向综合误差曲线图(图 8-53)上小波纹中幅度最大的那一段所代表的误差。

f_i' 是一齿切向综合误差 $\Delta f_i'$ 的最大允许值。

2) 一齿径向综合误差 $\Delta f_i''$ 和一齿径向综合公差 f_i''

$\Delta f_i''$ 是指被测齿轮与理想精确测量齿轮双面啮合时,在被测齿轮一个齿距角内双啮中心距的最大变动量。它是径向综合误差曲线图(图 8-55)上小波纹中幅度最大的那一段所代表的误差。

f_i'' 是一齿径向综合误差 $\Delta f_i''$ 的最大允许值。

3) 齿形误差 Δf_f 和齿形公差 f_f

Δf_f 是指在齿轮端截面上,齿形工作部分(齿顶倒棱部分除外),包容实际齿形且距离为最小的两条设计齿形之间的法向距离,如图 8-55 所示。

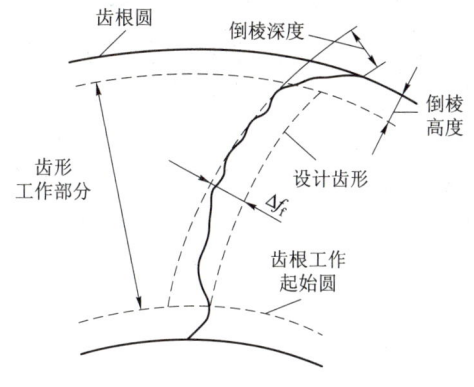

图 8-55 齿形误差

f_f 是齿形误差 Δf_f 的最大允许值。

4) 基节偏差 Δf_{pb} 和基节极限偏差 $\pm f_{pb}$

Δf_{pb} 是指实际基节与公称基节之差。实际基节是指基圆柱切平面所截两相邻同侧齿面的交线之间的法向距离,如图 8-56 所示。

$\pm f_{pb}$ 是允许基节偏差 Δf_{pb} 的两个极限值。

5) 齿距偏差 Δf_{pt} 和齿距极限偏差 $\pm f_{pt}$

Δf_{pt} 是指在分度圆上,实际齿距与公称齿距之差,如图 8-57 所示。公称齿距是指所有实际齿距的平均值。

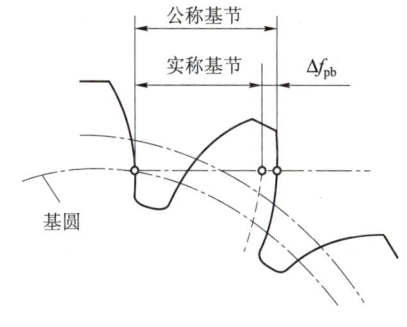

图 8-56 基节偏差

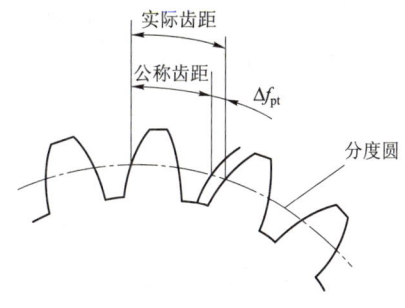

图 8-57 齿距偏差

$\pm f_{pt}$ 是允许齿距偏差 Δf_{pt} 的两个极限值。

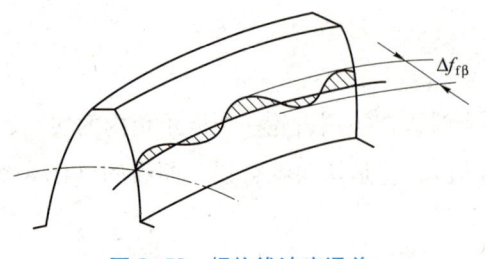

图 8-58 螺旋线波度误差

6) 螺旋线波度误差 $\Delta f_{f\beta}$ 和螺旋线波度公差 $f_{f\beta}$

$\Delta f_{f\beta}$ 是指在宽斜齿轮齿高中部的圆柱面上，沿实际齿面（螺旋线）法线方向计量的螺旋线波纹的最大波幅，如图 8-58 所示。

$f_{f\beta}$ 是螺旋线波度误差 $\Delta f_{f\beta}$ 的最大允许值。

3. 影响荷载分布均匀性的误差项目

1) 齿向误差 ΔF_β 与齿向公差 F_β

ΔF_β 是指在分度圆柱面上，齿宽有效部分范围内（端部倒角部分除外）包容实际齿向线，且距离最小的两条设计齿向线之间的端面距离，如图 8-59（a）所示。

F_β 是齿向误差 ΔF_β 的最大允许值。

直齿轮的设计齿线一般是直线，斜齿轮的设计齿线一般是圆柱螺旋线 [图 8-59（b）]。为了改善齿轮接触状况，提高承载能力，设计齿线也可采用修正齿线，如鼓形齿线 [图 8-59（c）] 和轮齿两端修薄 [图 8-59（d）] 及其他修正齿线。

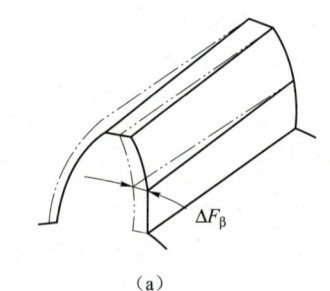

（a）

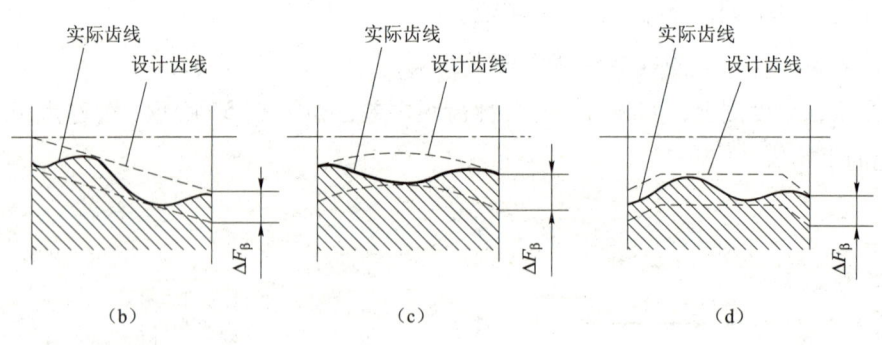

图 8-59 齿向误差

2) 接触线误差 ΔF_b 和接触线公差 F_b

基圆柱切平面与齿面的交线即为接触线，直齿轮的理论接触线为一根平行于轴线的直线，斜齿轮的理论接触线为一根与基圆柱母线夹角为 β_b 的直线，如图 8-60 所示。而实际接触线可能有方向偏差和形状误差，如图 8-61 所示。

接触线误差 ΔF_b 是指在基圆柱的切平面内，平行于公称接触线并包容实际接触线的两条直线间的法向距离，如图 8-61 所示。

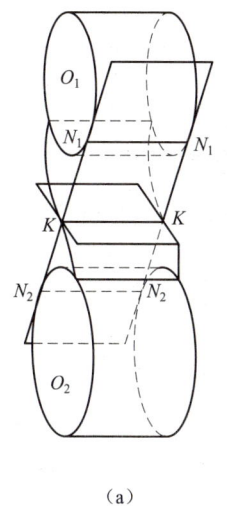

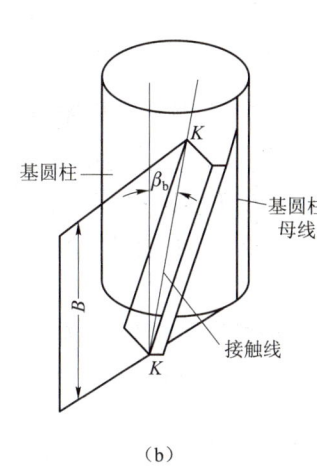

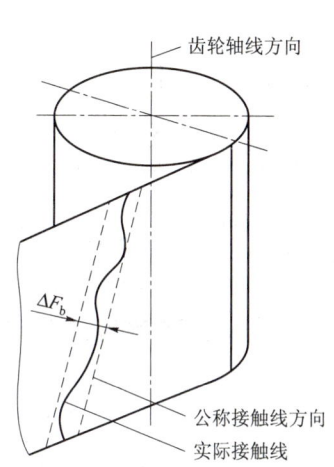

（a）

（b）

图 8-60　齿轮接触线
（a）直齿轮接触线；（b）斜齿轮接触线

图 8-61　接触线误差

F_b 是接触线误差 ΔF_b 的最大允许值。

接触线误差 ΔF_b 在端面上表现为齿形误差，并且是产生基节偏差的原因。所以，接触线误差 ΔF_b 实际上综合反映了斜齿轮的齿向误差和齿形误差。故通常用接触线误差 ΔF_b 代替齿向误差，来评定轴向重合度 $\varepsilon_\beta \leq 1.25$ 的窄斜齿轮的齿面接触精度。

3）轴向齿距法向偏差 ΔF_{px} 和轴向齿距法向极限偏差 $\pm F_{px}$

ΔF_{px} 是指在与齿轮基准轴线平行而大约通过齿高中部的一条直线上，任意两个同侧齿面间的实际距离 x_2 与公称距离 x_1 之差，如图 8-62 所示。沿齿面法线方向的值为

$$\Delta F_{px} = (x_2 - x_1)\sin\beta$$

图 8-62　轴向齿距法向偏差

$\pm F_{px}$ 是指允许轴向齿距法向偏差 ΔF_{px} 变化的两个极限值。

轴向齿距法向偏差 ΔF_{px} 主要是反映斜齿轮螺旋角 β 的误差。在验收宽斜齿轮时，一般选用这一指标（宽齿轮是指轴向重合度 $\varepsilon_\beta > 1.25$ 的斜齿轮）。

8.4.3　齿轮副的侧隙指标和齿轮副的精度指标

1. 齿轮副的侧隙指标

1）齿厚偏差 ΔE_s 与齿厚公差 T_s

ΔE_s 是指分度圆柱面上齿厚实际值与公称值之差，如图 8-63 所示。图中 E_{ss} 表示齿厚上

极限偏差，E_{si} 表示齿厚下极限偏差（对斜齿轮是指法向齿厚而言）。为了保证齿轮传动侧隙，齿厚的上、下极限偏差均应为负值。

T_s 是指齿厚偏差 ΔE_s 的最大允许值。

2) **公法线平均长度偏差 ΔE_{Wm} 与公法线平均长度公差 T_{Wm}**

ΔE_{Wm} 是指在齿轮一周内，公法线长度平均值与公称值之差。E_{Wms} 为公法线平均长度上极限偏差，E_{Wmi} 为公法线平均长度下极限偏差。

T_{Wm} 是指公法线平均长度偏差 ΔE_{Wm} 的最大允许值，即

$$T_{Wm} = |E_{Wms} - E_{Wmi}|$$

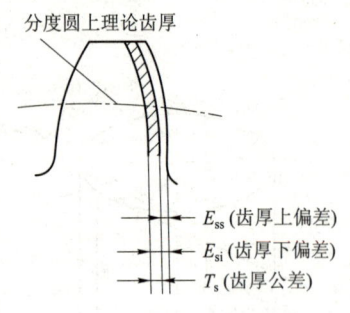

图 8-63 齿厚偏差

渐开线标准直齿圆柱齿轮的公法线公称值 $W_{公称}$ 为

$$W_{公称} = m\cos\alpha\left[\frac{(2k-1)\pi}{2} + z\text{inv}\alpha\right]$$

$$k = \frac{z\alpha}{180°} + \frac{1}{2}$$

当 $\alpha = 20°$ 时，

$$W_{公称} = m[1.476(2k-1) + 0.014z]$$

式中，$k = \frac{z}{9} + 0.5$；z 为齿数。

公法线平均长度偏差主要反映齿厚偏差，因而可用公法线平均长度偏差作为齿厚偏差的代用指标。

2. 齿轮副的精度指标

1) 齿轮副的装配误差

（1）齿轮副中心距偏差 Δf_a 和极限偏差 $\pm f_a$。

Δf_a 是指在齿轮副的齿宽中间平面内，实际中心距与公称中心距之差，如图 8-64 所示。Δf_a 主要影响齿轮副侧隙。

$\pm f_a$ 是允许齿轮副中心距偏差 Δf_a 变动的两个极限值。

（2）齿轮副轴线的平行度误差 Δf_x、Δf_y 和轴线平行度公差 f_x、f_y。

Δf_x 是指一对齿轮的轴线在其基准平面 H 上投影的平行度误差，如图 8-65（a）所示。

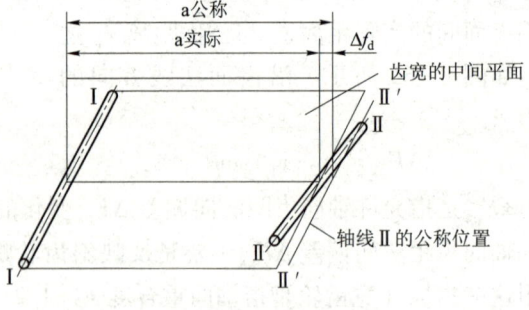

图 8-64 齿轮副中心距偏差

基准平面 H 是包含基准轴线，并通过另一根轴线与齿宽中间平面的交点所形成的平面。两根轴线中任意一根都可作为基准轴线。

Δf_y 是指一对齿轮的轴线在垂直于基准平面且平行于基准轴线的平面 V 上投影的平行度误差，如图 8-65（b）所示。

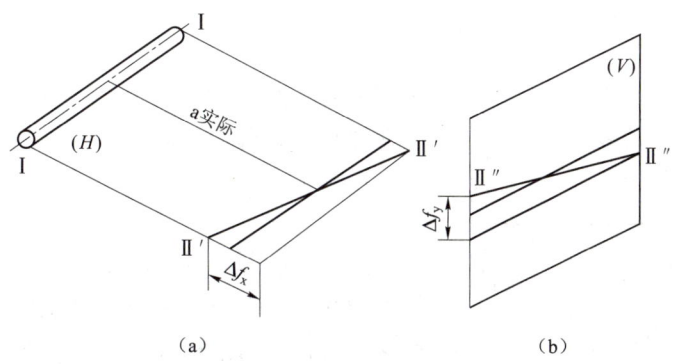

图 8-65 齿轮副轴线平行度误差
(a) Δf_x；(b) Δf_y

Δf_x、Δf_y 主要影响荷载分布和侧隙的均匀性。

2) 齿轮副的传动误差

(1) 齿轮副的切向综合误差 $\Delta F'_{ic}$ 及其公差 F'_{ic}。

$\Delta F'_{ic}$ 是指装配好的齿轮副，在啮合转动足够多的转数内，一个齿轮相对于另一个齿轮的实际转角与公称转角之差的总幅度值（以分度圆弧长计），如图 8-66 所示。这里所说的足够多转数，是为了使一对齿轮在相对位置变化的全部周期中，让误差充分显示出来。

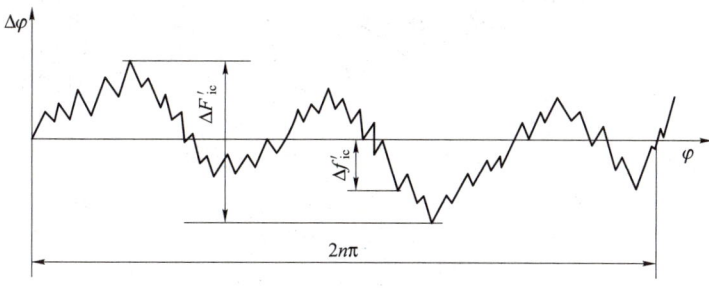

图 8-66 齿轮副综合切向误差曲线

F'_{ic} 是 $\Delta F'_{ic}$ 的最大允许值。

(2) 齿轮副的一齿切向综合误差 $\Delta f'_{ic}$ 及其公差 f'_{ic}。

$\Delta f'_{ic}$ 是指安装好的齿轮副，在啮合转动足够多的转数内，一个齿轮相对于另一个齿轮的一个齿距的实际转角与公称转角之差的最大幅度值（以分度圆弧长计值），即是齿轮副切向综合误差曲线（见图 8-66）上小波纹的最大幅度值。

f'_{ic} 是 $\Delta f'_{ic}$ 的最大允许值。

$\Delta F'_{ic}$、$\Delta f'_{ic}$ 分别是评定齿轮副传递运动准确性和传动平稳性最直接、最有效的指标。

(3) 齿轮副的接触斑点。齿轮副的接触斑点是指装配好的齿轮副，在轻微制动下，运转后齿面上分布的接触擦亮痕迹。

接触痕迹的大小在齿面展开图上用百分数计算，如图 8-67 所示。

沿齿长方向：接触痕迹的长度 b''（扣除超过模数值的断开部分 c）与工作长度 b' 之比的百分数，即

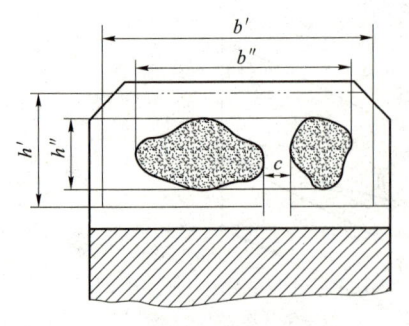

图 8-67 接触斑点

$$\frac{b''-c}{b'}\times 100\%$$

沿齿高方向：接触痕迹的平均高度 h'' 与工作高度 h' 之比的百分数，即

$$\frac{h''}{h'}\times 100\%$$

沿齿长方向的接触斑点主要影响齿轮副荷载分布的均匀性；沿齿高方向的接触斑点主要影响工作的平稳性。齿轮副的接触斑点综合反映了齿轮的加工误差和安装误差，是评定齿轮接触精度的综合性指标。

（4）齿轮副侧隙。

齿轮副侧隙分圆周侧隙和法向侧隙两种。

圆周侧隙 j_t 是指装配好的齿轮副，当一个齿轮固定时，另一个齿轮的圆周晃动量（以分度圆弧长计值），如图 8-68（a）所示。

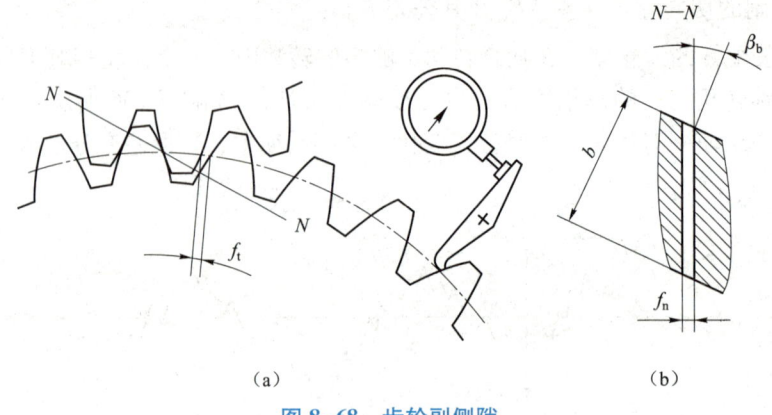

图 8-68 齿轮副侧隙

(a) 圆周侧隙；(b) 法向侧隙

法向侧隙 j_n 是指装配好的齿轮副，当工作齿面接触时，非工作齿面之间的最小距离，如图 8-68（b）所示。

法向侧隙 j_n 和圆周侧隙 j_t 的关系为

$$j_n = j_t \cos\beta_b \cos\alpha_n$$

式中　β_b——基圆螺旋角；

　　　α_n——分度圆法面压力角。

8.4.4　渐开线圆柱齿轮精度标准

1. 精度等级及其选用

1) 精度等级

国标 GB/T 10095—2008 对齿轮及齿轮副规定了十二个精度等级，从 1~12 精度依次降低。其中 6 级是制定标准的基础级，3~5 级为高精度级，6~8 级为中等级，9~12 级为低精度级，1~2 级为有待发展的特别精密级。

齿轮副中两个齿轮的精度等级一般取成相同的，也允许取成不同的。

齿轮的精度等级确定以后，各级精度的各项评定指标的公差（或极限偏差）值可查表 8-18~表 8-28，这些表格是从 GB/T 10095—2008 的公差表中摘录的。当齿轮的法向模数 m_n 大于 40 mm，分度圆直径 d 大于 4 000 mm，有效齿宽大于 630 mm 时，其公差（或极限偏差）已超出表格中的标准的范围，这时可按标准给出的有关公式计算。

表 8-18　齿距累积公差 F_p 及 k 个齿距累积公差 F_{pk} 值

分度圆长度 L/mm		精 度 等 级				
大于	至	5	6	7	8	9
50	80	16	25	36	50	71
80	160	20	32	45	63	90
160	315	28	45	63	90	125
315	630	40	63	90	125	180
630	1 000	50	80	112	160	224
1 000	1 600		100	140	200	280
1 600	2 500		112	160	224	315

注：1. 查 F_p 时，取 $L=\dfrac{\pi d}{2}=\dfrac{\pi m_n z}{2\cos\beta}$；查 F_{pk} 时，取 $L=\dfrac{k\pi m_n}{\cos\beta}$（$k$ 为 2 到 $\dfrac{z}{2}$ 的整数）；

2. 除特殊情况外，对于 F_{pk}，规定 k 值为小于 $\dfrac{z}{6}$ 或 $\dfrac{z}{8}$ 的最大整数。

表 8-19　径向综合公差 F_i'' 值

分度圆长度 L/mm		法向模数 m_n/mm	精 度 等 级				
大于	至		5	6	7	8	9
—	125	≥1~3.5	22	36	50	63	90
		>3.5~6.3	25	40	56	71	112
		>6.3~10	28	45	63	80	125
125	400	≥1~3.5	32	50	71	90	112
		>3.5~6.3	36	56	80	100	140
		>6.3~10	40	63	90	112	160
400	800	≥1~3.5	40	63	90	112	140
		>3.5~6.3	45	71	100	125	160
		>6.3~10	50	80	112	140	180

表 8-20　齿圈径向跳动公差 F_r 值

分度圆长度 L/mm		法向模数 m_n/mm	精 度 等 级				
大于	至		5	6	7	8	9
—	125	≥1~3.5	16	25	36	45	71
		>3.5~6.3	18	28	40	50	80
		>6.3~10	20	32	45	56	90

续表

分度圆长度 L/mm		法向模数 m_n/mm	精度等级				
大于	至		5	6	7	8	9
125	400	≥1~3.5	22	36	50	63	80
		>3.5~6.3	25	40	56	71	100
		>6.3~10	28	45	63	86	112
400	800	≥1~3.5	28	45	63	80	100
		>3.5~6.3	32	50	71	90	112
		>6.3~10	36	56	80	100	125

表 8-21 公法线长度变动公差 F_w 值

分度圆长度 L/mm		精度等级				
大于	至	5	6	7	8	9
—	125	12	20	28	40	50
125	400	16	25	36	50	71
400	800	20	32	45	63	90

表 8-22 一齿径向综合公差 f_i'' 值

分度圆长度 L/mm		法向模数 m_n/mm	精度等级				
大于	至		5	6	7	8	9
—	125	≥1~3.5	10	14	20	28	36
		>3.5~6.3	13	18	25	36	45
		>6.3~10	14	20	28	40	50
125	400	≥1~3.5	11	16	22	32	40
		>3.5~6.3	14	20	28	40	50
		>6.3~10	16	22	32	45	56
400	800	≥1~3.5	13	18	25	36	45
		>3.5~6.3	14	20	28	40	50
		>6.3~10	16	22	32	45	52

表 8-23 齿形公差 f_f 值

分度圆长度 L/mm		法向模数 m_n/mm	精度等级				
大于	至		5	6	7	8	9
—	125	≥1~3.5	6	8	11	14	22
		>3.5~6.3	7	10	14	20	32
		>6.3~10	8	12	17	22	36
125	400	≥1~3.5	7	9	13	18	28
		>3.5~6.3	8	11	16	22	36
		>6.3~10	9	13	19	28	45

续表

分度圆长度 L/mm		法向模数 m_n/mm	精度等级				
大于	至		5	6	7	8	9
400	800	≥1~3.5 >3.5~6.3 >6.3~10	9 10 11	12 14 16	17 20 24	25 28 36	40 45 56

表 8-24 基节极限偏差 $\pm f_{pb}$ 值

分度圆长度 L/mm		法向模数 m_n/mm	精度等级				
大于	至		5	6	7	8	9
—	125	≥1~3.5 >3.5~6.3 >6.3~10	5 7 8	9 11 13	13 16 18	18 22 25	25 32 36
125	400	≥1~3.5 >3.5~6.3 >6.3~10	6 8 9	10 13 14	14 18 20	20 25 30	30 36 40
400	800	≥1~3.5 >3.5~6.3 >6.3~10	7 8 10	11 13 16	16 18 22	22 25 32	32 36 45

注：对于 6 级及高于 6 级精度的，在一个齿轮的同侧齿面上，最大基节和最小基节之差，不允许大于基节单向极限偏差数值。

表 8-25 齿距极限偏差 $\pm f_{pt}$ 值

分度圆长度 L/mm		法向模数 m_n/mm	精度等级				
大于	至		5	6	7	8	9
—	125	≥1~3.5 >3.5~6.3 >6.3~10	6 8 9	10 13 14	14 18 20	20 25 28	28 36 40
125	400	≥1~3.5 >3.5~6.3 >6.3~10	7 9 10	11 14 16	16 20 22	22 28 32	32 40 45
400	800	≥1~3.5 >3.5~6.3 >6.3~10	8 9 11	13 14 18	18 20 25	25 28 36	36 40 50

表 8-26 齿向公差 F_β 值

齿轮宽度/mm		精 度 等 级				
大于	至	5	6	7	8	9
—	40	7	9	11	18	28
40	100	10	12	16	25	40
100	160	12	16	20	32	50

表 8-27 接触斑点

接触斑点	精 度 等 级				
	5	6	7	8	9
按高度不小于/%	55 (45)	50 (40)	45 (35)	40 (30)	30
按长度不小于/%	80	70	60	50	40

注：1. 接触斑点的分布位置应趋近齿面中部，齿顶和两端部棱边处不允许接触；
2. 括号内数值，用于轴向重合度 $\varepsilon_\beta>0.8$ 的斜齿轮。

表 8-28 中心距偏差 $\pm f_a$ 值

第Ⅱ公差组精度等级		5~6	7~8	9~10
f_a		$\frac{1}{2}$IT7	$\frac{1}{2}$IT8	$\frac{1}{2}$IT9
齿轮副 中心距/mm	>6~10	7.5	11	18
	>10~18	9	13.5	21.5
	>18~30	10.5	16.5	26
	>30~50	12.5	19.5	31
	>50~80	15	23	37
	>80~120	17.5	27	43.5
	>120~180	20	31.5	50
	>180~250	23	36	57.5
	>250~315	26	40.5	65
	>315~400	28.5	44.5	70
	>400~500	31.5	48.5	77.5
	>500~630	35	55	87
	>630~800	40	62	100

国标对以下几个公差项目没有制定出公差表格，只给出了计算公式，即

$$F_i' = F_p + f_f$$
$$f_i' = 0.6\ (f_{pt}+f_f)$$
$$f_{f\beta} = f_i'\cos\beta \quad (\beta \text{ 为分度圆螺旋角})$$
$$F_{px} = F_b = f_x = F_\beta$$
$$f_y = 0.5F_\beta$$

F'_{ic} 等于两配对齿轮 F'_i 之和，即 $F'_{ic} = F'_{i1} + F'_{i2}$。

f'_{ic} 等于两配对齿轮 f'_i 之和，即 $f'_{ic} = f'_{i1} + f'_{i2}$。

2）精度等级的选用

齿轮精度等级的选择恰当与否，不仅影响传动质量，而且影响制造成本。精度等级的选用依据主要是齿轮的用途、使用要求及工作条件等。选择方法常有计算法和类比法。计算法主要用于精密传动链。类比法即参照经过实践验证的经验资料进行精度选择，是普遍采用的方法。

根据齿轮各项误差对齿轮传动性能的主要影响，将其公差（或极限偏差）分为三个公差组，如表8-29所示。根据齿轮传动工作条件及使用要求的不同，允许对三个公差组选用不同的精度等级，但同一公差组内，各项公差或极限偏差应规定相同的精度等级。

表8-29 齿轮的公差组

公差组	公差与极限偏差项目	误差特性	对传动性能的主要影响
Ⅰ	F'_i，F_p，F_{pk}，F''_i，F_r，F_w	以齿轮一转为周期的误差	传递运动的准确性
Ⅱ	f'_i，f''_i，f_f，f_{pt}，f_{pb}，$f_{f\beta}$	以齿轮一转内，多次周期重复出现的误差	传动的平稳性、噪声、振动
Ⅲ	F_β，F_b，F_{px}	齿线的误差	荷载分布的均匀性

表8-30列出了各种机械采用的齿轮精度等级范围；表8-31列出了按齿轮圆周速度及传动噪声要求，选择第Ⅱ公差组精度等级的参考资料；表8-32列出了按齿轮载荷大小及噪声要求，选择第Ⅲ公差组精度等级的参考资料。

由于应用场合不同，具体齿轮对三个公差组的精度要求侧重点也不同，应首先考虑侧重的公差组。例如对测量齿轮和分度齿轮，应侧重考虑运动准确性，故首先根据允许的转角误差选择第Ⅰ公差组的精度等级；对于传动齿轮，应侧重考虑平稳性，可按表8-31选择第Ⅱ公差组的等级；对于承载齿轮，应侧重考虑载荷分布均匀性，可按表8-32选择第Ⅲ公差组的精度等级。按上述原则选定某一公差组的精度等级之后，其余公差组可取同级，也可作适当调整。但应注意三个公差组的等级不能相差太大，一般相差一级。因为各组的指标之间有着内在联系，如果相差太大，将无法协调。

在确定精度等级时，还要考虑加工工艺的可能性与经济性。表8-33列出了部分精度的齿面所需的最后加工方法。

表8-30 各种机械采用的齿轮精度等级

应用范围	精度等级	应用范围	精度等级
测量齿轮	2~5	通用减速器	6~8
蜗轮减速器	3~5	轧钢机	5~10
金属切削机床	3~8	矿用绞车	7~10
航空发动机	4~7	起重机	6~10
内燃机车、电气机车	6~7	拖拉机	6~10
轻型汽车	5~8	农用机械	8~11
重型汽车	6~9		

表 8-31　第Ⅱ公差组等级的选择

要求噪声强度/dB	圆周速度/ (m·s^{-1}) 直齿	<3	3~15	>15
	斜齿	<5	5~30	>30
大：85~95		8 级	7 级	6 级
中：75~85		7 级	6 级	5 级
小：<75		6 级	5 级	5 级

表 8-32　第Ⅲ公差组等级的选择

要求噪声强度/dB	负荷性质	重负荷	中负荷	轻负荷
大：85~95		6 级	7 级	8 级
中：75~85		6 级	6 级	7 级
小：<75		5 级	5 级	6 级

注：负荷性质按接触应力/允许接触应力的比值而定。轻负荷 25%；中负荷 60%；重负荷 100%。

表 8-33　齿面所需最后加工方法

精度等级	齿面的最后加工方法
5	精密磨齿；大型齿轮用精密滚齿及研齿或剃齿
6	精密磨齿或剃齿
7	无须淬火的齿轮仅用精密刀具加工；淬火齿轮必须精密加工（磨、研、珩齿）
8	滚齿、插齿、剃齿
9	无须特殊的精加工工序

2. 检验组及其选择

齿轮的误差项目很多，在验收齿轮精度时，没有必要对所有的项目进行检验，只需在每个公差组中选出一项或数项公差进行检验就可保证齿轮的精度。从每一个公差组中所选出的项目最少且又能控制齿轮精度要求的项目组合称为检验组，如表 8-34 所示。

表 8-34　公差组的检验组

公差组	检验组		附　注
Ⅰ	1	$\Delta F'_i$	
	2	ΔF_p	必要时加检 ΔF_{pk}
	3	$\Delta F''_i$ 与 ΔF_w	若其中一项超差，则考虑到径向误差与切向误差相互补偿的可能性，应按 ΔF_p 合格与否评定齿轮精度
	4	ΔF_r 与 ΔF_w	
	5	ΔF_r	仅用于 10~12 级精度

续表

公差组	检验组		附注
Ⅱ	1	$\Delta f_i'$	需要时可增检 Δf_{pb}
	2	Δf_f 与 Δf_{pb}	适用于磨齿、滚齿和剃齿工艺
	3	Δf_f 与 Δf_{pt}	适用于展成法的磨齿
	4	$\Delta f_{f\beta}$	用于轴向重合度 $\varepsilon_\beta > 1.25$,6 级及 6 级以上精度的斜齿轮或人字齿轮
	5	$\Delta f_i''$	需保证齿形精度
	6	Δf_{pt} 与 Δf_{pb}	仅用于 9~12 级精度
	7	Δf_{pt} 或 Δf_{pb}	仅用于 10~12 级精度
Ⅲ	1	ΔF_β	多用于直齿圆柱齿轮
	2	ΔF_b	仅用于轴向重合度 $\varepsilon_\beta \leq 1.25$,齿向线不作修正的斜齿轮
	3	ΔF_{px} 与 ΔF_b	仅用于轴向重合度 $\varepsilon_\beta > 1.25$,齿向线不作修正的斜齿轮
	4	ΔF_{px} 与 Δf_f	

在第Ⅰ公差组中,$\Delta F_i'$ 和 ΔF_p 都是综合指标,所以每一项都可单独组成一个检验组。$\Delta F_i''$ 和 ΔF_r 都是反映径向误差,而 ΔF_w 是反映切向误差,用 $\Delta F_i''$ 和 ΔF_w 或 ΔF_r 和 ΔF_w 组成检验组可全面反映传动准确性误差。考虑径向误差和切向误差可能相互叠加或补偿,所以当其中一项合格而另一项不合格时,则应按 ΔF_p 验收。对于 10 级精度以下的齿轮,只需检查 ΔF_r(由于工件安装引起的),而无须检查 ΔF_w(由机床本身误差引起的)。

第Ⅱ公差组中,由于 $\Delta f_i'$ 和 $\Delta f_i''$ 都较全面地反映一齿距角内的转角误差,故每一项都可单独组成检验组。Δf_f、Δf_{pb}、Δf_{pt} 三项误差的关系较为复杂,如何组合,主要从切齿工艺考虑,原则是既要控制机床产生的误差,又要控制刀具产生的误差;既要控制一对轮齿啮合过程中的误差,又要控制两对轮齿交替啮合过程中的误差。例如,Δf_f 和 Δf_{pt} 的组合对精度较高的磨齿较适用;Δf_{pb} 和 Δf_{pt} 的组合对多数滚齿较适合;对于精度不是很高的磨齿、剃齿及滚齿常用 Δf_f 和 Δf_{pb} 的组合。10 级以下精度的齿轮,可单独检测 Δf_{pt} 或 Δf_{pb}。

第Ⅲ公差组中用得最多的是 ΔF_β。其余组合均只适用于斜齿轮。

验收齿轮时,三个公差组的检验组的组合情况见表 8-35。

表 8-35 检验组的组合

| 序号 | 检验组的组合 | | | 适用等级 | 序号 | 检验组的组合 | | | 适用等级 |
	Ⅰ	Ⅱ	Ⅲ			Ⅰ	Ⅱ	Ⅲ	
1	$\Delta F_i'$	$\Delta f_i'$	ΔF_β	3~8	6	ΔF_p	$\Delta f_f \Delta f_{pb}$	ΔF_β	3~7
2	ΔF_p	$\Delta f_f \Delta f_{pt}$	ΔF_β	3~7	7	ΔF_p	$\Delta f_{pb} \Delta f_{pt}$	ΔF_β	3~7
3	ΔF_p	$\Delta f_{f\beta}$	$\Delta F_{px} \Delta F_b$	3~6	8	$\Delta F_r \Delta F_w$	$\Delta f_f \Delta f_{pt}$	ΔF_β	7~9
4	$\Delta F_i'' \Delta F_w$	$\Delta f_i''$	ΔF_β	6~9	9	ΔF_r	Δf_{pt}	ΔF_β	9~12
5	$\Delta F_r \Delta F_w$	$\Delta f_{pt} \Delta f_{pb}$	ΔF_β	7~9					

一般地讲,精度高的齿轮宜采用综合指标(如 $\Delta F_i'$、$\Delta f_i'$),精度低的齿轮可采用单项指

标;成批大量生产的中等精度齿轮宜采用检测效率高的指标(如 $\Delta F_i'$、$\Delta f_i'$)。

3. 齿轮副侧隙及其确定

1) 国标对侧隙的规定

齿轮副侧隙是装配后自然形成的。它的大小主要取决于齿厚和中心距。国标 GB/T 10095—2008 对每一种精度等级只规定了一种中心距极限偏差,因此侧隙的大小主要取决于齿厚,通过减薄齿厚来获得最小侧隙。这种侧隙体制称为基中心距制。

由于侧隙用减薄齿厚来获得,所以必须用齿厚极限偏差来控制侧隙的大小。国家标准中规定了 14 种齿厚极限偏差代号,用 14 个大写英文字母表示,每种代号所表示的齿厚极限偏差值为该代号所对应的系数与齿距极限偏差 f_{pt} 的乘积,如图 8-69 及表 8-36 所列。选取其中两个字母组成侧隙代号,前一个字母表示齿厚上极限偏差,后一个字母表示齿厚下极限偏差。

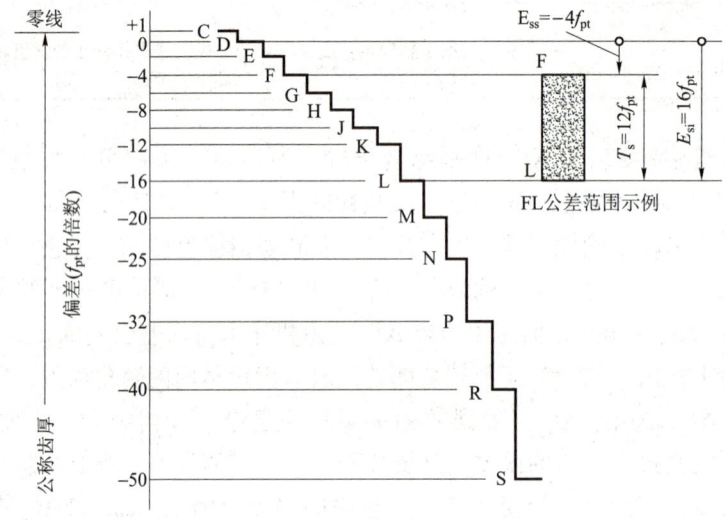

图 8-69 齿厚极限偏差代号

表 8-36 齿厚极限偏差数值

$C = +f_{pt}$	$F = -4f_{pt}$	$J = -10f_{pt}$	$M = -20f_{pt}$	$R = -40f_{pt}$
$D = 0$	$G = -6f_{pt}$	$K = -12f_{pt}$	$N = -25f_{pt}$	$S = -50f_{pt}$
$E = -2f_{pt}$	$H = -8f_{pt}$	$L = -16f_{pt}$	$P = 32f_{pt}$	

GB/T 10095—2008 规定,当所选的极限偏差超出图 8-69 所列代号时,允许自行规定。

2) 齿厚极限偏差的确定

(1) 齿厚上极限偏差 E_{ss} 值及其代号的确定。齿厚上极限偏差 E_{ss} 值是通过圆整其计算值 E_{ss}' 来确定的。齿厚上极限偏差计算值 E_{ss}' 的计算公式为

$$E_{ss}' = -\left[f_a \tan\alpha_n + \frac{j_{n1} + j_{n2} + \sqrt{f_{pb1}^2 + f_{pb2}^2 + 2.104 F_\beta^2}}{2\cos\alpha_n} \right]$$

或
$$E'_{ss} = -\left[f_a\tan\alpha_n + \frac{j_{n\min} + \sqrt{f_{pb1}^2 + f_{pb2}^2 + 2.104F_\beta^2}}{2\cos\alpha_n}\right]$$

式中 f_a——齿轮副中心距极限偏差;

α_n——齿轮齿形角,$\alpha_n = 20°$;

$j_{n\min}$——齿轮副的最小极限侧隙,$j_{n\min} = j_{n1} + j_{n2}$;

j_{n1}——保证正常润滑油所必需的最小间隙,其数值按表 8-37 确定。

表 8-37 j_{n1} 推荐值

润滑方式	圆周速度/(m·s^{-1})			
	≤10	>10~25	>25~60	>60
喷油润滑	$0.01m_n$	$0.02m_n$	$0.03m_n$	$(0.03~0.05)m_n$
油池润滑	$(0.005~0.01)m_n$			|//
注:m_n 为齿轮法向模数,单位为 mm。

j_{n2}——补偿温升而引起变形所必需的最小间隙,$j_{n2} = 2a(\alpha_1\Delta t_1 - \alpha_2\Delta t_2)\sin\alpha$;

a——齿轮副中心距;

α_1,α_2——分别为齿轮和箱体材料的线膨胀系数;

Δt_1,Δt_2——分别为齿轮和箱体工作温度与标准温度之差,$\Delta t_1 = t_1 - 20°$,$\Delta t_2 = t_2 - 20°$;

f_{ab}——基节极限偏差;

F_β——齿向公差。

将齿厚上极限偏差计算值 E'_{ss} 除以该齿轮的齿距极限偏差绝对值 f_{pt},其商圆整到与图 8-69 最接近的某一负整数,从而选取齿厚上极限偏差的标准代号,确定出齿厚上极限偏差 E_{ss} 值。

(2) 齿厚下极限偏差 E_{si} 值及其代号的确定。齿厚下极限偏差 E_{si} 也是由其计算值 E'_{si} 圆整而确定的。计算值 E'_{si} 的计算公式为

$$E'_{si} = E'_{ss} - T'_s \quad 或 \quad E'_{si} = E_{ss} - T'_s$$

式中 T'_s——齿厚公差计算值,$T'_s = 2\tan\alpha_n\sqrt{F_r^2 + b_r^2}$;

F_r——齿圈径向跳动公差;

b_r——切齿时径向进刀公差,其数值按表 8-38 选取。

表 8-38 切齿径向进刀公差 b_r

切齿工艺	磨		滚、插		铣	
第Ⅰ公差组精度等级	4	5	6	7	8	9
b_r	1.26IT7	IT8	1.26IT8	IT9	1.26IT9	IT10

注:表中 IT 值按齿轮分度圆直径从标准公差数值表中查取。

3) 计算公法线平均长度极限偏差 E_{Wms},E_{Wmi}

公法线平均长度偏差能反映齿厚减薄的情况,且测量较准确、方便,所以可用公法线平均长度的极限偏差代替齿厚极限偏差标注在图样上。其换算关系如下:

(1) 对外齿轮

$$E_{Wms} = E_{ss}\cos\alpha_n - 0.72F_r\sin\alpha_n$$
$$E_{Wmi} = E_{si}\cos\alpha_n + 0.72F_r\sin\alpha_n$$

(2) 对内齿轮

$$E_{Wms} = -E_{si}\cos\alpha_n - 0.72F_r\sin\alpha_n$$
$$E_{Wmi} = -E_{ss}\cos\alpha_n + 0.72F_r\sin\alpha_n$$

4. 齿坯与箱体公差的确定

1) 齿坯公差

齿坯公差包括齿轮内孔（或齿轮轴的轴颈）、齿顶圆和端面的尺寸、几何公差及各表面的粗糙度要求等。

齿轮内径或轴颈常作为加工、测量和安装基准，按齿轮精度等级对它们的尺寸和形状提出了一定的精度要求。

齿轮顶圆在加工时常作为安装基准，尤其是单件生产或尺寸较大的齿轮，或以它为测量基准（如测量齿厚），而在使用时又以内孔或轴颈为基准，这种基准不一致就会影响传动质量，故对齿顶圆直径及其相对于内孔或轴颈的径向跳动都要提出一定要求。

端面在加工时，常作为定位基准，若与孔心线不垂直就会产生齿向误差，所以要对其提出一定的位置要求。

以上公差的确定见表8-39~表8-41。

表 8-39 齿坯公差

齿轮精度等级		6	7	8	9
孔	尺寸公差、形状公差	IT6	IT7		IT8
轴	尺寸公差、形状公差	IT5	IT6		IT7
顶圆直径公差			IT6		IT9

表 8-40 齿坯基准面径向和端面圆跳动公差数值

分度圆直径/mm		精 度 等 级				
大于	至	1和2	3和4	5和6	7和8	9~12
—	125	2.8	7	11	18	28
125	400	3.6	9	14	22	36
400	800	5.0	12	20	32	50
800	1 600	7.0	18	28	45	71
1 600	2 000	10.0	25	40	63	100
2 000	4 000	16.0	40	63	100	160

表8-39和表8-40中，当齿轮的三个公差组的精度等级不同时，按最高的精度等级确定公差值；当顶圆不做测量齿厚基准时，尺寸公差按IT11给定，但不大于$0.1m_n$；当顶圆做测量齿厚基准时，齿坯基准面径向圆跳动就指顶圆的径向圆跳动。

表 8-41　齿轮各面的表面粗糙度（Ra）推荐值

精度等级 粗糙度	5	6	7	8	9	
齿面	0.32~0.63	0.63~1.25	1.25	2.5	5（2.5）	5	10
齿面加工方法	磨齿	磨或珩齿	剃或珩齿	精滚精插	滚或插齿	滚	铣
齿轮基准孔	0.32~0.63	1.25	1.25~2.5			5	
齿轮轴基准轴颈	0.32	0.63	1.25		2.5		
齿轮基准端面	1.25~2.5		2.5~5			5	
齿轮顶圆	1.25~2.5		5（6.3）				

注：当三个公差组的等级不同时，按最高的精度等级确定 Ra 值。

2）箱体公差

齿轮安装轴线的平行度误差及中心距偏差对载荷分布均匀性及侧隙都有很大影响，因此对箱体安装齿轮的孔中心线应提出相应要求。根据生产经验，公差大小的公式为

$$f_{x\text{箱}} = \frac{0.8 f_x L}{b}$$

$$f_{y\text{箱}} = \frac{0.8 f_y L}{b}$$

$$f_{a\text{箱}} = \pm 0.8 f_a$$

式中，L 为支承跨距；b 为齿轮宽度；f_x、f_y 为齿轮副轴线的平行度公差；f_a 为齿轮副中心距极限偏差。

箱体的公差应标注在箱体零件图上。

5. 齿轮精度与侧隙的标注

在齿轮零件图上应标注齿轮的精度等级和齿厚极限偏差的字母代号。

标注示例如下所示。

（1）三个公差组相同的标注样式。

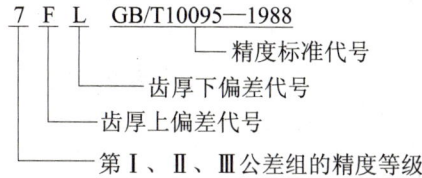

（2）三个公差组不相同的标注样式。

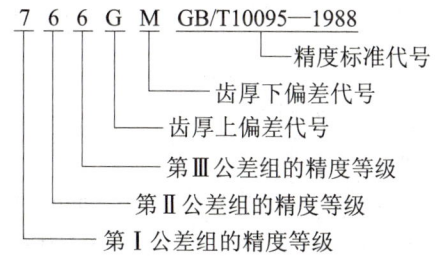

(3) 齿厚采用非标准偏差时的标注样式。

$$4 \left(\begin{matrix} -0.330 \\ -0.495 \end{matrix} \right)$$

——齿厚上、下偏差
——第Ⅰ、Ⅱ、Ⅲ公差组的精度等级

6. 齿轮精度设计示例

已知某减速器中，有一带孔的直齿圆柱齿轮，模数 $m=3$ mm，齿数 $z=32$，齿形角 $\alpha=20°$，齿宽 $b=20$ mm，中心距 $a=288$ mm，孔径 $D=40$ mm，传递的最大功率为 5 kW，转速 $n=1\,280$ r/mm，齿轮材料为 45 号钢，箱体材料为 HT200，其线胀系数分别为 $\alpha_{齿}=11.5×10^{-6}$K^{-1}，$\alpha_{箱}=10.5×10^{-6}$ K^{-1}，齿轮和箱体工作温度分别为 $t_{齿}=60$ ℃，$t_{箱}=40$ ℃，采用喷油润滑，小批量生产，试确定齿轮的精度等级、检验项目及公差、有关侧隙的指标及齿坯公差，并绘制齿轮工作图。

解：（1）确定精度等级。通用减速器齿轮可先根据圆周速度确定第Ⅱ公差组精度等级。圆周速度为

$$v = \frac{\pi d n}{60×1\,000} = \frac{3.14×3×32×1\,280}{60×1\,000} \approx 6.43 \text{（m/s）}$$

又由于减速器对噪声要求不高，故参照表 8-31 选第Ⅱ公差组精度为 7 级。

一般减速器对运动准确性要求不高，第Ⅰ公差组精度可比第Ⅱ公差组降低一级，所以第Ⅰ公差组精度选为 8 级；动力齿轮对荷载分布均匀性有一定要求，第Ⅲ公差组精度一般不低于第Ⅱ公差组，所以第Ⅲ公差组精度与第Ⅱ公差组精度同级，即选为 7 级。

（2）确定检验项目并查出其公差值。参见表 8-35，选定第 8 种组合，各公差组的检验项目如下：

第Ⅰ公差组检验 ΔF_r 和 ΔF_w

$F_r=0.045$ mm（查表 8-20），$F_w=0.040$ mm（查表 8-21）

第Ⅱ公差组检验 Δf_f 和 Δf_{pb}

$f_f=0.011$ mm（查表 8-23），$f_{pb}=±0.013$ mm（查表 8-24）

第Ⅲ公差组检验 ΔF_β

$F_\beta=0.011$ mm（查表 8-26）

（3）确定齿厚上、下极限偏差代号。

① 计算齿轮副的最小极限侧隙。

$$j_{n\min} = j_{n1} + j_{n2} = 0.01 m_n + 2a(\alpha_1 \Delta t_1 - \alpha_2 \Delta t_2)\sin\alpha$$
$$= 0.01×3+2×288×(11.5×10^{-6}×40-10.5×10^{-6}×20)×\sin 20°$$
$$= 0.079 \text{ mm}$$

② 计算齿厚上极限偏差。

由 $a = \dfrac{m(z_1+z_2)}{2}$ 得，$z_2 = \dfrac{2a}{m} - z_1 = \dfrac{2×288}{3} - 32 = 160$

根据中心距 $a=288$ mm，由表 8-28 查得 $f_a=0.040\,5$ mm；根据 $d_1=mz_1=3×32=96$ mm，由表 8-24 查得 $f_{pb1}=0.013$ mm，根据 $d_2=mz_2=3×160=480$ mm，由表 8-24 查得

$f_{pb2} = 0.016$ mm。

$$E'_{ss} = -\left[f_a\tan\alpha_n + \frac{j_{nmin}+\sqrt{f_{pb1}^2+f_{pb2}^2+2.104F_\beta^2}}{2\cos\alpha_n}\right]$$

$$= -\left[0.040\,5\times\tan20° + \frac{0.079+\sqrt{0.013^2+0.016^2+2.104\times0.011^2}}{2\cos20°}\right]$$

$$\approx -0.072 \quad (\text{mm})$$

③ 计算齿厚下极限偏差。根据精度 8 级，由表查得 $F_r = 0.045$ mm；查表 8-38，$b_r = 1.26\text{IT9} = 1.26\times0.087$ mm $= 0.110$ mm。所以

$$T'_s = 2\tan\alpha_n\sqrt{F_r^2+b_r^2}$$

$$= 2\times\tan20°\times\sqrt{0.045^2+0.110^2}$$

$$\approx 0.087 \text{ mm}$$

$$E'_{si} = E'_{ss} - T'_s = -0.072 - 0.087$$

$$= -0.159 \quad (\text{mm})$$

④ 确定齿厚偏差代号。由表 8-25 查得 $f_{pt} = 0.014$ mm。于是

$$\frac{E'_{ss}}{f_{pt}} = \frac{-0.072}{0.014} \approx -5$$

$$\frac{E'_{si}}{f_{pt}} = \frac{-0.159}{0.014} \approx -11$$

所以，按图 8-70 取齿厚上极限偏差代号为 G，下极限偏差代号为 K，最终确定的齿厚极限偏差为

$$E_{ss} = -6f_{pt} = -6\times0.014 = -0.084 \quad (\text{mm})$$

$$E_{si} = -12f_{pt} = -12\times0.014 = -0.168 \quad (\text{mm})$$

⑤ 计算公法线平均长度的极限偏差。

$$E_{Wms} = E_{ss}\cos\alpha_n - 0.72F_r\sin\alpha_n$$

$$= -0.084\times0.94 - 0.72\times0.045\times0.342$$

$$\approx -0.09 \quad (\text{mm})$$

$$E_{Wmi} = E_{si}\cos\alpha_n + 0.72F_r\sin\alpha_n$$

$$= -0.168\times0.94 + 0.72\times0.045\times0.342$$

$$\approx -0.147 \quad (\text{mm})$$

$$T_{Wm} = |E_{Wms} - E_{Wmi}| = 0.057 \quad (\text{mm})$$

公法线跨齿数

$$k = \frac{z}{9} + 0.5 = \frac{32}{9} + 0.5 \approx 4$$

公法线公称值为

$$W_{公称} = m[1.476(2k-1) + 0.014z]$$

$$= 3\times[1.476\times(2\times4-1) + 0.014\times32]$$

$$\approx 32.34 \quad (\text{mm})$$

（4）确定齿坯公差及各表面的粗糙度。查表 8-39 得，孔公差为 IT7，即 $\phi40\text{H7}$

($^{+0.025}_{0}$);顶圆不作为测量齿厚的基准,故公差为 IT11,即 $\phi102h11$ ($^{0}_{-0.220}$);查表 8-40 得,基准的圆跳动公差为 0.018 mm。

参考表 8-41,取孔的表面粗糙度为 $Ra \leqslant 1.25$ μm;端面粗糙度为 $Ra \leqslant 0.5$ μm;齿面粗糙度为 $Ra \leqslant 1.25$ μm;顶圆粗糙度为 $Ra \leqslant 5$ μm。

(5)绘制齿轮工作图。齿轮工作图如图 8-70 所示。不便于直接标注在图上的齿轮基本参数和精度指标等专门列表附于工作图旁(一般列表位于工作图右上角)。

法向模数	m_n	3 mm
齿数	z	32
齿形角	α	20°
螺旋角	β	0°
径向变位系数	x	0
公法线平均长度及其上、下极限偏差	W	$32.34^{-0.090}_{-0.147}$ mm
	跨齿数 k	4
精度等级与齿厚极限偏差代号		8-7-7GK GB 10095—1988
齿轮副中心距及其极限偏差	$\alpha \pm f_\alpha$	288±0.040 5 mm
公差组	检验项目代号	公差或极限偏差值/mm
Ⅰ	F_r	0.045
	F_w	0.040
Ⅱ	f_f	0.011
	f_{pb}	±0.013
Ⅲ	F_β	0.011

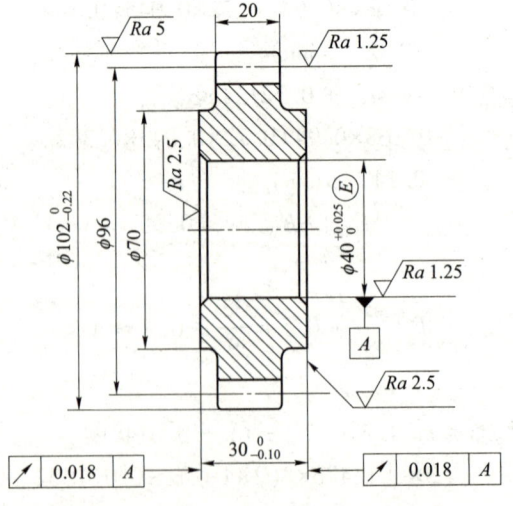

图 8-70 齿轮工作图

8.5 实训项目——典型机械产品质量检测

8.5.1 光切显微镜测量粗糙度轮廓

1. 实训目的

（1）了解光切显微镜测量表面粗糙度的原理和方法。
（2）加深对表面粗糙度评定参数的理解。

2. 实训内容

用光切显微镜测粗糙度轮廓。

3. 实训设备

光切显微镜。

4. 测量步骤

（1）根据被测工件，按附表选择合适的物镜装上。
（2）将被测工件按要求置于工作台的 V 形块上，使其加工痕迹与光带垂直。
（3）粗调：用手托住横臂，松开螺钉，缓慢转动升降螺母，横臂上下移动直到在目镜中观察到绿色光带和表面轮廓不平度的影像，然后将螺钉紧固（要注意防止物镜与工件表面相碰，以免损坏物镜组）。
（4）细调：缓慢而往复转动微调手轮，使目镜中光带轮廓的影像最清楚，并使其位于视场中央。
（5）按要求，在一个取样长度内测出五个最高点（峰）和五个最低点（谷）的数值，然后按公式计算出轮廓最大幅度 Rz 值。
（6）根据计算结果，判断被测工件表面粗糙度的合格性。

8.5.2 表面粗糙度测量仪测量粗糙度轮廓

1. 实训目的

（1）了解表面粗糙度测量仪的主要工作原理和结构。
（2）掌握表面粗糙度测量仪的使用方法。

2. 实训内容

用表面粗糙度测量仪测量粗糙度轮廓。

3. 实训设备

表面粗糙度测量仪。

4. 测量步骤

（1）将传感器、驱动箱和电箱等安放好，选择适当的夹持器，固定在驱动箱的连接轴上，连接各相应线路，经检查无误后打开电源。
（2）安放好被测工件，插好传感器，通过调整滑架的高度来调整传感器的位置，使传感器同被测工件表面平行。

（3）按下电箱前面板上的电源键，其上方的红色指示灯亮，表示电源接通。

（4）按动测量键，这时驱动器拖动传感器进行测量。测量时触针随着被测工件表面的凹凸不平的表面做上下微量移动，并将此运动转换为电感的变化，使振荡电路产生调幅信号，经单片机处理后，将测量结果数显或打印机输出。

（5）根据测量结果作出合格性结论。

8.5.3 正弦规测锥度误差

1. 实训目的

（1）熟悉正弦规的构造和原理。
（2）学会用正弦规测量外锥体的方法。

2. 实训内容

用正弦规测锥度误差测量外锥体的锥度误差。

3. 实训设备

量块、指示表、正弦规。

4. 测量步骤

（1）根据被测件的基本圆锥角 α 和正弦规两圆柱中心距 L，计算出块规组尺寸 h，并将组合块规组。

（2）将组合好的块规组置于平板上，垫在正弦规一圆柱下面，将被测工件放在正弦规的工作面上，指示表装在表架上。

（3）用指示表在距离圆锥两端面约 3 mm 的 a、b 两点的素线最高处各测量三次，记下读数，分别取其平均值后求出 n 值。用钢板尺测量出 a、b 两点的距离 l。

（4）为消除正弦规工作面与切于二圆柱下部母线的平面的平行度误差引起的角度误差，可在正弦规左右两圆柱下各垫块规测量一次，取其平均值作为测量结果。

（5）按公式计算出 $\Delta\alpha$ 值填入实训报告中。

（6）根据被测件公差作出合格性结论。

8.5.4 外螺纹中径测量

1. 实训目的

（1）熟悉外螺纹中径的测量原理。
（2）学会外螺纹中径测量方法。

2. 实训内容

用三针法测量外螺纹中径。

3. 实训设备

杠杆千分尺、量针。

4. 测量步骤

（1）根据被测螺纹的螺距，计算并选择最佳量针直径 $d_{0最佳}$。

(2) 在尺座上安装好杠杆千分尺和三针。

(3) 擦净被测螺纹，校正仪器零位。

(4) 将三针放入螺纹牙槽中，旋转杠杆千分尺的微分筒，使两测量头与三针接触，然后读出 M 尺寸的数值。

(5) 在三个不同的截面互相垂直的两个方向上测出尺寸 M 值，并按平均值用公式计算螺纹中径值，然后作出合格性结论。

8.5.5 工具显微镜测量外螺纹

1. 实训目的

(1) 了解工具显微镜的测量原理及结构特点。

(2) 熟悉用大型工具显微镜测量外螺纹主要参数的方法。

2. 实训内容

用大型工具显微镜测量外螺纹的主要参数。

3. 实训设备

工具显微镜是一种以影像法作测量基础的精密光学仪器，它可以测量精密螺纹的基本参数（大径、中径、螺距、牙型半角等），也可测量轮廓复杂的样板、成型刀具，以及其他各种零件的长度、角度和半径等。

工具显微镜有万能、大型和小型三种。本实训用大型工具显微镜，其外形如图 8-71 所示。

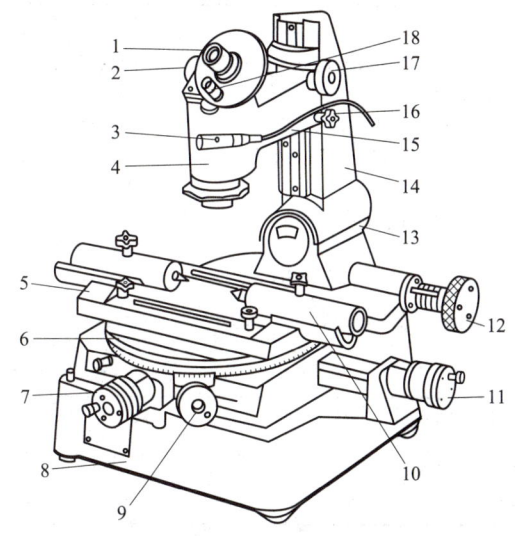

图 8-71 大型工具显微镜

1—目镜；2, 9, 12, 17—手轮；3—反光镜；4—物镜组；
5—顶尖架；6—圆工作台；7, 11—测微螺杆；8—底座；
10—顶尖；13—支座；14—立柱；15—悬臂；
16—螺钉；18—角度目镜

(1) 底座：底座 8 是仪器的基础，用来支撑整个量仪。其上装有固定导轨和工作台。

(2) 工作台：用来放置被测工件，工作台的测微螺杆 11 和 7 分别用来移动和读出纵向和横向移动的距离，测微计测量范围为 0~25 mm，分度值为 0.01 mm。为了扩大测量范围，在滑板和测微杆之间可加上不同的量块，纵向可增大至 150 mm，横向可增大至 50 mm。手轮 9 可使工作台在水平面内旋转 360°，其转过的角度可由工作台的圆周刻度及固定游标读出，分度值为 3′。在圆工作台中央装有透明载物台。顶尖架 5 可安装被测工件。

(3) 显微镜系统：用来把被测工件的轮廓放大成像，用目镜 1 瞄准，用角度目镜 18 读取角度值。

(4) 立柱：用来安装显微镜筒等光学部件。旋转手轮 17 使悬臂 15 沿立柱上下移动，进行显微镜的粗调焦。手轮 12 可使立柱绕轴心左右倾斜，倾斜角度为 ±12°。

4. 测量步骤

（1）擦净仪器及被测螺纹，将被测工件安装在两顶尖之间，拧紧顶尖的固定螺钉（要当心工件掉下砸坏玻璃工作台），同时检查工作台圆周刻度是否对准零位。

（2）接通电源，然后用调焦筒（仪器专用附件），调节主光源，旋转主光源外罩上的三个固紧螺钉，直至灯丝位于光轴中央且成像清晰。

（3）根据被测螺纹尺寸，从仪器说明书上（见表8-42）查出适宜的光阑直径，然后调好光阑的大小。

表 8-42　光阑直径（牙型角 $\alpha = 60°$）　　　　　　　　　　　mm

螺纹中径 d_2	10	12	14	16	18	20	25	30
光阑直径	11.9	11	10.4	10	9.5	9.3	8.6	8.1

（4）旋转手轮12，按被测螺纹的螺旋升角 φ，调整立柱14的倾斜度，见表8-43。其计算公式如下

$$\tan\varphi = \frac{np}{\pi d_2}$$

式中　P——螺距；

d_2——中径理论值；

n——螺纹头数。

表 8-43　立柱倾斜角度 φ（牙型角 $\alpha = 60°$）

螺纹外径 d/mm	10	12	14	16	18	20	24	27	30
螺距 p/mm	1.5	1.75	2	2	2.5	2.5	3	3	3.5
立柱倾斜角 φ	3°01′	2°56′	2°52′	2°29′	2°47′	2°27′	2°27′	2°10′	2°17′

（5）调整目镜1，转动目镜视度调节环，使视场中的米字刻线和度值、分值刻线清晰。松开螺钉16，旋转手轮17，调整量仪的焦距，使被测量轮廓影像清晰，然后旋紧螺钉16。

（6）测量螺纹主要参数。

① 测量单一中径。螺纹单一中径是指螺纹牙型沟槽等于基本螺距一半处的直径。测量时先移动显微镜和被测螺纹，使被测牙型的影像进入视场，将目镜中米字线的交点瞄准在牙型一侧大约1/2高处，不使工作台有横向移动，记下纵向测微计读数，再将纵向滑板移动到螺纹牙型的另一侧相应点瞄准，记下纵向千分尺的第二次读数，两次读数差即为螺纹牙型实际宽度，若此宽度不等于基本牙型的一半，则稍微移动横向滑板，然后再按上述程序测出沟槽宽度，如此反复找正，直到该牙型沟槽宽度等于基本螺距的1/2为止。此时记下横向测微计的第一次读数。

将立柱反方向倾斜一个同样的角度，移动横向滑板到相对的另一边，依照上述方法，找到牙型沟槽宽度等于基本螺距的1/2处，记下横向千分尺第二次读数。两次读数之差，即为螺纹单一中径。

为了减少安装时被测螺纹轴线方向与横向滑板轴线不垂直引起的误差，须测出 $d_{2左}$ 和 $d_{2右}$，取两次测量结果的平均值作为实际中径，如图8-72所示。

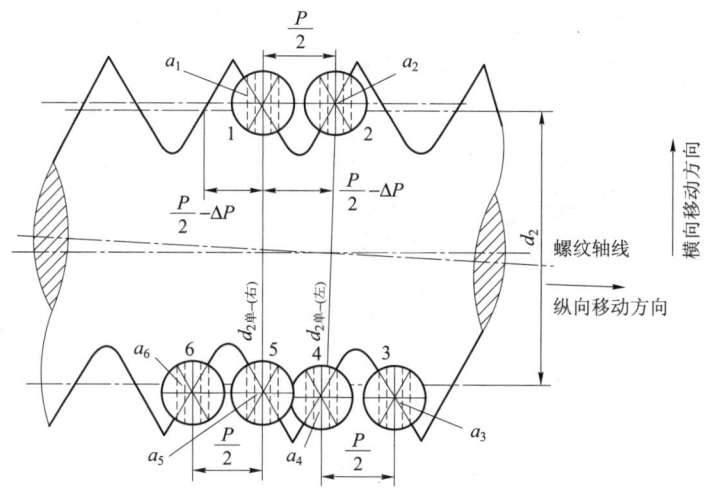

图 8-72 测量螺纹中径

② 测量螺距。螺距 P 是指相邻同侧牙面在中径线上的轴向距离。

测量时转动纵、横向千分尺,移动工作台,利用目镜中的中央虚线与螺纹牙型影像的一侧瞄准,记下纵向千分尺的第一次读数。然后移动工作台,使牙型移动 n 个螺距长度,用目镜中的中央虚线对同侧牙型影像瞄准,记下纵向千分尺第二次读数,两次读数之差的绝对值除以移动的螺距数 n,即为螺距的实际长度。为减少由于牙型半角误差致使被测部位不同所造成的误差,应将米字刻线的中心选在牙型影像的中径线上。

为了减少安装时被测螺纹轴线与纵向滑板移动轴线不平行所造成的误差,应在牙型的左右两侧各测量一次,取两次测得螺距的算术平均值为实际螺距,如图 8-73 所示。

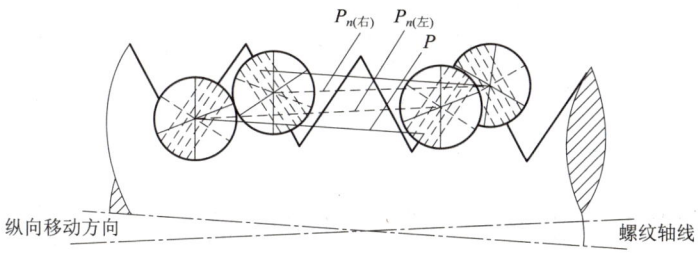

图 8-73 测量螺纹螺距

③ 测量牙型半角。螺纹牙型半角 $\dfrac{\alpha}{2}$ 是指在螺纹牙型上牙侧与螺纹轴线的垂直线间的夹角。

测量时,首先将目镜视场中米字线的横虚线与螺纹牙型影像的顶部相切,此时中心虚线与螺纹轴线垂直,角度目镜中读数为 0°0′,如图 8-74(a)所示。旋转手轮 2,使米字线中央虚线与螺纹牙型左侧相切,即可在角度目镜中读出该牙型半角的数值,如图 8-74(b)所示。

左半角数值为

$$\frac{\alpha}{2}_{左} = 360° - 329°13' = 30°47'$$

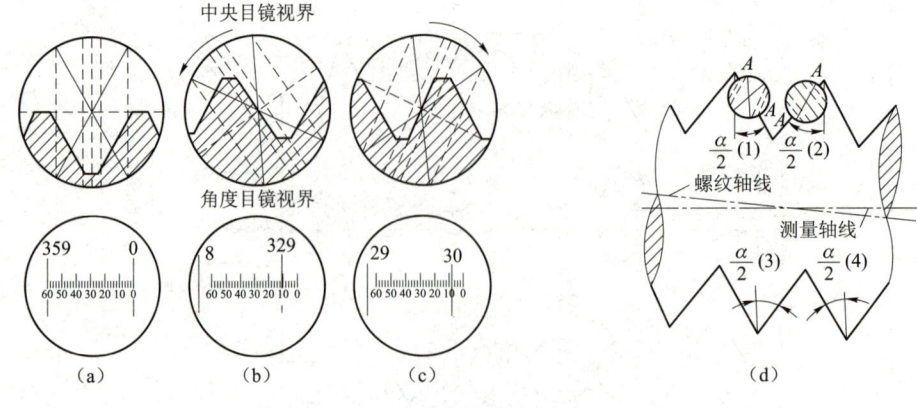

图 8-74 测量牙型半角

考虑螺纹的螺旋线关系，测量牙型另一半角时同样要将立柱向相反方向转过一个相同的螺旋升角 φ。用同样的方法使米字线中央虚线与螺纹牙型右侧相切，角度目镜中的牙型半角数值如图 8-74（c）所示。

右半角的数值为

$$\frac{\alpha}{2}_{右} = 30°08'$$

为了减少由于螺纹轴线和安装轴线不平行引起的误差，还要在螺纹牙型上部和下部分别测量出 $\frac{\alpha}{2}$（1）、$\frac{\alpha}{2}$（2）、$\frac{\alpha}{2}$（3）、$\frac{\alpha}{2}$（4），如图 8-74（d）所示，并按下述方法处理

$$\frac{\alpha}{2}_{左} = \frac{\frac{\alpha}{2}(1) + \frac{\alpha}{2}(4)}{2}$$

$$\frac{\alpha}{2}_{右} = \frac{\frac{\alpha}{2}(2) + \frac{\alpha}{2}(3)}{2}$$

测出左右牙型半角后，与基本牙型半角进行比较，得出牙型半角的偏差。

$$\Delta \frac{\alpha}{2}_{左} = \frac{\alpha}{2}_{左} - \frac{\alpha}{2}$$

$$\Delta \frac{\alpha}{2}_{右} = \frac{\alpha}{2}_{右} - \frac{\alpha}{2}$$

8.5.6 齿距偏差与齿距累积误差的测量

1. 实训目的

（1）加深理解齿距偏差和齿距累积误差的定义。

（2）熟悉测量齿轮齿距偏差和齿距累积误差的方法。

2. 实训内容

用齿距检查仪测量齿距偏差与齿距累积误差。

3. 实训设备

齿距检查仪是用相对法测量齿轮的齿距偏差和齿距累积误差的常用测量器具。其结构如图 8-75 所示。仪器的分度值为 0.001 mm，测量范围为 2~15 m（模数）。用于测量精度等级为 7~11 级的齿轮。

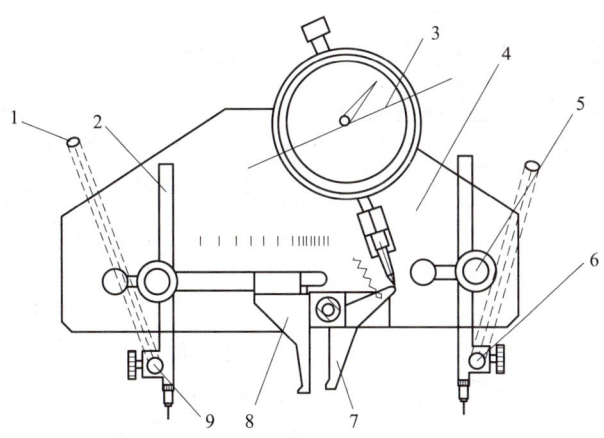

图 8-75 齿距检查仪

1—支架；2—定位爪；3—指示表；4—底板；5—固定螺钉；
6，9—紧固螺钉；7—活动量爪；8—固定量爪

活动量爪 7 通过杠杆臂将测量位移传递至指示表 3，根据被测齿轮模数，可将固定量爪 8 沿底板 4 的导槽调整到相应位置并固定，定位爪 2 可以在底板导槽内移动和固定，用来以齿根圆或齿顶圆表面定位。支架 1 除可用作仪器座架外，反转 180°可兼作轴向定位用。支架和定位爪均借助固定螺钉 5 固紧。

4. 测量步骤

（1）根据被测齿轮参数，将固定量爪调整到相应的位置。

（2）调整定位测头的位置，以齿顶圆为基准，使测量爪在齿轮分度圆附近与两相邻同侧齿面接触。

（3）调整指示表位置，使其有 1~2 圈的压缩量。为读数方便可将指示表调零（也可以是任意值）。使测爪稍微离开齿轮后，再重新使它们接触，以检查指示表示值的稳定性。

（4）按顺序逐齿测量各相邻齿距偏差，记下读数，填入实训报告中。

（5）用计算法求出齿距偏差和齿距累积误差值，根据被测齿轮精度作出合格性结论。

8.5.7 齿轮齿圈径向跳动的测量

1. 实训目的

（1）熟悉齿轮齿圈径向跳动的测量方法。
（2）了解齿圈径向跳动对齿轮传动运动的影响。

2. 实训内容

用齿圈径向跳动检查仪测量齿轮齿圈径向跳动。

3. 实训设备

齿圈径向跳动可用齿轮径向跳动检查仪、普通偏摆检查仪或万能测齿仪等仪器测量。本实训采用齿圈径向跳动检查仪进行测量，图 8-76 所示为仪器的外形图。

4. 测量步骤

（1）根据被测齿轮模数，选择适当的球形测头装在指示表的测量杆下端。

（2）将测量心轴装入被测齿轮的基准孔内，再将心轴连同齿轮一起装在仪器的两顶尖之间，拧紧顶尖座锁紧手轮 5 和顶尖锁紧手柄 6。

（3）旋转纵向移动手轮 3，则滑板 2 纵向移动，使球形测头位于齿宽中部。旋转升降螺母 7，使支承其上的指示表架下降，直至测头伸入齿槽内且与齿面接触。

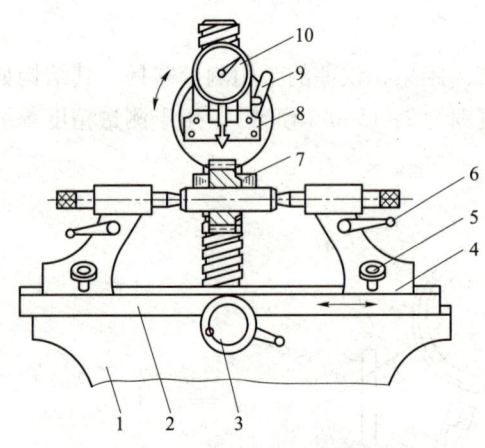

图 8-76 齿圈径向跳动检查仪

1—底座；2—滑板；3—纵向移动手轮；4—顶尖座；
5—顶尖座锁紧手轮；6—顶尖锁紧手柄；
7—升降螺母；8—指示表架；
9—指示表提升手柄；10—指示表

（4）调整指示表 10，使其指针压缩 1~2 圈，然后将指示表架背后的紧固旋钮锁紧。

（5）逐齿测量一周，记下每一齿指示表的读数。

（6）将测得值中最大值与最小值之差作为被测齿轮的齿圈径向跳动误差 ΔF_r，与其公差 F_r 比较，并作出合格性结论。

8.5.8 齿轮公法线的测量

1. 实训目的

（1）掌握测量公法线长度的方法。

（2）加深理解齿轮公法线平均长度偏差和公法线长度变动量的定义。

2. 实训内容

用公法线千分尺测量齿轮公法线平均长度偏差和公法线长度变动量。

3. 实训设备

公法线千分尺和普通外径千分尺的构造和原理基本相同，不同之处是把量砧制成碟形，便于测量时测量面能与被测齿面相接触，如图 8-77 所示。

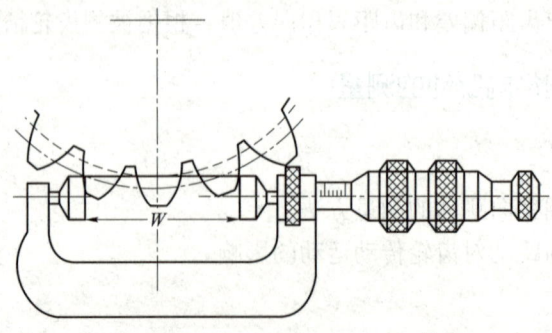

图 8-77 公法线千分尺

公法线千分尺的分度值为 0.01 mm，测量范围根据被测齿轮的参数进行选择。

4. 测量步骤

（1）查表或计算出 n 和 W 值。

（2）校对公法线百分尺零点，按跨齿数 n 沿齿圈均匀分布测量 6 个公法线长度值，将结果填入实训报告中。

（3）根据测得值计算出 ΔF_w 和 ΔE_{wm} 值，与公差值进行比较，并作出合格性结论。

8.5.9 齿轮齿厚偏差的测量

1. 实训目的

（1）加深理解齿厚偏差的定义。

（2）掌握测量齿轮齿厚的方法。

2. 实训内容

用齿轮游标卡尺测量齿厚偏差。

3. 实训设备

齿厚偏差测量用齿轮游标卡尺测量，其原理与读数方法与普通游标卡尺相同。如图 8-78 所示是齿轮游标卡尺，它由两套互相垂直的游标卡尺组成。垂直游标卡尺用于控制测量部位（分度圆的弦齿高）h_f。水平游标卡尺用于测量分度圆弦齿厚 S_f 的实际值。其原理和读数方法与普通游标卡尺相同。

仪器的测量范围为 1~26 m（以齿轮模数表示），分度为 0.02 mm。

4. 测量步骤

（1）用游标卡尺测量齿顶圆的实际直径。

（2）计算分度圆处弦齿高 h_f 和弦齿厚 S_f 的公称值（也可从有关表格查出）。

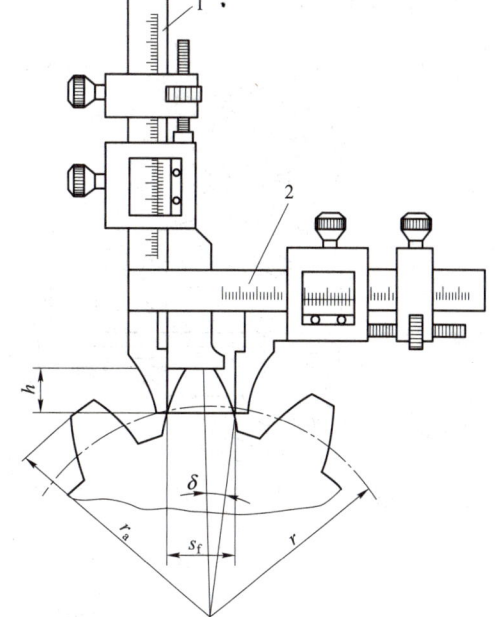

图 8-78 齿轮游标卡尺

1—垂直游标卡尺；2—水平游标卡尺

（3）求出垂直游标卡尺的实际调整值 h'，并将垂直游标卡尺按此值调整好。

（4）将齿轮游标卡尺置于齿轮上，使齿轮游标尺的垂直尺与齿顶圆正中相接触（用光隙法找正），然后移动水平游标尺测出分度圆齿厚实际值 $h_{f(实际)}$。

（5）分别在齿圈上每隔 90°测量一个齿，将结果填入报告中。

（6）按齿轮图样标注的公差要求，作出被测量齿轮的合格性结论。

8.5.10 齿轮基节偏差的测量

1. 实训目的

（1）了解基节偏差的概念及其对齿轮传递运动的影响。

(2) 熟悉齿轮基节仪的测量方法。

2. 实训内容

用齿轮基节检查仪测量齿轮基节偏差。

3. 实训设备

本实训所用仪器为齿轮基节检查仪，适用于直、斜齿外啮合圆柱齿轮基节偏差的测量。仪器的测量范围为 2~16 m（模数），分度值为 0.001 mm。

图 8-79（a）为齿轮基节仪的结构图，它由活动量爪 5、固定量爪 7 和定位支脚 6 等组成。活动量爪 5 的微小位移可以将误差放大传递到指示表 1。转动旋钮 3 可以使固定量爪 7 沿量仪导轨移动，以适应不同模数被测齿轮的测量。固定量爪 7 的位置调整好后，用螺钉 2 将它固紧在导轨上。转动旋钮 4 可使定位支脚 6 移动。测量时定位支脚 6 与异侧齿面接触，用来辅助定位。活动量爪 5 与固定量爪 7 分别与相邻两个同侧齿面相切，实际齿距由这两个量爪之间的距离确定。

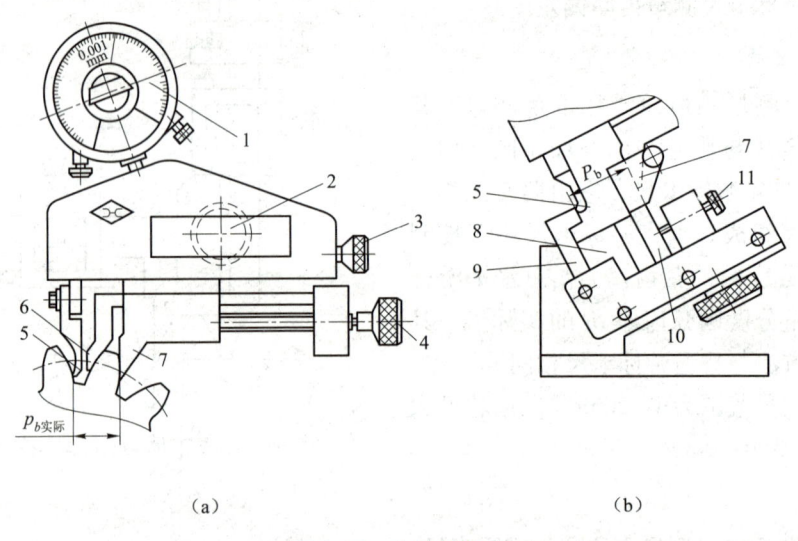

（a） （b）

图 8-79　齿轮基节仪

(a) 基节仪；(b) 示值零位调整器

1—指示表；2—定位量爪锁紧螺钉；3—固定量爪调节旋钮；4—定位支架调节旋钮；5—活动量爪；
6—定位支脚；7—固定量爪；8—量块组；9—T 形脚；10—Y 形脚；11—螺钉

4. 测量步骤

(1) 根据被测齿轮模数，算出公称基节尺寸，选择合适的量块组。

(2) 将量块组两面分别研上校对块，将其放在块规座内。

(3) 按说明调整仪器的零位，反复摆动量仪数次以检查零位的稳定性。

(4) 沿圆周均布测量 5 个齿的左右两个齿面，将结果填入实训报告中。

(5) 根据被测零件公差，作出合格性结论。

8.5.11 齿形误差的测量

1. 实训目的

（1）了解渐开线检查仪的结构、原理及其使用方法。
（2）加深对齿形误差的理解。

2. 实训内容

测量齿形误差的渐开线检查仪有多种型号，本实训采用单盘式渐开线检查仪进行测量。图 8-80 是其仪器外形图。单盘式渐开线检查仪是通过更换基圆盘的方法获得不同规格的理论渐开线，因此在测量某一齿轮的齿形误差时必须有一个与此相对应的基圆盘，使测量不够方便。但由于这类仪器结构简单，尺寸链短，能够达到很高的测量精度。所以被广泛地应用于生产实践中。

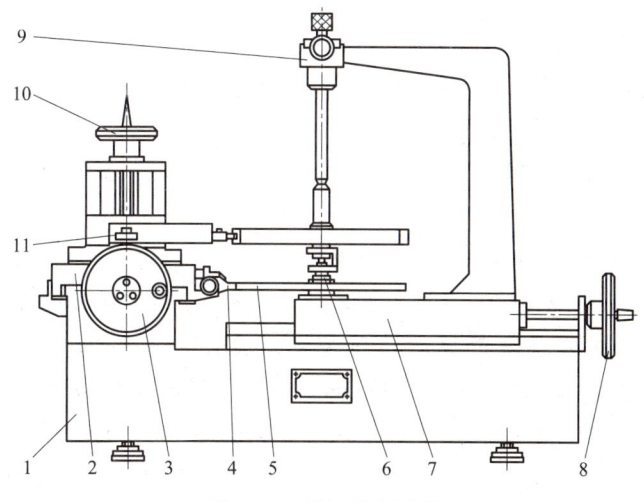

图 8-80 渐开线检查仪

1—底座；2—横滑架；3—横向手轮；4—直尺；5—基圆盘；6—轴系；
7—纵滑架；8—纵向手轮；9—立柱；10—手轮；11—测量系统

在仪器底座上有纵滑架 7 和横滑架 2，通过横向手轮 3 可使横滑架 2 移动，安装在横滑架 2 上的直尺 4 及测量系统 11 也一起作切向移动。在纵滑架 7 上安装着立柱 9 及轴系 6，由纵向手轮 8 可使纵向滑架移动，并使基圆盘 5 和直尺 4 接触。

3. 实训设备

用渐开线检查仪测量齿形误差。

4. 测量步骤

（1）确定齿形测量范围。

齿形只须测量它的工作部分，对于不同参数的齿轮，量仪以展开长度或展开角度来确定齿轮的测量范围（可通过有关手册查找）。

（2）转动横向手轮 3，使横滑架 2 移动，将横向游标尺调至零位。

（3）转动纵向手轮 8，使纵滑架 7 移动，当基圆盘与直尺刚刚接触时，记下纵向手轮的位置，然后再继续转动纵向手轮半圈，此时即工作时的压紧力，以保证直尺与基圆盘之间在工作时做纯滚动。

（4）慢慢移动横向手轮，在齿形工作部分的展开长度内进行测量（从游标尺上显示）。整个测量过程中，指示表的最大读数与最小读数之差即为这一齿的齿形误差 Δf_f。

习题八

8-1　圆锥结合有哪些优点？对圆锥配合有哪些基本要求？

8-2　某圆锥最大直径为 100 mm，最小直径为 90 mm，圆锥长度为 100 mm，试确定圆锥角、锥度。

8-3　国家标准规定了哪几项圆锥公差？对于某一圆锥工件，是否需要将几个公差项目全部标出？

8-4　圆锥公差有哪几种给定方法？如何标注？

8-5　有一外圆锥，最大直径 $D=200$ mm，圆锥长度 $L=400$ mm，圆锥直径公差等级为 IT8 级，求直径公差所能限定的最大圆锥角误差 $\Delta\alpha_{\max}$？

8-6　用圆锥塞规检验内圆锥时，根据接触点的分布情况，如何判断圆锥角偏差是正值还是负值？

8-7　C620-1 车床尾座顶针套与顶针结合采用莫氏 4 号锥度，顶针的基本圆锥长度 $L=118$ mm，圆锥角公差为 AT8，试查表确定其基本圆锥角 α，锥度 C 和圆锥角公差的数值。

8-8　用正弦规测量圆锥量规的锥角偏差，圆锥量规的锥角公称值为 2°52′31.4″（2.875 402°）。正弦规两圆柱中心距为 100 mm，两侧点间距离为 70 mm，两测点的读数差为 17.5 mm。试求量块的计算高度及锥角偏差，若锥角极限偏差为 ±315 μrad，此项偏差是否合格？

8-9　为什么说用正弦尺测量锥角属于间接测量？

8-10　平键连接中，键宽与键槽宽的配合采用的是哪种基准制？为什么？

8-11　平键连接的配合种类有哪些？它们分别应用于什么场合？

8-12　在平键连接中，为什么要限制键和键槽的对称度误差？

8-13　某减速器传递一般扭矩，其中某一齿轮与轴之间通过平键连接来传递扭矩。已知键宽 $b=8$ mm，试确定键连接的配合代号，查出其极限偏差值，并作出公差带图。

8-14　国家标准规定矩形花键采用什么的定心方式？为什么？

8-15　某矩形花键连接的标记代号为：$6\times26\ \dfrac{H7}{g7}\times30\ \dfrac{H10}{a11}\times6\ \dfrac{H11}{f9}$，试确定内、外花键的极限尺寸，并将其尺寸公差分别标注在内、外花键的图上。

8-16　在成批大量生产中，花键的尺寸位置公差是如何检测的？

8-17　用三针法测量螺纹中径时，有哪些测量误差？

8-18　用三针法测量螺纹中径属于哪一种测量方法？为什么要选择最佳量针直径？

8-19　为什么用工具显微镜测量螺纹时，立柱要倾斜一个相应的角度？

8-20　用工具显微镜测量外螺纹主要参数时，为什么要在左右两侧面分别测取数据，然后取它们的平均值作为测量结果?

8-21　某通用减速器有一带孔的直齿圆柱齿轮,已知:模数 $m_n = 3$ mm,齿数 $z = 32$,中心距 $a = 288$ mm,孔径 $D = 40$ mm,齿形角 $\alpha = 20°$,齿宽 $b = 20$ mm,其传递的最大功率 $P = 7.5$ kW,转速 $n = 1\,280$ r/min,齿轮的材料为 45 号钢,其线膨胀系数 $\alpha_1 = 11.5 \times 10^{-6}$ ℃$^{-1}$;减速器箱体的材料为铸铁,其线膨胀系数 $\alpha_2 = 10.5 \times 10^{-6}$ ℃$^{-1}$;齿轮的工作温度 $t_1 = 60$ ℃,减速器箱体的工作温度 $t_2 = 40$ ℃,该减速器为小批量生产。试确定齿轮的精度等级、有关侧隙的指标、齿坯公差和表面粗糙度。

8-22　已知直齿圆柱齿轮副,模数 $m_n = 5$ mm,齿形角 $\alpha = 20°$,齿数 $z_1 = 20$,$z_2 = 100$,内孔 $d_1 = 25$ mm,$d_2 = 80$ mm,图样标注为 6 GB/T 10095.1—2008 和 6 GB/T 10095.2—2008。

(1) 试确定两齿轮 f_{pt}、F_P、F_α、F_β、F_i''、f_i''、F_r 的允许值。

(2) 试确定两齿轮内孔和齿顶圆的尺寸公差、齿顶圆的径向圆跳动公差以及端面跳动公差。

8-23　齿距偏差和齿距累积误差的区别是什么?各是什么原因造成的?

8-24　齿圈径向跳动主要影响齿轮传动的哪一方面性能,是什么原因造成的?

8-25　测量公法线时,两测量头与齿面哪个部位相切最合理?为什么?

8-26　齿厚极限偏差和公法线平均长度极限偏差有何关系?

8-27　ΔF_w 和 ΔE_{wm} 值各影响齿轮哪一方面的性能?各是什么原因造成的?

8-28　为什么说基节偏差主要影响齿轮传动的平稳性?

8-29　基节偏差主要是什么原因造成的?

8-30　齿形误差对齿轮传动的使用有何影响?

第 9 章

专用量具检测设计

9.1 光滑极限量规概述

检验光滑工件尺寸时,可用通用测量器具,也可使用极限量规。通用测量器具可以有具体的指示值,能直接测量出工件的尺寸,而光滑极限量规是一种没有刻线的专用量具,它不能确定工件的实际尺寸,只能判断工件合格与否。因量规结构简单,制造容易,使用方便,并且可以保证工件在生产中的互换性,因此广泛应用于成批大量生产中。光滑极限量规的标准是 GB/T 1957—2006。

光滑极限量规有塞规和卡规之分,无论塞规和卡规都有通规和止规,且它们成对使用。塞规是孔用极限量规,它的通规是根据孔的下极限尺寸确定的,作用是防止孔的作用尺寸小于孔的下极限尺寸;止规是按孔的上极限尺寸设计的,作用是防止孔的实际尺寸大于孔的上极限尺寸,如图 9-1 所示。

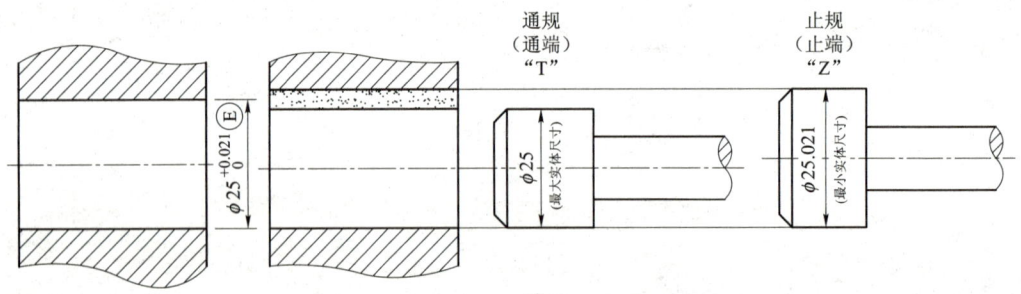

图 9-1 塞规检验孔

卡规是轴用量规,它的通规是按轴的上极限尺寸设计的,其作用是防止轴的作用尺寸大于轴的上极限尺寸;止规是按轴的下极限尺寸设计的,其作用是防止轴的实际尺寸小于轴的下极限尺寸,如图 9-2 所示。

量规按用途可分为以下三类:

(1) 工作量规。工作量规是工人在生产过程中检验工件用的量规,它的通规和止规分别用代号 "T" 和 "Z" 表示。通常使用新的或者磨损较少的量规作为工作量规。

(2) 验收量规。验收量规是检验部门或用户代表验收产品时使用的量规。验收量规不需要另行制造,一般选择磨损较多或者接近其磨损极限的工作量规作为验收量规。

(3) 校对量规。校对量规是校对轴用工作量规的量规,以检验其是否符合制造公差和在

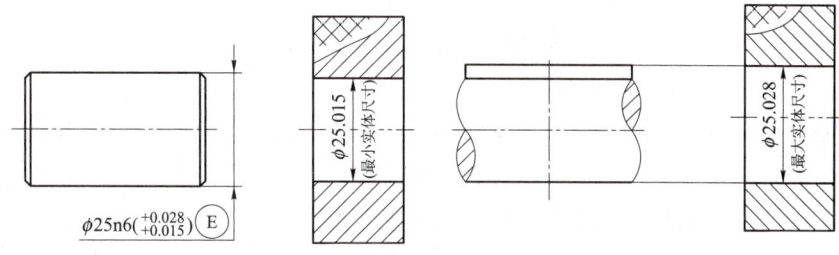

图 9-2 环规检验轴

使用中是否达到磨损极限。由于孔用工作量规使用通用计量器具检验，所以不需要校对量规。

9.2 量规设计

9.2.1 极限尺寸判断原则（泰勒原则）

单一要素的孔和轴遵守包容要求时，要求其被测要素的实体处处不得超越最大实体边界，而实际要素局部实际尺寸不得超越最小实体尺寸，从检验角度出发，在国家标准"极限与配合"中规定了极限尺寸判断原则，它是光滑极限量规设计的重要依据，阐述如下：

孔或轴的体外作用尺寸不允许超过最大实体尺寸，即对于孔，其体外作用尺寸应不小于下极限尺寸；对于轴，其体外作用尺寸不大于上极限尺寸。

任何位置上的实际尺寸不允许超过最小实体尺寸，即对于孔，其实际尺寸不大于上极限尺寸；对于轴，其实际尺寸不小于下极限尺寸。

显而易见，作用尺寸由最大实体尺寸控制，而实际尺寸由最小实体尺寸控制，光滑极限量规的设计应遵循这一原则。量规设计时，以被检验零件的极限尺寸作为量规的公称尺寸。

9.2.2 量规公差带设计

1. 工作量规

1）量规制造公差

量规的制造精度比工件高得多，但量规在制造过程中，不可避免会产生误差，因而对量规规定了制造公差。通规在检验零件时，要经常通过被检验零件，其工作表面会逐渐磨损以至报废。为了使通规有一个合理的使用寿命，还必须留有适当的磨损量。因此通规公差由制造公差（T）和磨损公差两部分组成。

止规由于不经常通过零件，磨损极少，所以只规定了制造公差。

图 9-3 所示为光滑极限量规公差带图。标准规定量规的公差带不得超越工件的公差带。

通规尺寸公差带的中心到工件最大实体尺寸之间

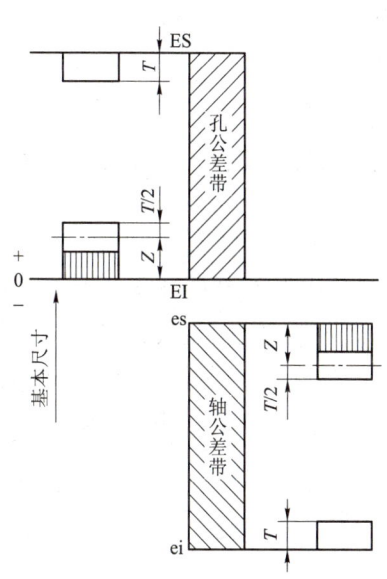

图 9-3 光滑极限量规公差带图

的距离 Z（称为公差带位置要素）体现了通规的平均使用寿命。通规在使用过程中会逐渐磨损，所以在设计时应留出适当的磨损储量，其允许磨损量以工件的最大实体尺寸为极限；止规的制造公差带是从工件的最小实体尺寸算起，分布在尺寸公差带之内。

制造公差 T 和通规公差带位置要素 Z 是综合考虑了量规的制造工艺水平和一定的使用寿命，按工件的公称尺寸、公差等级给出的。由图 9-3 可知，量规公差 T 和位置要素 Z 的数值大，对工件的加工不利；T 值越小则量规制造困难，Z 值越小则量规使用寿命短。因此根据我国目前量规制造的工艺水平，合理规定了量规公差，具体数值见表 9-1。

国家标准规定的工作量规的形状和位置误差，应在工作量规制造公差范围内，其几何公差为量规尺寸公差的 50%，考虑到制造和测量的困难，当量规制造公差≤0.002 mm 时，其形状位置公差为 0.001 mm。

表 9-1 是 IT6～IT14 级工作量规制造公差和位置要素值。

表 9-1 IT6～IT14 级工作量规制造公差和位置要素值（摘录）

工件公称尺寸 D /mm	IT6/μm			IT7/μm			IT8/μm			IT9/μm			IT10/μm		
	IT6	T	Z	IT7	T	Z	IT8	T	Z	IT9	T	Z	IT10	T	Z
~3	6	1	1	10	1.2	1.6	14	1.6	2	25	2	3	40	2.4	4
>3~6	8	1.2	1.4	12	1.4	2	18	2	2.6	60	2.4	4	48	3	5
>6~10	9	1.4	1.6	15	1.8	2.4	22	2.4	3.2	36	2.8	5	58	3.6	6
>10~18	11	1.6	2	18	2	2.8	27	2.8	4	43	3.4	6	70	4	8
>18~30	13	2	2.4	20	2.4	3.4	33	3.4	5	52	4	7	84	5	9
>30~50	16	2.4	2.8	25	3	4	39	4	6	62	5	8	100	6	11
>50~80	19	2.8	3.4	60	3.6	4.6	46	4.6	7	74	6	9	120	7	13
>80~120	22	3.2	3.8	35	4.2	5.4	54	5.4	8	87	7	10	140	8	15
>120~180	25	3.8	4.4	40	4.8	6	63	6	9	100	8	12	160	9	18
>180~250	29	4.4	5	46	5.4	7	72	7	10	115	9	14	185	10	20
>250~315	32	4.8	5.6	52	6	8	81	8	11	130	10	16	320	12	22
>315~400	36	5.4	6.2	57	7	9	89	9	12	140	11	18	230	14	25
>400~500	40	6	7	63	8	10	97	10	14	155	12	20	250	16	28

2）量规极限偏差的计算

量规极限偏差的计算步骤如下。

（1）确定工件的公称尺寸及极限偏差；

（2）根据工件的公称尺寸及极限偏差确定工作量规制造公差 T 和位置要素值 Z；

（3）计算工作量规的极限偏差，如表 9-2 所示。

表 9-2 工作量规极限偏差的计算

偏　差	检验孔的量规	检验轴的量规
通端上极限偏差	$T_s = \text{EI} + Z + \dfrac{T}{2}$	$T_{sd} = \text{es} - Z + \dfrac{T}{2}$

续表

偏　　差	检验孔的量规	检验轴的量规
通端下极限偏差	$T_i = EI + Z - \dfrac{T}{2}$	$T_{id} = es - Z - \dfrac{T}{2}$
止端上极限偏差	$Z_s = ES$	$Z_{sd} = ei + T$
止端下极限偏差	$Z_i = ES - T$	$Z_{id} = ei$

2. 验收量规

在光滑极限量规国家标准中，没有单独规定验收量规公差带，但规定了检验部门应使用磨损较多的通规，用户代表应使用接近工件最大实体尺寸的通规，以及接近工件最小实体尺寸的止规。

3. 校对量规公差

校对量规的尺寸公差带完全位于被校对量规的制造公差和磨损极限内；校对量规的尺寸公差等于被校对量规尺寸公差的一半，形状误差应控制在其尺寸公差带内。

9.2.3　量规结构

进行量规设计时，应明确量规设计原则，合理选择量规的结构，然后根据被测工件的尺寸公差带计算出量规的极限偏差并绘制量规的公差带图及量规的零件图。

光滑极限量规的设计应符合极限尺寸判断原则（泰勒原则），根据这一原则，通规应设计成全形的，即其测量面应具有与被测孔或轴相应的完整表面，其尺寸应等于被测孔或轴的最大实体尺寸，其长度应与被测孔或轴的配合长度一致，止规应设计成两点式的，其尺寸应等于被测孔或轴的最小实体尺寸。

通规和止规的形状对检验的影响如图 9-4 和图 9-5 所示。图 9-4 所示为用通规检验轴的示例，轴的作用尺寸已经超过最大实体尺寸，为不合格件，通规应不通过，检验结果才是正确的，但是不全形的通规却能通过，造成误判。止规形状不同对检验结果的影响如图 9-5 所示，轴在竖直方向的实际尺寸已经超出最小实体尺寸（轴的下极限尺寸），正确的检验情

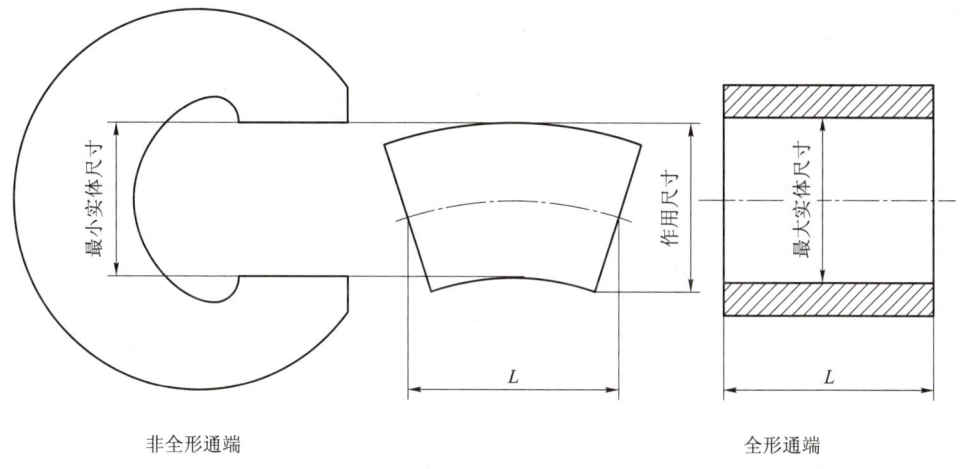

图 9-4　通规形状对检验的影响

况是：止规在该位置上通过，从而判断出该轴不合格。但用全形止规检验时，因其他部位的阻挡，却通不过该轴，造成误判。所以符合极限尺寸判断原则的通规，其结构形式为全形规，而止规的结构则应为点状，即非全形规。

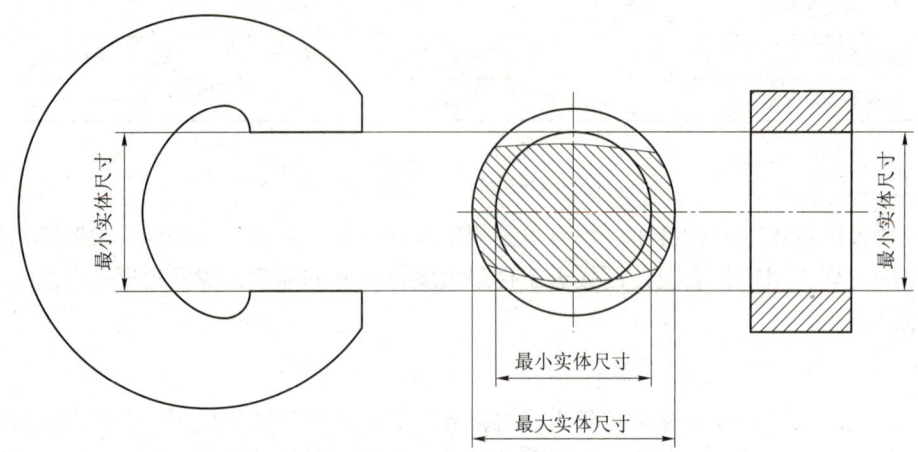

图 9-5　止规形状对检验的影响

但在实际应用中，极限量规常偏离上述原则。例如：为了用已标准化的量规，允许通规的长度小于结合面的全长；对于尺寸大于 100 mm 的孔，用全形塞规通规很笨重，不便使用，允许用不全形塞规；环规通规不能检验正在顶尖上加工的工件及曲轴，允许用卡规代替；对于止规，由于测量时点接触易于磨损，故止规不得不以小平面、圆柱面或者球面代替；检验小孔的塞规止规，为了便于制造和增加刚度常用全形塞规；检验薄壁工件时，为了防止两点状止规造成工件变形，也采用全形止规。

必须指出，只有在保证被检验工件的形状误差不致影响配合性质的前提下，才允许使用偏离极限尺寸判断原则的量规。为了尽量避免在使用中因偏离泰勒原则检验时造成的误差，操作时一定要注意。例如，使用非全形的通端塞规时，应在被检验孔的全长上沿圆周的几个位置上检验；使用卡规时，应在被检验轴的配合长度内的几个部位，并围绕被检验轴圆周的几个位置上检验。

检验光滑工件的光滑极限量规形式很多，具体选择时可参照国标推荐，如图 9-6 所示。图中推荐了不同尺寸范围的不同量规形式，左边纵向的"1""2"表示推荐顺序，推荐优先

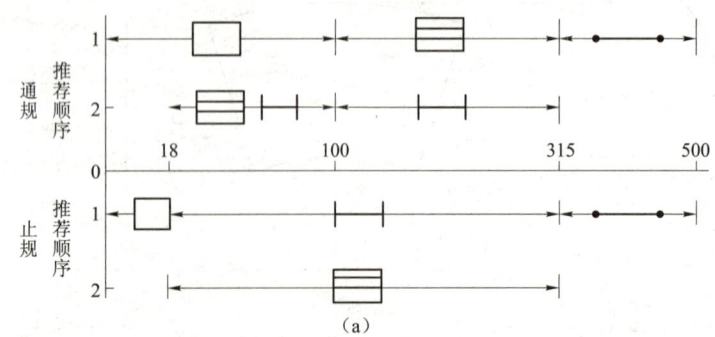

(a)

图 9-6　量规形式及应用尺寸范围

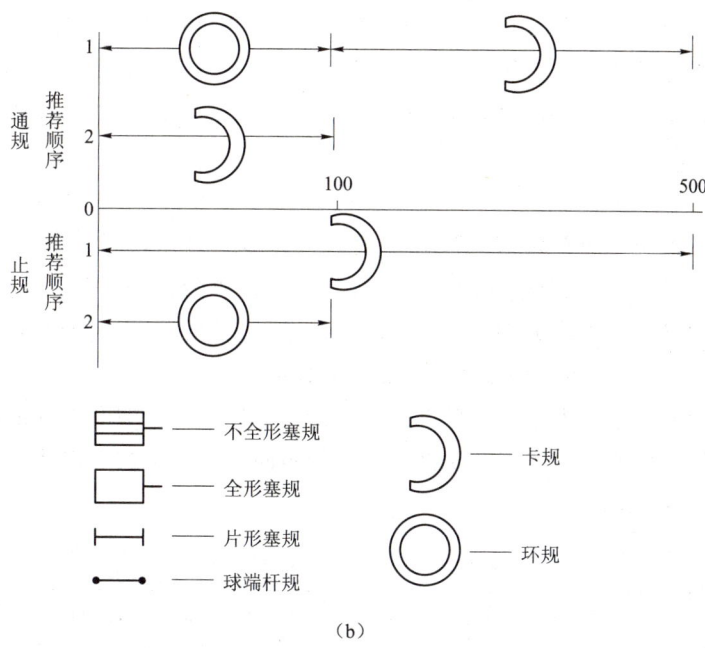

图 9-6　量规形式及应用尺寸范围（续）
(a) 孔用量规形式和应用尺寸范围；(b) 轴用量规形式和应用尺寸范围

用"1"行。零线上为通规，零线下为止规。图 9-7 给出了几种常用的轴用、孔用量规的结构形式，供设计时使用，图 9-7 (a) 为轴用量规，图 9-7 (b)、图 9-7 (c)、图 9-7 (d) 为非全形孔用量规。

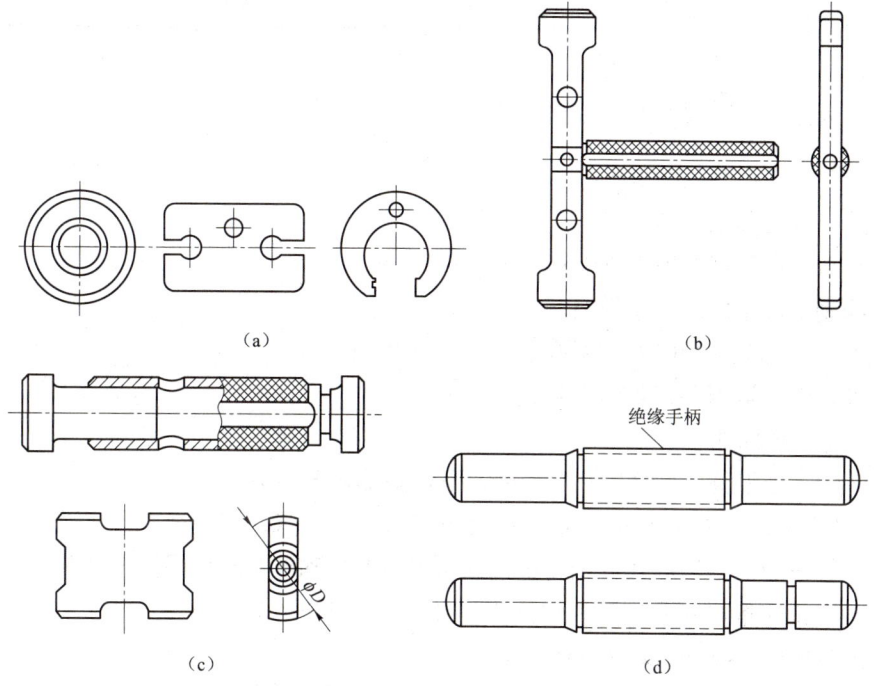

图 9-7　常用量规结构形式
(a) 轴用量规；(b)，(c)，(d) 非全形孔用量规

标准量规的结构,在国家标准《光滑极限量规形式和尺寸》中,对于孔、轴的光滑极限量规的结构、通用尺寸、适用范围、使用顺序都作了详细的规定和阐述,设计可参考有关手册,选用量规结构形式时,同时必须考虑工件结构、大小、产量和检验效率等。

9.2.4 量规其他技术要求

工作量规的形状误差应在量规的尺寸公差带内,形状公差为尺寸公差的 50%,但形状公差小于 0.001 mm 时,由于制造和测量都比较困难,形状公差都规定为 0.001 mm。

量规测量面的材料可用淬火钢(合金工具钢、碳素工具钢等)和硬质合金,也可在测量面上镀以耐磨材料,测量面的硬度应为 58~65 HRC。

量规测量面的粗糙度,主要是从量规使用寿命、工件表面粗糙度以及量规制造的工艺水平考虑。一般量规工作面的粗糙度应比被检工件的表面粗糙度要求严格些,量规测量面粗糙度要求可参照表 9-3 选用。

表 9-3 量规测量表面粗糙度

工作量规	工件公称尺寸 /mm		
	~120	>120~315	>315~500
	Ra 最大允许值 /μm		
IT6 级孔用量规	0.04	0.08	0.16
IT6~IT9 级轴用量规	0.08	0.16	0.32
IT7~IT9 级孔用量规			
IT10~IT12 级孔、轴用量规	0.16	0.32	0.63
IT13~TI16 级孔、轴用量规	0.32	0.63	0.63

9.2.5 工作量规设计举例

工作量规设计步骤大致如下:
(1) 选择量规的结构形式;
(2) 计算工作量规的极限偏差;
(3) 绘制工件量规的公差带图。

例 9-1 设计检验 $\phi 30H8/f7$Ⓔ 孔、轴用工作量规。

解:(1) 确定被测孔、轴的极限偏差。

查极限与配合标准

$\phi 30H8$ 的上极限偏差 ES = +0.033 mm,下极限偏差 EI = 0;

$\phi 30f7$ 的上极限偏差 es = -0.020 mm,下极限偏差 ei = -0.041 mm。

(2) 选择量规的结构形式分别为锥柄双头圆柱塞规和单头双极限圆形片状卡规。

(3) 确定工作量规制造公差 T 和位置要素 Z,由表 9-1 查得。

塞规:T = 0.003 4 mm,Z = 0.005 mm

卡规:T = 0.002 4 mm,Z = 0.003 4 mm

(4) 计算工作量规的极限偏差。

① $\phi30H8$ 孔用塞规。

通规：上极限偏差 $=EI+Z+\dfrac{T}{2}=\left(0+0.005\,0+\dfrac{0.003\,4}{2}\right)$ mm $=+0.006\,7$ mm

下极限偏差 $=EI+Z-\dfrac{T}{2}=\left(0+0.005\,0-\dfrac{0.003\,4}{2}\right)$ mm $=+0.003\,3$ mm

磨损极限 $=EI=0$

所以塞规通端尺寸为 $\phi30^{+0.006\,7}_{+0.003\,3}$ mm，磨损极限尺寸为 $\phi30$ mm。

止规：上极限偏差 $=ES=+0.033\,0$ mm

下极限偏差 $=ES-T=(+0.033\,0-0.003\,4)$ mm $=0.029\,6$ mm

所以塞规止端尺寸为 $\phi30^{+0.033}_{+0.029\,6}$ mm。

② $\phi30f7$ 轴用卡规。

通规：上极限偏差 $=es-Z+\dfrac{T}{2}=\left(-0.020-0.003\,4+\dfrac{0.002\,4}{2}\right)$ mm $=-0.022\,2$ mm

下极限偏差 $=es-Z-\dfrac{T}{2}=\left(-0.020-0.003\,4-\dfrac{0.002\,4}{2}\right)$ mm $=-0.024\,6$ mm

磨损极限 $=es=-0.020$ mm

所以卡规通端尺寸为 $30^{-0.022\,2}_{-0.024\,6}$ mm，磨损极限尺寸为 29.980 mm。

止规：上极限偏差 $=ei+T=(-0.041+0.002\,4)$ mm $=-0.038\,6$ mm

下极限偏差 $=ei=-0.041$ mm

所以卡规止端尺寸为 $30^{-0.038\,6}_{-0.041\,0}$ mm

（5）绘制工作量规的公差带图。工作量规的公差带图如图 9-8 所示。

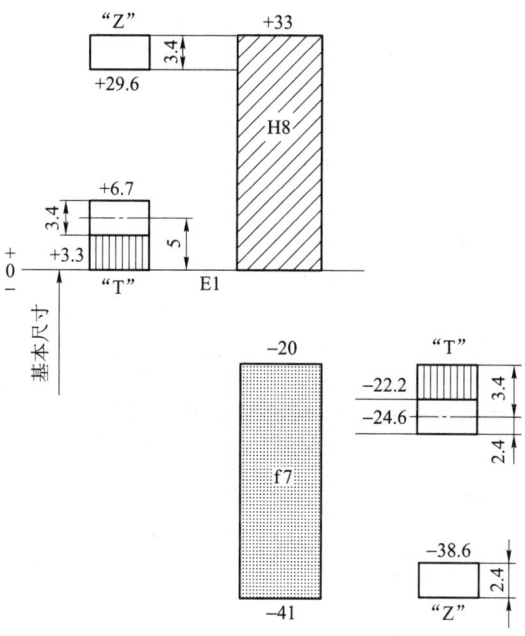

图 9-8 孔、轴工作量规的公差带图

（6）工作量规的工作简图。塞规的工作简图如图 9-9（a）所示，卡规的工作简图如

图 9-9（b）所示。

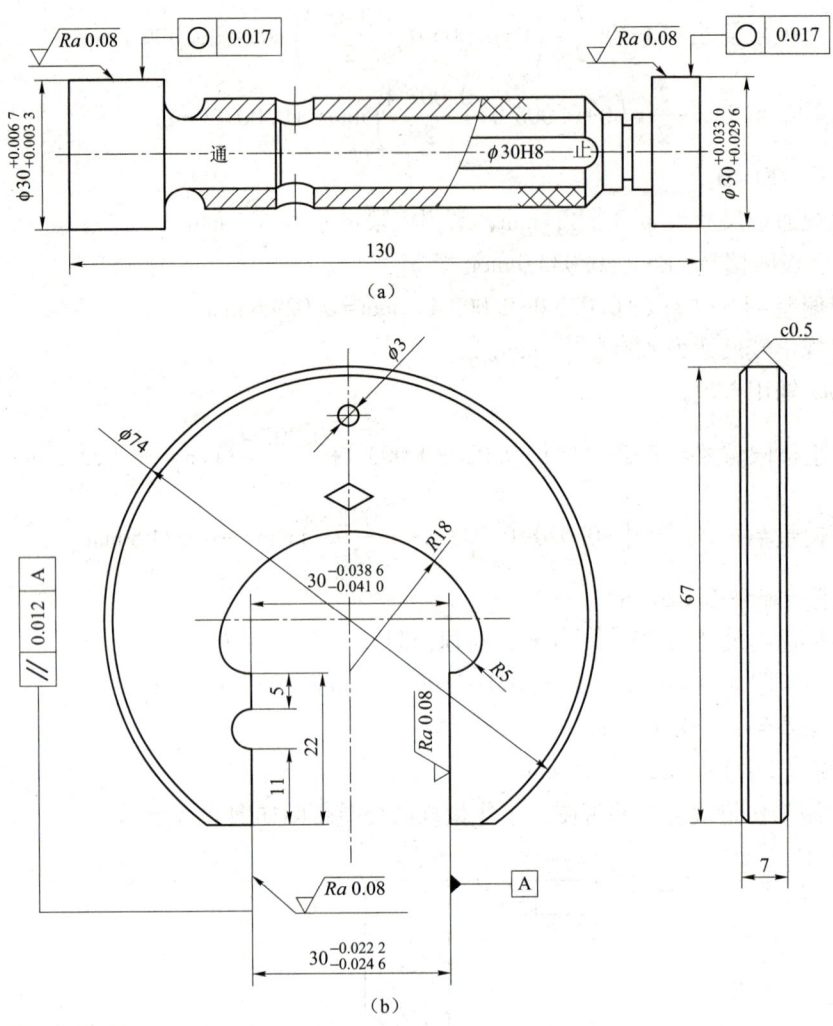

图 9-9 量规工作简图

（a）塞规的工作简图；（b）卡规的工作简图

习题九

9-1 光滑极限量规的通规和止规分别检验工件的什么尺寸？工作量规的公差带如何设置？

9-2 什么是极限尺寸判断原则？

9-3 试设计检验配合 $\phi50H7/f6$ 孔和轴的工作量规？

参 考 文 献

［1］韩进宏，王长春. 互换性与测量技术基础［M］. 北京：中国林业出版社，2006.
［2］毛平淮. 互换性与测量技术基础［M］. 北京：机械工业出版社，2006.
［3］李军. 互换性与测量技术基础［M］. 武汉：华中科技大学出版社，2007.
［4］王伯平. 互换性与测量技术基础［M］. 北京：机械工业出版社，2004.
［5］景旭文. 互换性与测量技术基础［M］. 北京：中国计量出版社，2002.
［6］廖念钊，等. 互换性与技术测量［M］. 北京：中国计量出版社，2007.
［7］庞学慧，武文革. 互换性与测量技术基础［M］. 北京：电子工业出版社，2009.
［8］薛岩，等. 互换性与测量技术知识问答［M］. 北京：化学工业出版社，2011.
［9］王增春，王倩. 公差配合与技术测量［M］. 北京：机械工业出版社，2011.
［10］张美芸，等. 公差配合与测量［M］. 北京：机械理工大学出版社，2010.
［11］黄云清. 公差配合与测量技术［M］. 北京：机械工业出版社，2010.
［12］娄琳. 公差配合与测量技术［M］. 北京：人民邮电出版社，2009.